文章題３年

全教科書版

教科書ぴったりトレーニング

学習日　月　日

1 わり算①

答え 2ページ

同じ数ずつ分けて１人分をもとめる計算のしかた

・わり算をします。

式（しき）　8 ÷ 2 ＝ 4

（8：全部（ぜんぶ）の数　2：人数　4：１人分の数）

8をわられる数、2をわる数といいます。

１人分の数は、□×2＝8 の□にあてはまる数と同じになります。

・あめ８こを２人に同じ数ずつ分ける。

１人分の数×2＝8
↓
□　×2＝8

1 ビスケットが１２こあります。４人に同じ数ずつ分けると、１人分は何こになりますか。

絵をみて、考えましょう。

１人分は

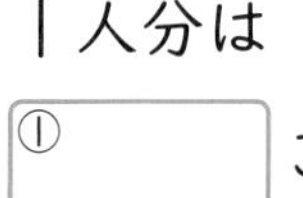

①［　　］こ

九九を使（つか）って、考えてみましょう。

１人分の数×4 が１２こだから、１人分の数は、
□　×4 が１２の□にあてはまる数と同じになります。

・1×4＝4
・2×4＝8
・3×4＝12
　⋮

なので、１人分の数は、②［　　］こ

わり算の式にかいて、考えましょう。

式　12 ÷ 4 ＝③［　　］

（12：全部の数　4：人数　③：１人分の数）

答え ④［　　］こ

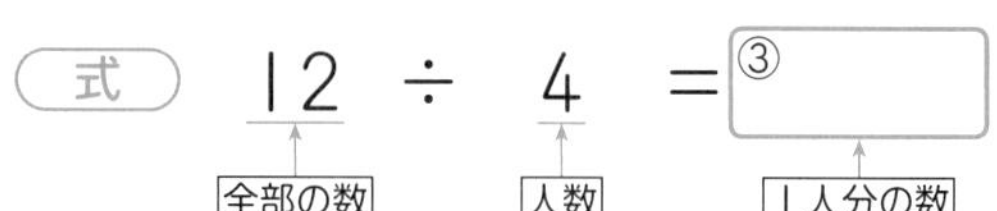

1 かけ算を使って、□にあてはまる数を考えよう。

ぴったり 2

練習

★できた問題には、「た」をかこう！★

できた 1　できた 2　できた 3　できた 4

学習日　月　日

答え 2ページ

1 えん筆が 18 本あります。3人に同じ数ずつ分けると、1人分は何本になりますか。

式 □÷□＝□　　答え（　　）

2 りんごが 21 こあります。7まいのお皿に同じ数ずつ入れると、1皿に何こ入れることができますか。

全部の数÷お皿の数＝1皿の数 になるよ。

式 □÷□＝□　　答え（　　）

3 10 本のバラがあります。これを、5人に同じ数ずつ分けると、1人分は何本になりますか。

式 □　　答え（　　）

4 36 このビー玉があります。4つの箱に同じ数ずつになるように分けると、1箱に入るビー玉は何こですか。

式 □　　答え（　　）

ヒント　4 1箱のビー玉のこ数×箱の数＝ビー玉の数になるよ。

学習日　　月　　日

2 わり算②

答え 3ページ

同じ数ずつ分けて何人に分けられるかをもとめる計算のしかた

・わり算をします。

式（しき）　8 ÷ 2 ＝ 4
（全部（ぜんぶ）の数）（1人分の数）（人数）

人数は、2×□＝8 の□にあてはまる数と同じになります。

・あめ8こを1人に2こずつ分けるとき、分けられる人数。

2×人数＝8
2×□＝8

1 ビスケットが12こあります。1人に6こずつ分けると、何人に分けられますか。

絵をみて、考えましょう。

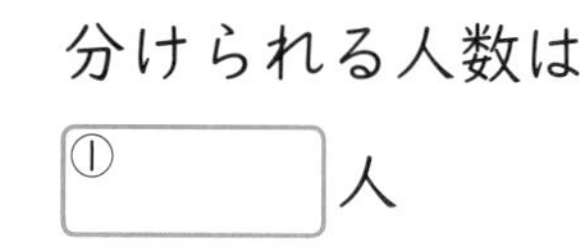

分けられる人数は ①□人

九九を使（つか）って、考えましょう。

6×人数 が12こだから、人数は、
6×□ が12の□にあてはまる数と同じになります。

・6×1＝6
・6×2＝12　　なので、分けられる人数は ②□人。
⋮

わり算の式にかいて、考えましょう。

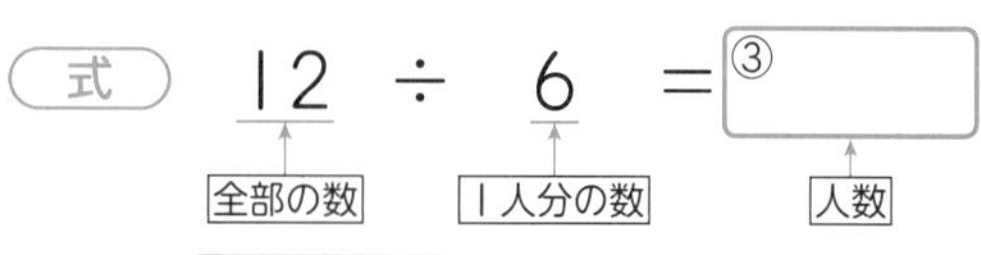

式　12 ÷ 6 ＝ ③□
（全部の数）（1人分の数）（人数）

答え ④□人

ヒント　**1** かけ算を使って、□にあてはまる数を考えよう。

ぴったり2

練習

学習日　月　日

★できた問題には、「た」をかこう！★

できた ❶ できた ❷ できた ❸ できた ❹

答え 3ページ

❶ ビー玉が 35 こあります。1ふくろに7こずつ入れると、ビー玉の入ったふくろは何ふくろできますか。

式（しき） □÷□=□　　答え（　　）

❷ 24 このラムネがあります。1日4こずつ食べることにすると、何日食べることができますか。

全部（ぜんぶ）の数÷1日の数=日数になるよ。

式 □÷□=□　　答え（　　）

❸ 3人すわれる長いすがたくさんあります。子ども 24 人をこの長いすにすわらせるとき、長いすは何きゃく使（つか）いますか。

式 □　　答え（　　）

❹ 48 まいのカードを1人8まいずつ配（くば）ります。何人に配れますか。

式 □　　答え（　　）

ヒント ❸ すわる人数×長いすの数=子どもの人数になるよ。

学習日　月　日

3 わり算③

答え 4ページ

わり算を使った問題

・わり算を使った問題を考えてみましょう。
〔れい〕48本のえん筆を1箱に6本ずつ入れていきました。箱はまだ2箱あります。箱は全部で何箱ありますか。
〔式〕48÷6＝8　8＋2＝10
〔答え〕10箱

➡まず、えん筆を入れた箱が何箱できるかをもとめます。
48÷6＝8
まだあと2箱あるので、2箱をたします。
8＋2＝10

1 3年1組の人数は28人で、7人ずつ長いすにすわりました。まだ長いすが2きゃくのこっています。長いすは全部でいくつありますか。

絵を見て、考えましょう。

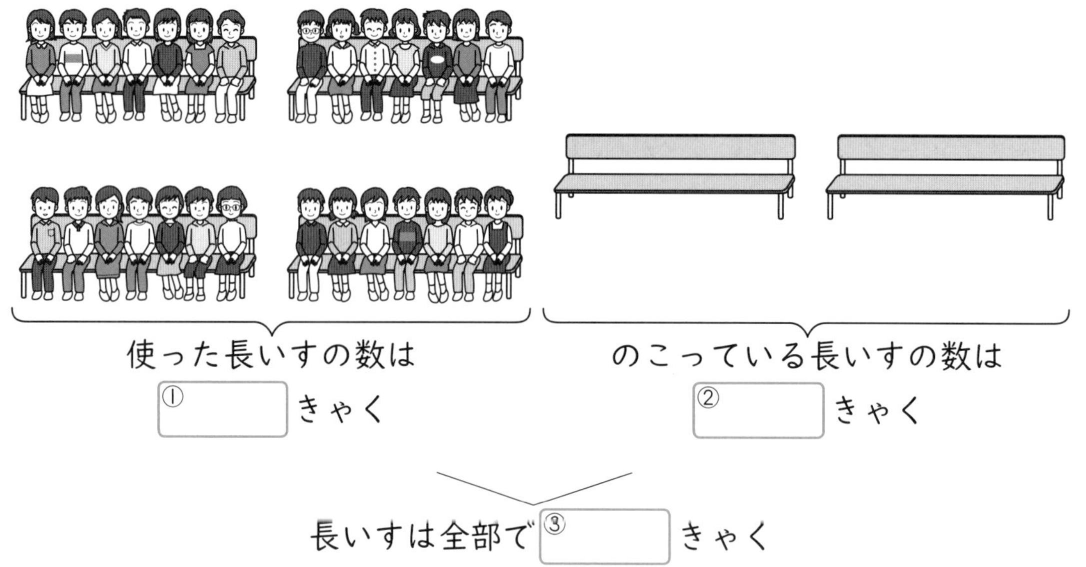

長いすは全部で ③ きゃく

式にかいて、考えましょう。

使った長いすの数は、28÷7＝④

2きゃくのこっているので、長いすは全部で、4＋2＝⑤

答え ⑥ きゃく

ヒント **1** わり算でもとめた答えは、使った長いすの数だね。

学習日　　月　　日

★できた問題には、「た」をかこう！★

答え　4ページ

1 クッキー36まいを１箱に９まいずつ入れたら、箱はまだ２箱ありました。箱は、全部で何箱ありますか。

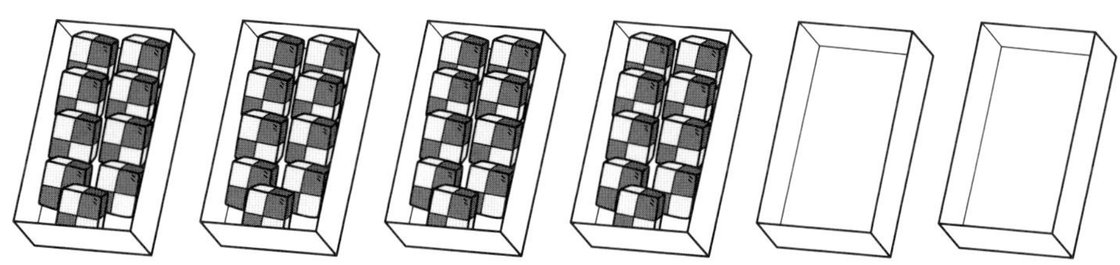

式　□÷□=□
　　□+□=□

答え（　　　　）

2 32人のグループで遊園地に行き、４人乗りの乗り物に乗って遊びました。このとき、だれも乗らなかった乗り物は３台ありました。遊園地には何台の乗り物がありますか。

式　□÷□=□
　　□+□=□

答え（　　　　）

3 バラの花を、５本ずつ８この花びんに入れました。さらに、バラの花を25本買って、５本ずつ花びんに入れました。花の入った花びんは、何こありますか。

式

答え（　　　　）

ヒント　3 はじめの８この花びんにあとからできた花の入った花びんの数をあわせるよ。

学習日　　月　　日

4 わり算④

答え　5ページ

わり算を使った問題

・わり算を使った問題を考えてみましょう。
〔れい〕20 このあめを4こずつふくろに入れ、そのうち3ふくろを友だちにあげました。あめの入ったふくろは何ふくろのこっていますか。
〔式〕20÷4＝5　5－3＝2
〔答え〕2ふくろ

➡まず、あめの入ったふくろが何ふくろできるかをもとめます。
20÷4＝5
3ふくろを友だちにあげるので、3をひきます。
5－3＝2

1 りんごが 42 こあります。1箱に7こずつりんごを入れていきました。そのうち4箱をあげました。
箱はいくつのこっていますか。

絵をみて、考えましょう。

りんごが入った箱は ① ＿＿ 箱

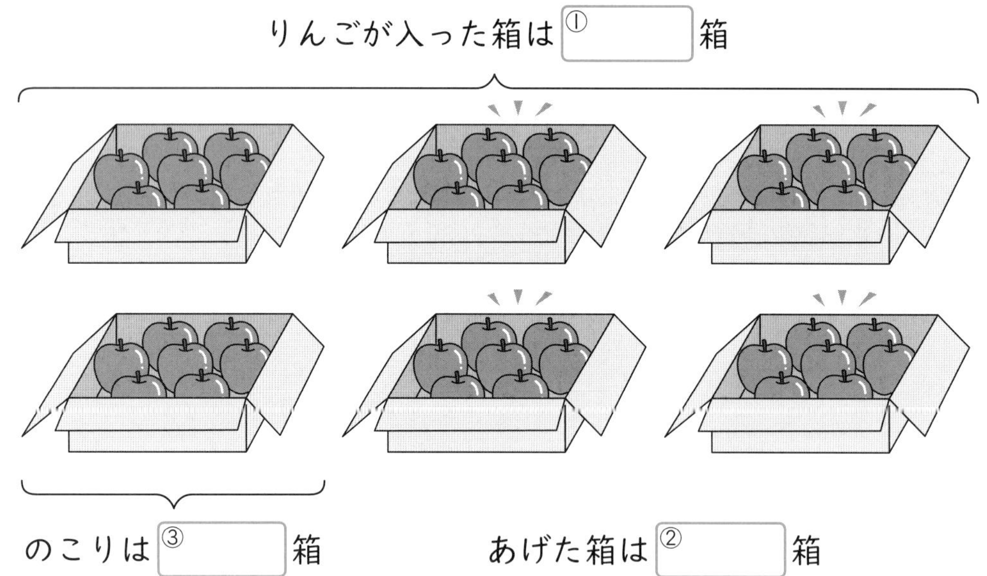

のこりは ③ ＿＿ 箱　　あげた箱は ② ＿＿ 箱

式にかいて、考えましょう。

りんごを7こずつ入れた箱の数は、42÷7＝④ ＿＿

4箱をあげたから、のこりの箱は、6－4＝⑤ ＿＿

答え ⑥ ＿＿ 箱

ヒント　**1** りんごが7こ入った箱の数は、わり算を使ってもとめるよ。

ぴったり2

練習

★できた問題には、「た」をかこう！★

できた 1　できた 2　できた 3

答え　5ページ

1 24人の子どもが、4人ずつ乗り物に乗ります。そのうち、2台が出発しました。乗り物は何台のこっていますか。

式 □÷□＝□
□－□＝□

答え（　　　）

2 35このチョコレートを、1皿に5こずつのせます。そのうち、3皿をあげました。お皿は、何まいのこっていますか。

式 □÷□＝□
□－□＝□

答え（　　　）

3 56本の花を、8本ずつたばにします。できた花たばのうち、4たばをあげました。花たばは、何たばのこっていますか。

式

答え（　　　）

ヒント 3 できた花たばの数は、わり算を使ってもとめるよ。

学習日　　月　　日

5 図を使って考えよう①

答え 6ページ

たし算の問題の図のかき方

・赤い花が５本、白い花が８本あります。あわせて何本ありますか。

①赤い花が５本

②白い花が８本

③あわせて何本

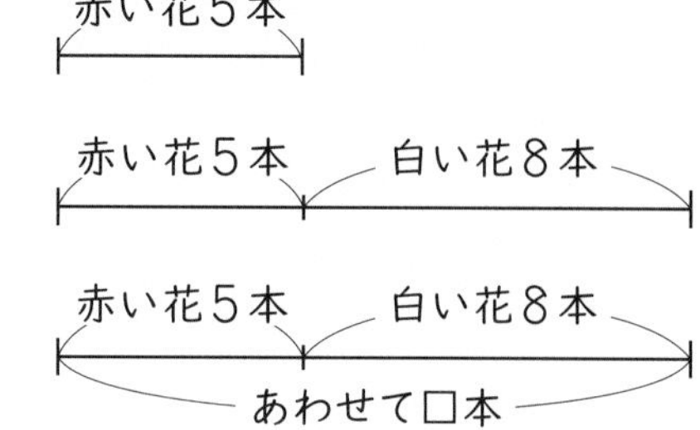

1 50円のガムと、30円のあめを買いました。あわせて何円ですか。

図をかきましょう。

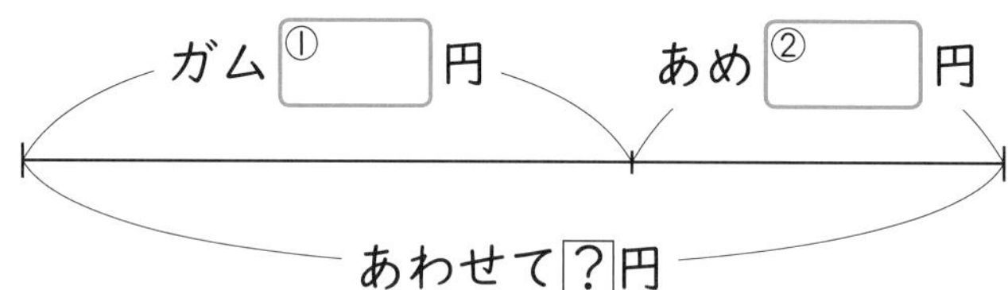

式と答えをかきましょう。

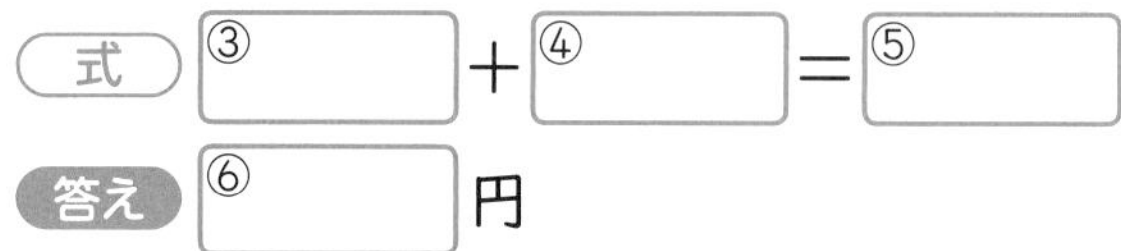

2 公園で男の子が１２人遊んでいます。そこへ、女の子が１９人来ました。あわせて何人いますか。

図をかきましょう。

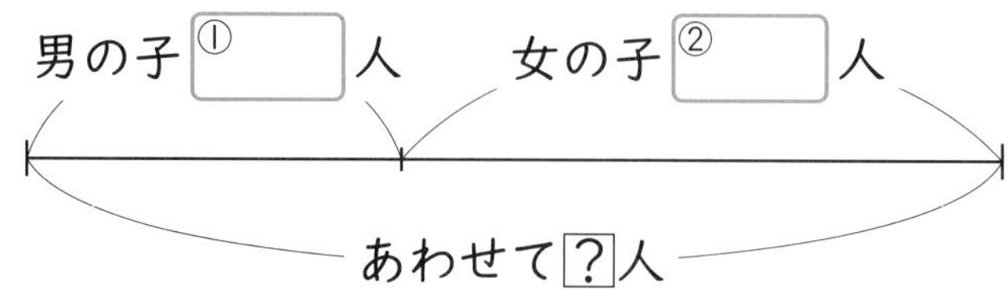

式と答えをかきましょう。

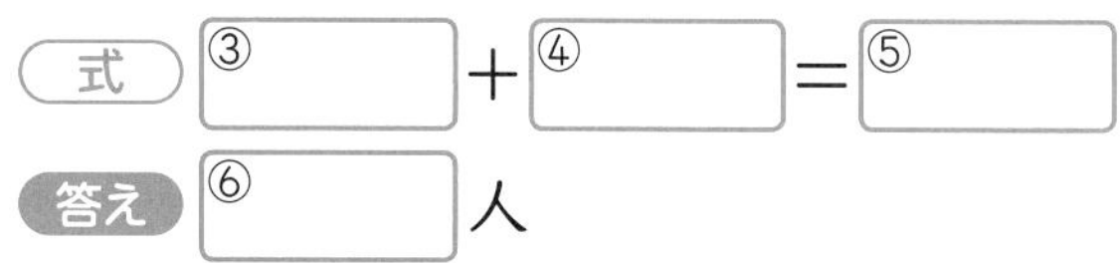

ヒント **2** 男の子と女の子の人数をあわせると全部の人数です。

★できた問題には、「た」をかこう！★

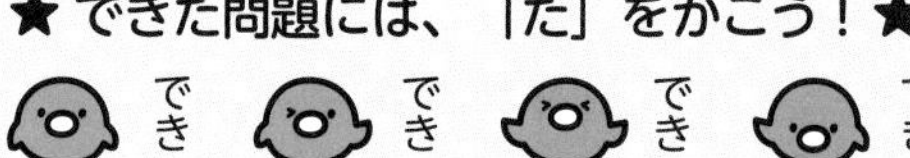

学習日　月　日

答え　6ページ

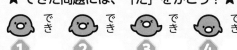

1 あきえさんとはるみさんは空きかん拾(ひろ)いをしました。あきえさんは 23 本、はるみさんは 18 本拾いました。あわせて何本ですか。

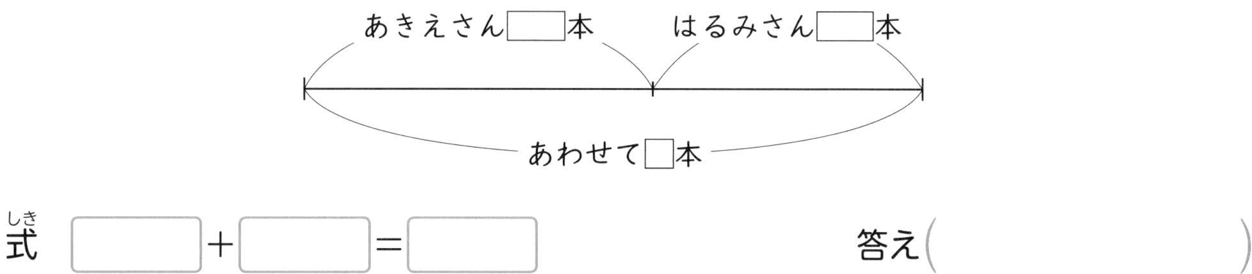

式(しき)　□＋□＝□　　答え（　　）

2 ミックスジュースをつくります。りんごジュース3dL と、みかんジュース5dL をまぜました。ミックスジュースは、あわせて何 dL できますか。

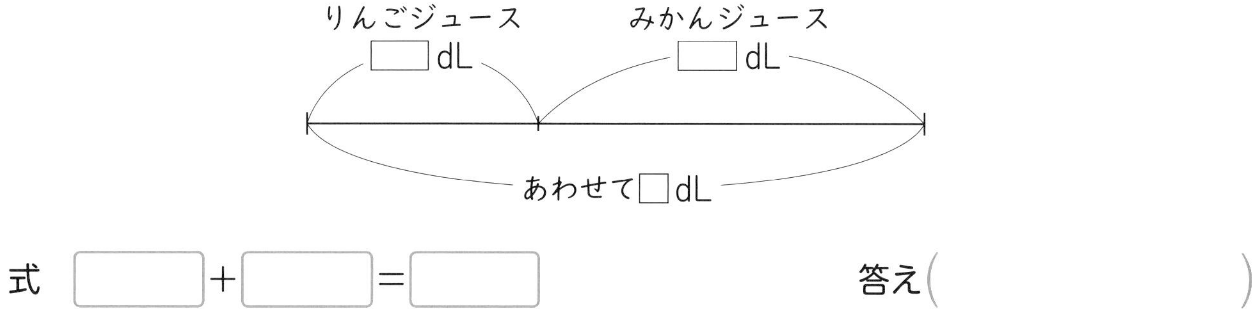

式　□＋□＝□　　答え（　　）

3 ある小学校の3年生の1組は 32 人、2組は 28 人です。あわせて何人ですか。

式　□

答え（　　）

4 40 円のえん筆(ぴつ)と 70 円の消(け)しゴムを買いました。あわせて何円ですか。

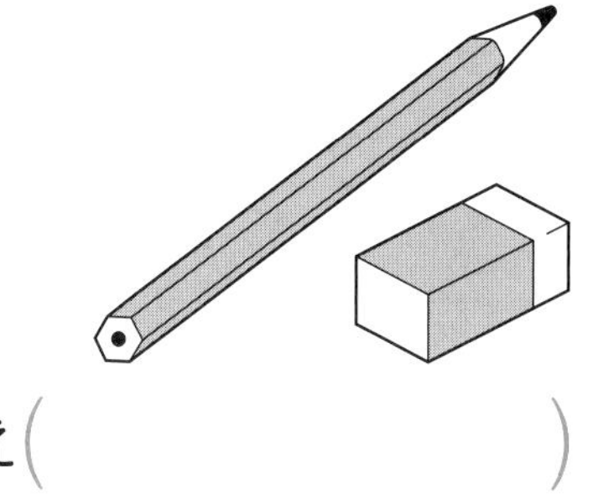

式　□

答え（　　）

ヒント　3 あわせた数をもとめるときは、たし算で考えよう。

学習日　　月　　日

6 図を使って考えよう②

答え 7ページ

ひき算の問題の図のかき方

・カードを8まい持っていて、お姉さんに3まいあげました。のこりは何まいですか。

①はじめのカードが8まい

②3まいあげた

③のこりは何まい

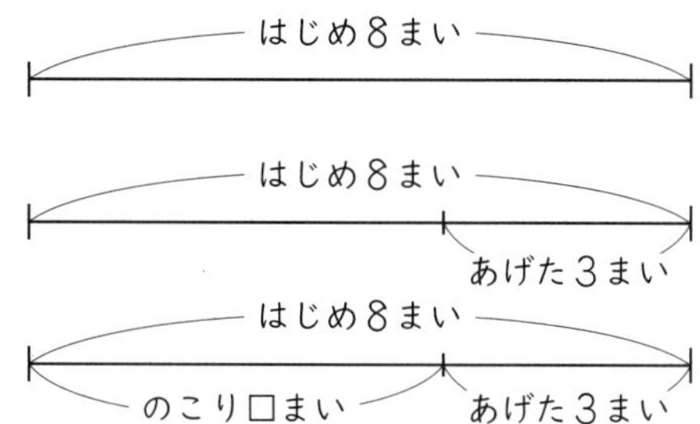

1 ゆきさんは、はじめビー玉を 30 こ持っていましたが、ひろみさんに 17 こあげました。のこりは何こですか。

図をかきましょう。

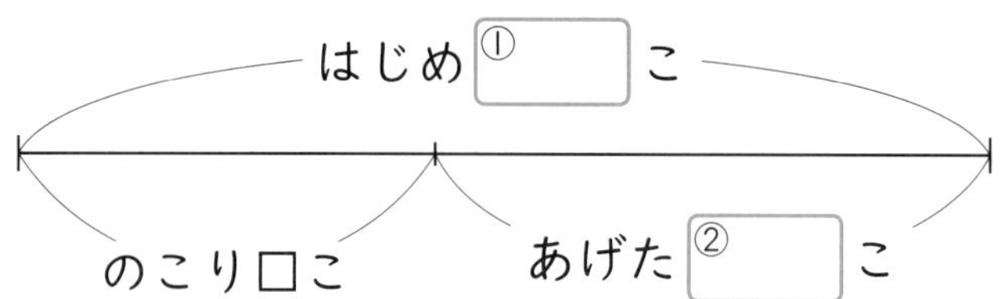

式と答えをかきましょう。

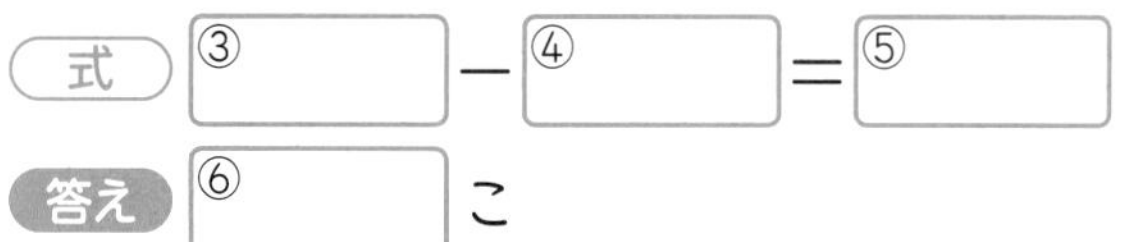

2 たけるさんは 80 円を持っています。70 円のグミを買いました。のこりは何円ですか。

図をかきましょう。

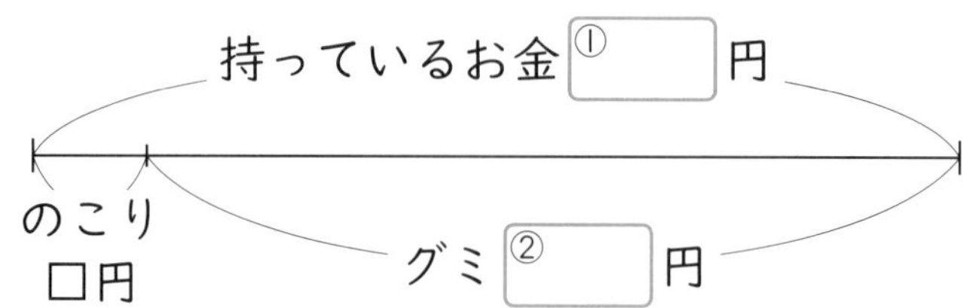

式と答えをかきましょう。

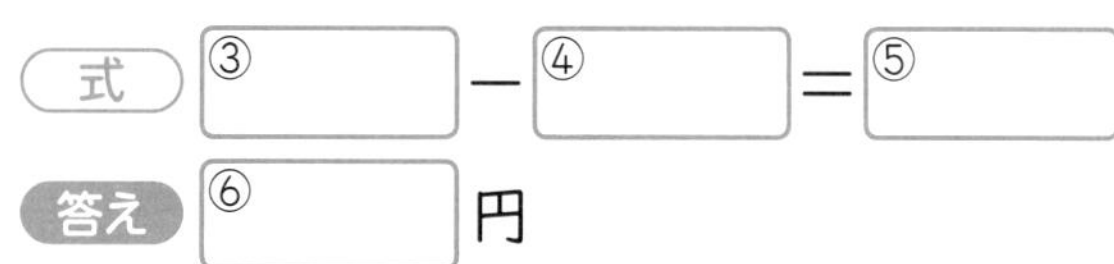

ヒント **2** 持っているお金からグミのねだんをひくと、のこりのお金になるよ。

学習日　月　日

★できた問題には、「た」をかこう！★

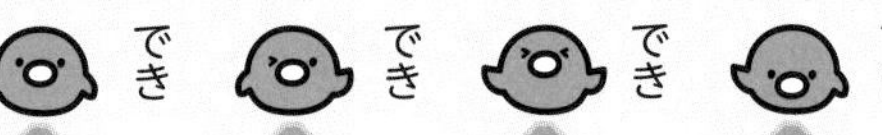

答え 7ページ

1 42台の車がちゅう車場にとまっています。13台の車がちゅう車場から出ていきました。のこりは何台ですか。

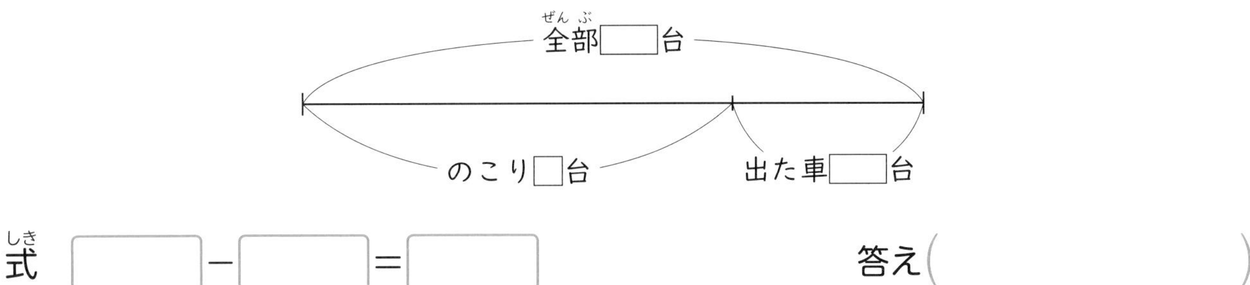

式 □－□＝□　　答え（　　）

2 はるきさんは32まいのシールを持っています。21まいのシールをはりました。のこりは何まいですか。

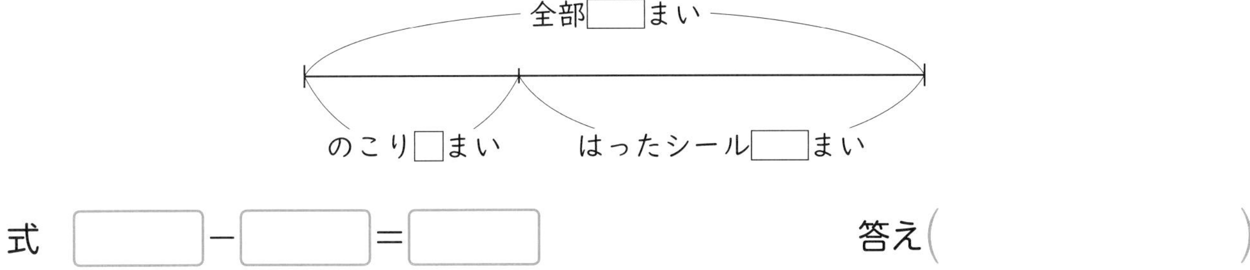

式 □－□＝□　　答え（　　）

3 お皿の上にラムネが29こあります。12このラムネを食べました。のこりは何こですか。

式 □　　答え（　　）

4 リボンが57 cmあります。そのうち31 cmを使いました。のこりは何cmですか。

式 □　　答え（　　）

ヒント 3 29このうち12こ食べたから、ひき算を使ってもとめるよ。

学習日　　月　　日

7 図を使って考えよう③

答え 8ページ

数の大きさを線で表した図

・ノートが何さつかありました。2さつ使って、3さつあげたので、のこりが8さつになりました。はじめにノートは何さつありましたか。

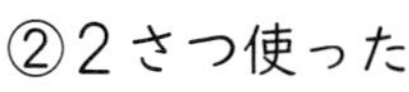

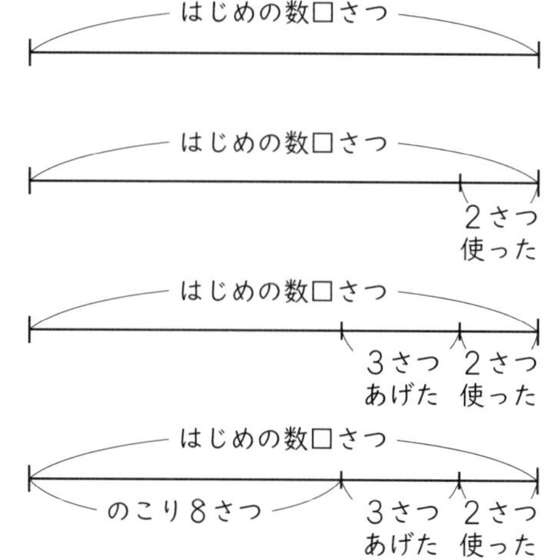

②2さつ使った

③3さつあげた

④のこりは8さつ

1 いちごがいくつかありました。みのるさんが8こ食べ、くみさんが6こ食べたので、のこりは13こになりました。はじめにいちごは何こありましたか。

図をかきましょう。

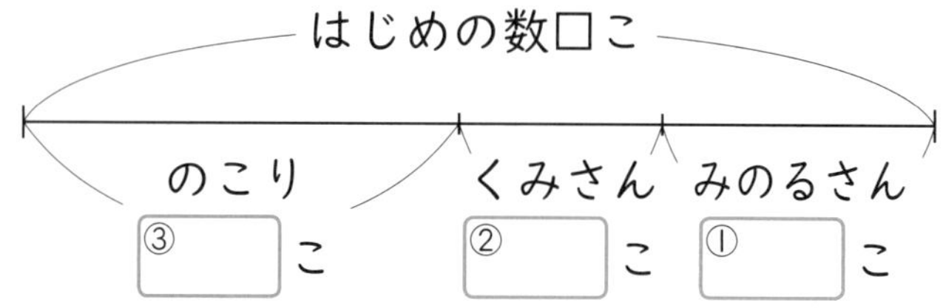

③□こ　②□こ　①□こ

式と答えをかきましょう。

式　$13+6+8=$ ④□

答え ⑤□こ

先に食べた数がいくつかをもとめてから、のこった13ことあわせてもいいね。
6+8=14
14+13=27

ヒント　**1** のこりのいちごの数に食べたいちごの数をあわせよう。

学習日　月　日

答え 8ページ

1 ノートが何さつかありました。まいさんが9さつ使(つか)い、お姉さんが5さつ使ったので、のこりは14さつになりました。はじめにノートは何さつありましたか。

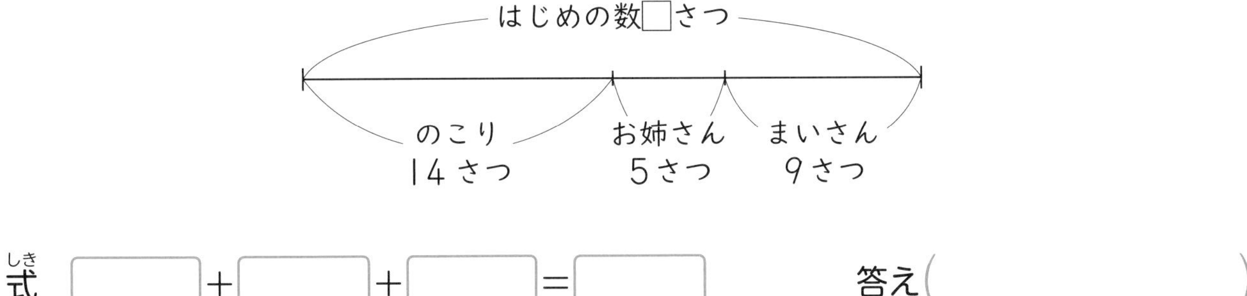

式(しき) □＋□＋□＝□　　答え（　　　）

2 赤いリボンがありました。妹が3m、姉が24m使ったので、のこりは16mになりました。はじめにリボンは何mありましたか。

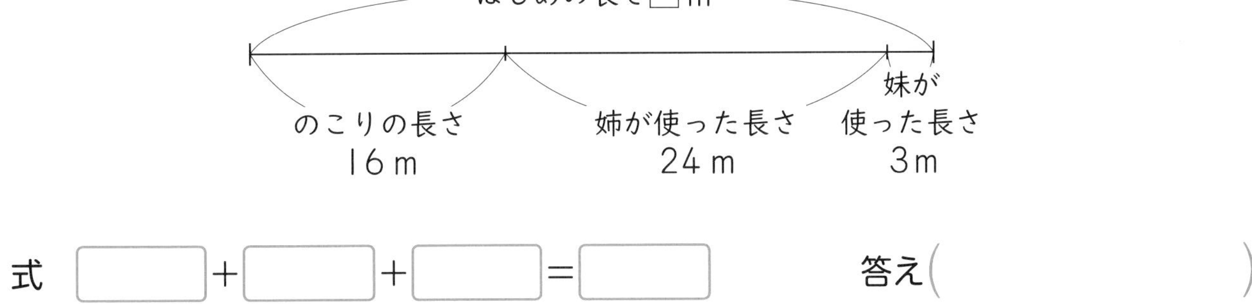

式 □＋□＋□＝□　　答え（　　　）

3 箱(はこ)にトマトが11こあります。これは、サラダに3こ使い、ジュースに9こ使ったあとのあまりです。はじめにトマトは何こありましたか。図をかいて考えましょう。

図

式　　答え（　　　）

ヒント 3 のこったトマトの数に使ったトマトの数をたしてもとめるよ。

学習日　　月　　日

8 図を使って考えよう④

答え　9ページ

数の大きさを線の長さで表した図

・3年生の1組の人数は29人、2組の人数は32人です。3組の人数もあわせると91人になります。3組の人数は何人ですか。

①1組と2組の人数

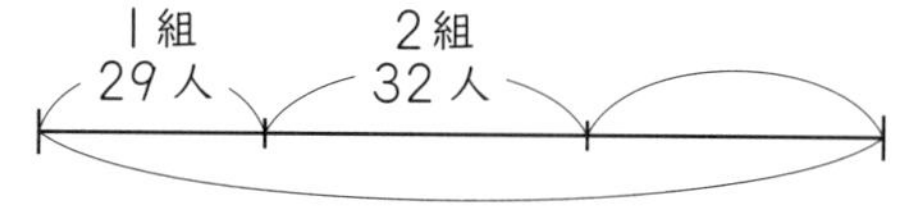

②3組の人数

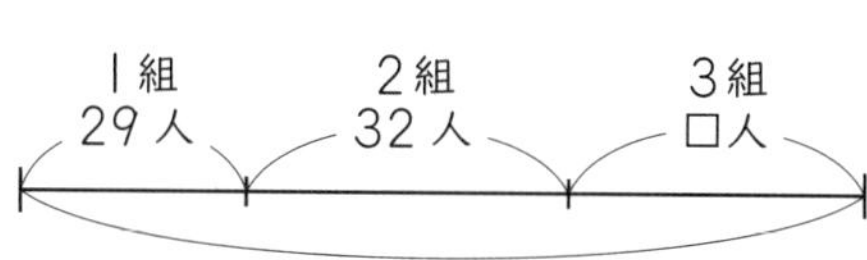

③全部で91人

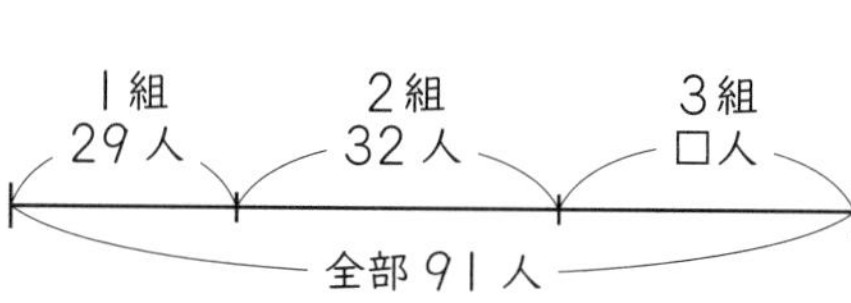

1 赤い風船が21こ、白い風船が17こあります。さらに、青い風船をつくると、全部で51こになりました。青い風船は何こつくりましたか。

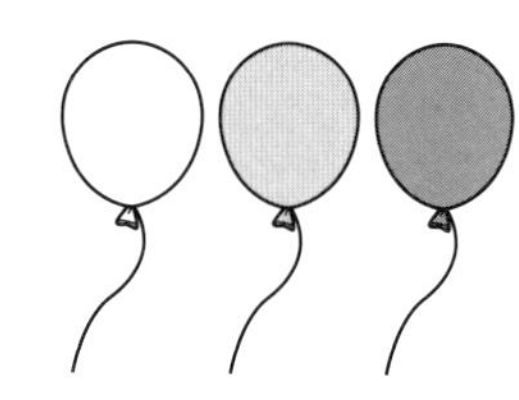

図をかきましょう。

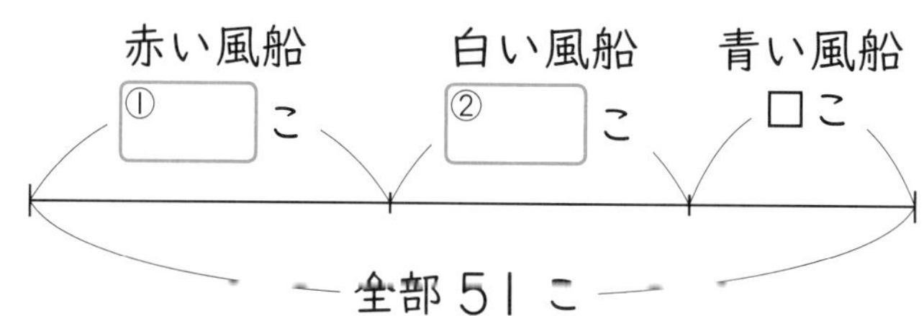

式と答えをかきましょう。

式　51－21－17＝③

答え　④　　こ

先に赤い風船と白い風船の数をもとめてから、全部の数からひいてもいいね。
21＋17＝38
51－38＝13

ヒント　**1** 青い風船の数をもとめるには、全部の数から赤と白の風船の数をひけばよいね。

練習

学習日　月　日

★できた問題には、「た」をかこう！★

答え　9ページ

1 50円のえん筆と40円の消しゴムを買いました。さらにボールペンも買ったところ、全部で170円になりました。ボールペンは何円でしたか。

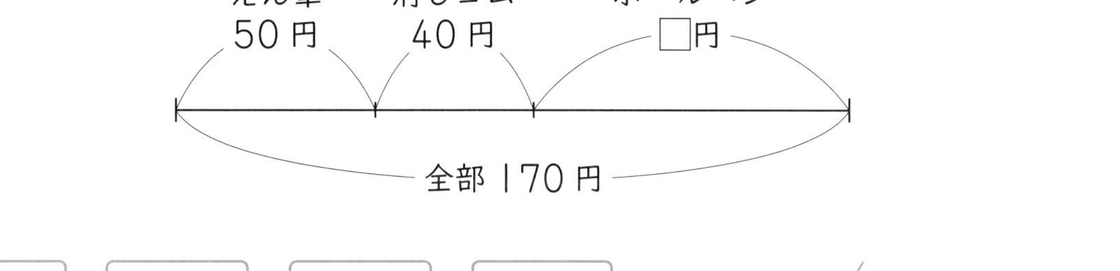

式　□－□－□＝□　　答え（　　　）

2 運動場で、男の子が18人と女の子が7人遊んでいました。そこへ、友だちが何人か来たので、全部で39人になりました。友だちは何人来ましたか。

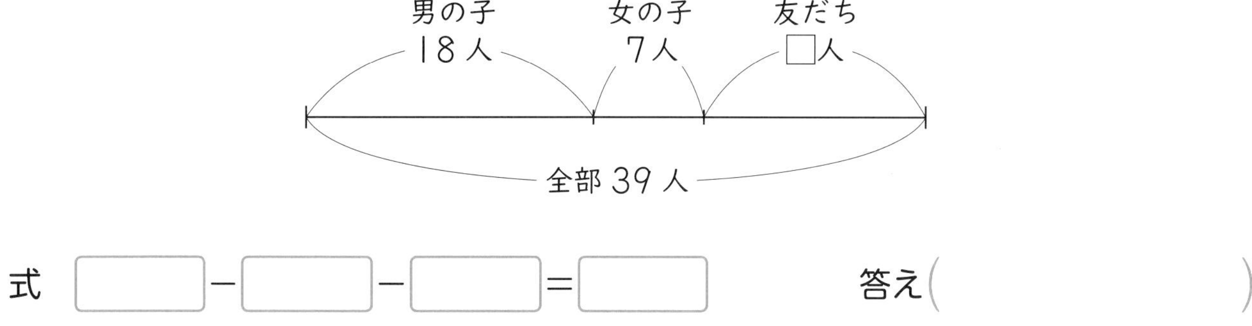

式　□－□－□＝□　　答え（　　　）

3 赤い色紙を21まい、青い色紙を15まい持っていました。黄色い色紙を何まいかもらったので、色紙は全部で59まいになりました。黄色い色紙を何まいもらいましたか。

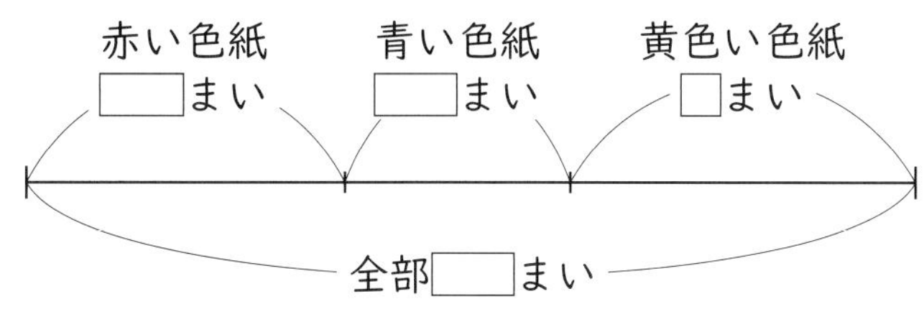

式　□　　答え（　　　）

ヒント　**3** 全部のまい数から、赤い色紙と青い色紙のまい数をひいてもとめるよ。

9 たし算の筆算①

答え 10ページ

大きな数のあわせる計算のしかた

・たし算の筆算(ひっさん)で答えをもとめます。
大きな数のたし算の筆算は、けた数が大きくなっても、位(くらい)をそろえて、一の位からじゅんに計算します。

3けたのたし算の筆算

183 +254 7	183 +254 37	183 +254 437

8＋5＝13、百の位に1くり上げる。

1 赤い色紙が487まい、緑(みどり)の色紙が358まいあります。色紙はあわせて何まいありますか。

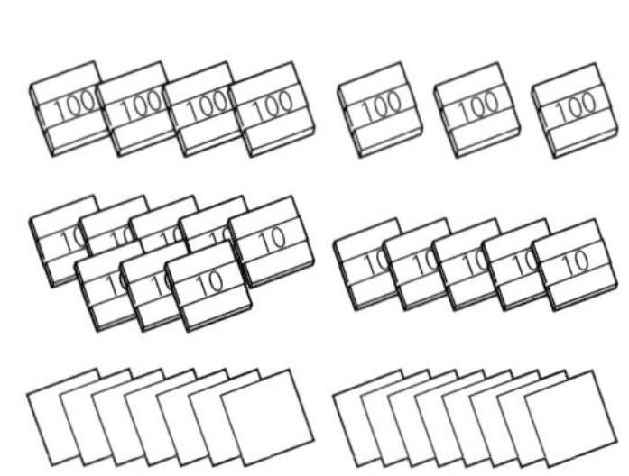

図をかいて、考えましょう。

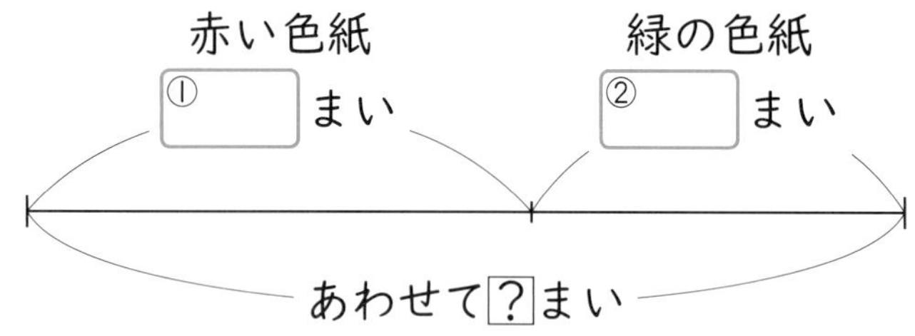

式(しき)をかきましょう。

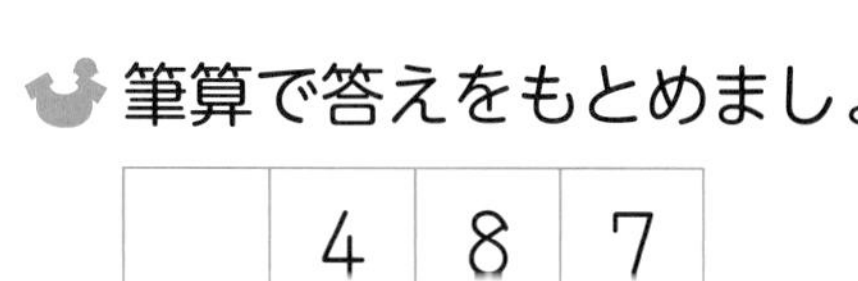

筆算で答えをもとめましょう。

	4	8	7
＋	3	5	8
	⑤	⑥	⑦

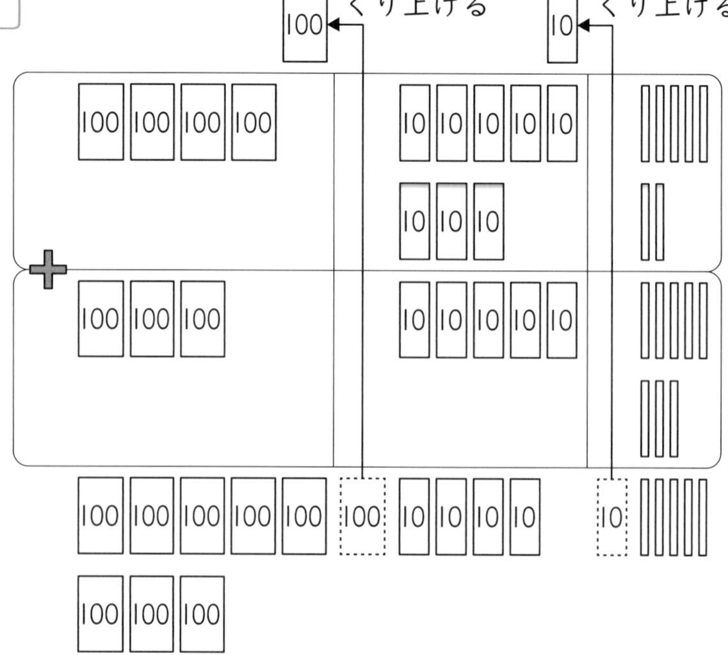

答え ⑧　まい

ヒント **1** たし算の筆算はどんなに数が大きくなっても、位をそろえて一の位から計算すればいいね。

学習日　　月　　日

★できた問題には、「た」をかこう！★

でき 1　でき 2　でき 3　でき 4

答え 10ページ

1 247円のコンパスと436円のはさみを買うと、代金(だいきん)はいくらになりますか。

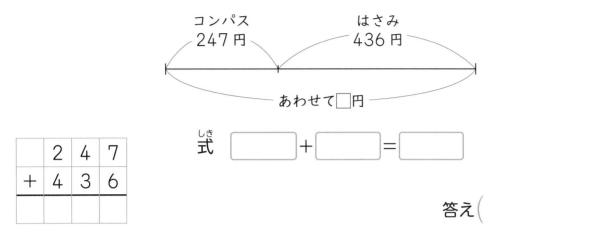

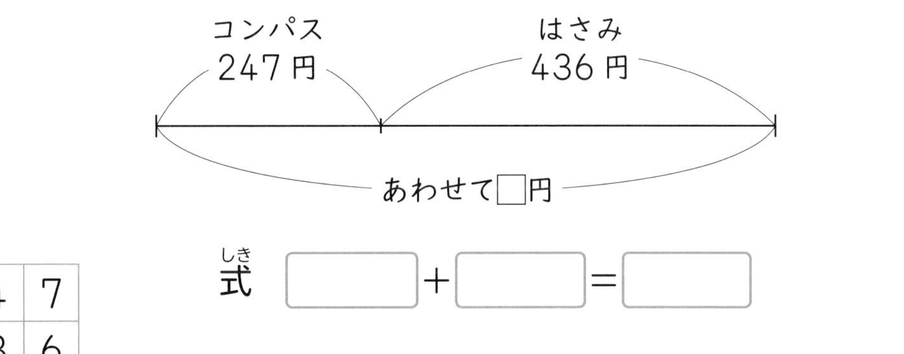

	2	4	7
+	4	3	6

式(しき)　□＋□＝□

答え（　　　）

2 家から学校までは436 m、学校から駅(えき)までは516 mあります。家から学校を通って駅まで行くと、何m歩くことになりますか。

	4	3	6
+	5	1	6

式　□＋□＝□

答え（　　　）

3 大小2つの箱(はこ)があります。大きい箱にはみかんが756こ、小さい箱にはみかんが93こはいっています。みかんはあわせて何こありますか。

計算らん

式　□

答え（　　　）

4 542円のひき肉と258円のたまごを買うと、代金はいくらになりますか。

計算らん

式　□

答え（　　　）

ヒント　3 わからないときは、図をかいて考えよう。

学習日　　月　　日

10 たし算の筆算②

答え 11ページ

大きな数のたし算の筆算

・たし算の筆算で答えをもとめます。
大きな数のたし算の筆算は、けた数が大きくなっても、位をそろえて、一の位からじゅんに計算します。

3けたのたし算の筆算

436 +729 5	436 +729 65	436 +729 1165

十の位にくり上げる。　千の位にくり上げる。

1 ゆうすけさんは、852円持っています。お母さんに250円もらうとあわせて何円になりますか。

図をかいて、考えましょう。

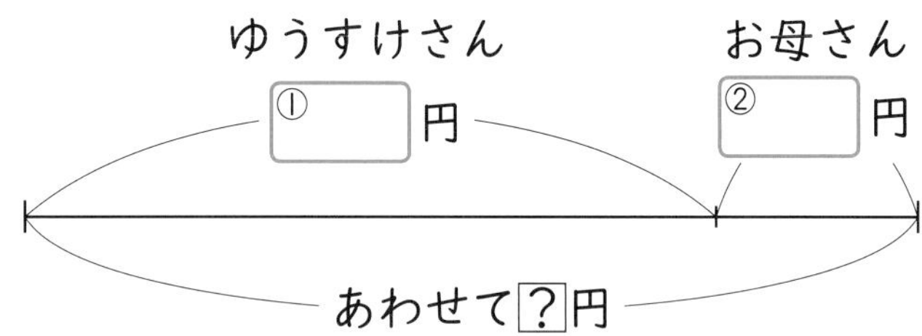

式をかきましょう。

筆算で答えをもとめましょう。

	8	5	2
+	2	5	0
⑤	⑥	⑦	⑧

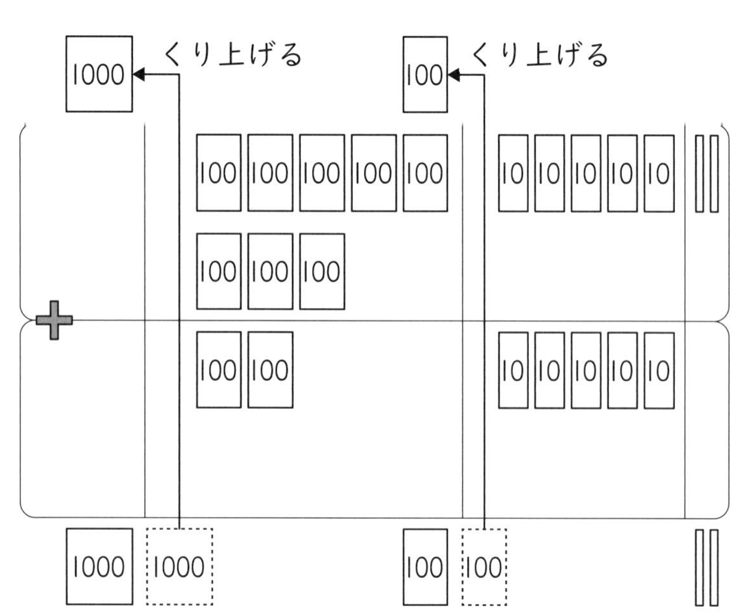

ヒント **1** 千の位にくり上がるね。千の位に1をわすれずにかこう。

ぴったり2 **練習**

★できた問題には、「た」をかこう！★

できた 1　できた 2　できた 3　できた 4

学習日　月　日

答え 11ページ

1 なみさんは、カードを 328 まい持っています。お兄さんから 274 まいもらうと、全部で何まいになりますか。

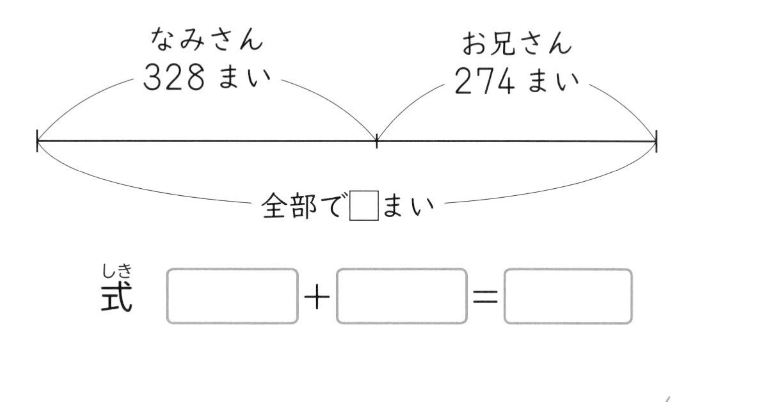

	3	2	8
＋	2	7	4

式 □＋□＝□

答え（　　　　）

2 おりづるを 732 わおりました。さらに 516 わおると、あわせて何わになりますか。

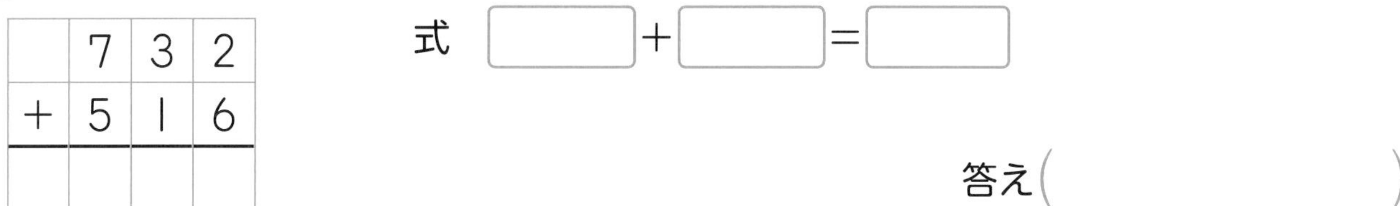

	7	3	2
＋	5	1	6

式 □＋□＝□

答え（　　　　）

3 やかんに水が 933 mL 入っています。コップに入っていた 186 mL の水をやかんにうつし入れると、やかんの水は何 mL になりますか。

計算らん

式 □

答え（　　　　）

4 池に鳥が何わかいましたが、219 わとんでいったので、のこりは 262 わになりました。はじめに池にいた鳥は何わですか。

計算らん

式 □

答え（　　　　）

ヒント **4** とんでいった鳥の数とのこりの鳥の数をあわせた数がはじめにいた鳥の数だね。

学習日　　月　　日

11 ひき算の筆算①

答え 12ページ

大きな数ののこりの計算のしかた

・ひき算の筆算(ひっさん)で答えをもとめます。
大きな数のひき算の筆算は、けた数が大きくなっても、位(くらい)をそろえて、一の位からじゅんに計算します。

3けたのひき算の筆算

373 − 126 = 7	373 − 126 = 47	373 − 126 = 247

一の位が3−6でひけないから、十の位からくり下げます。

1 ふたばさんは437円持(も)っています。ノートを1さつ買うのに162円使(つか)うと、のこりは何円になりますか。

図をかいて、考えましょう。

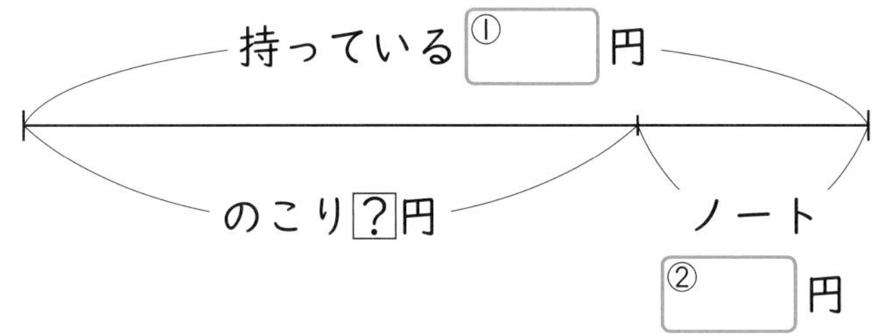

式(しき)をかきましょう。

筆算で、答えをもとめましょう。

	4	3	7
−	1	6	2
	⑤	⑥	⑦

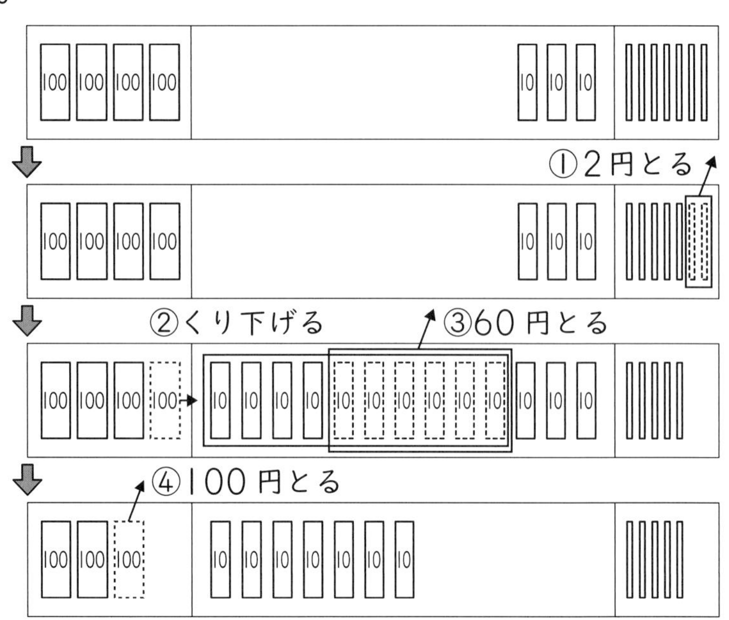

ヒント **1** 3けたのひき算の筆算は、位をそろえて、一の位からじゅんに計算するよ。

学習日　　月　　日

答え　12ページ

1 627 cm のロープがあります。232 cm 切り取りました。のこりは何 cm ですか。

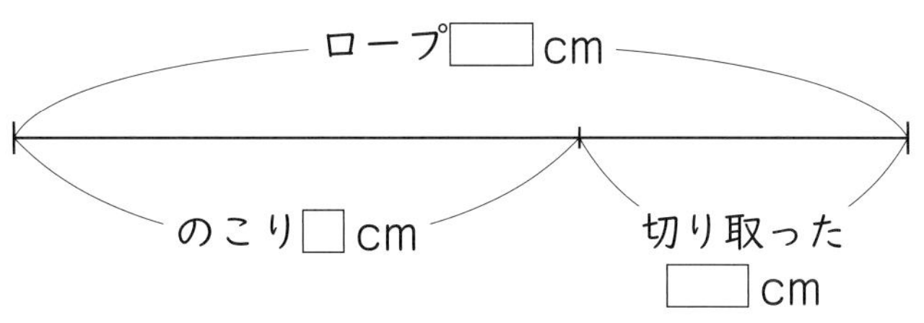

	6	2	7
−	2	3	2

式　□−□=□

答え（　　　）

2 水とうにお茶が 920 mL 入っています。そのうち 470 mL 飲むと、水とうにのこっているお茶は何 mL ですか。

	9	2	0
−	4	7	0

式　□−□=□

答え（　　　）

3 705 円持っています。618 円使うと、のこりは何円ですか。

計算らん

式

答え（　　　）

4 おり紙が 623 まいありました。そのうち 491 まい使いました。おり紙は何まいのこっていますか。

計算らん

式

答え（　　　）

ヒント　4 のこったおり紙は、はじめにあったおり紙から、使ったおり紙をひいてもとめるよ。

12 ひき算の筆算②

答え 13ページ

大きな数のひき算の筆算(ひっさん)

・ひき算の筆算で答えをもとめます。
大きな数のひき算の筆算は、けた数が大きくなっても、位(くらい)をそろえて、一の位からじゅんに計算します。

3けたのひき算の筆算

538 −445 3	4 5̸38 −445 93	4 5̸38 −445 93

4−4＝0ですが、0はかきません。

1 東小学校の子どもは 326 人、西小学校の子どもは 414 人です。どちらが何人多いですか。

図をかいて、考えましょう。

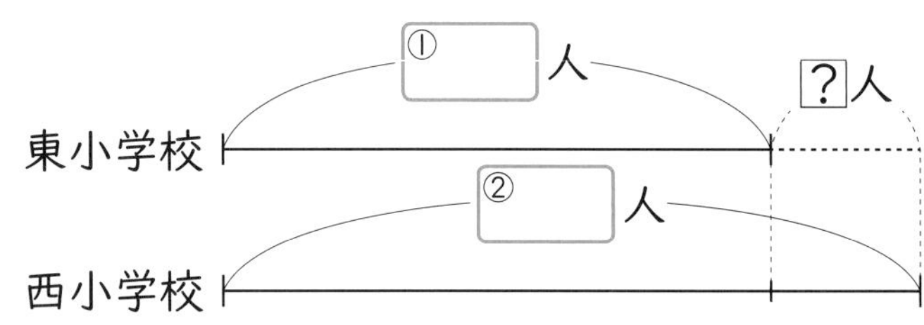

326 人と 414 人とでは、414 人のほうが多いです。

式(しき)をかきましょう。

筆算で、答えをもとめましょう。

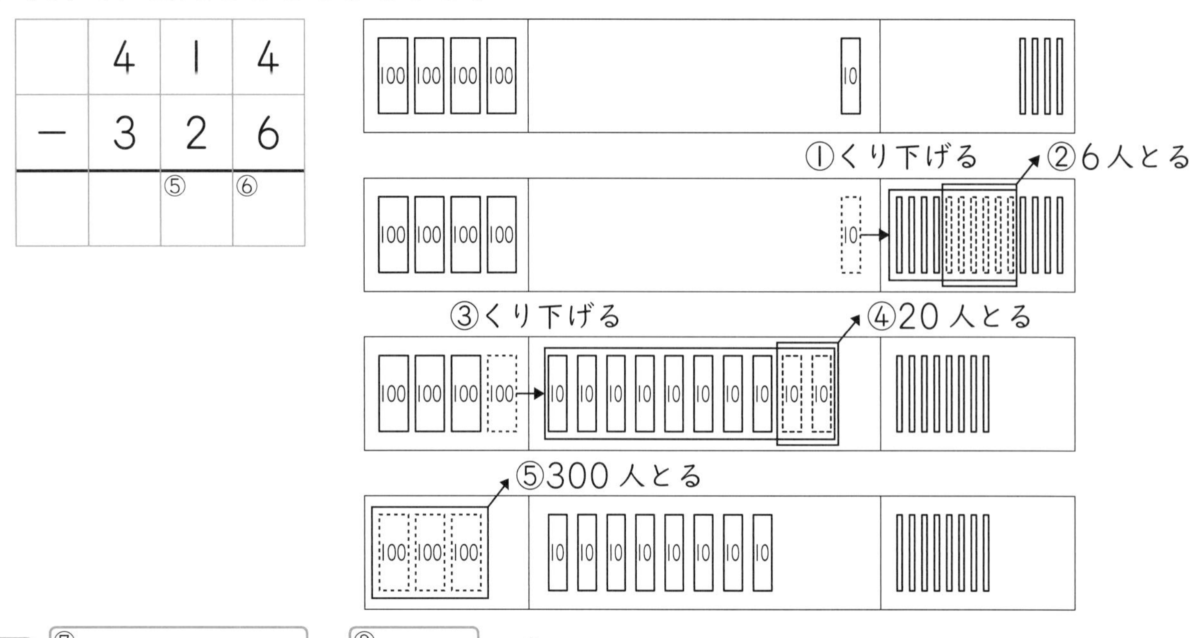

答え ⑦　が ⑧　人多い。

ヒント **1** 筆算で、ひけないときは、くり下げて考えよう。

★できた問題には、「た」をかこう！★

できた 1　できた 2　できた 3　できた 4

学習日　月　日

答え 13ページ

1 あきとさんは522円、お兄さんは861円持(も)っています。どちらが何円多く持っていますか。

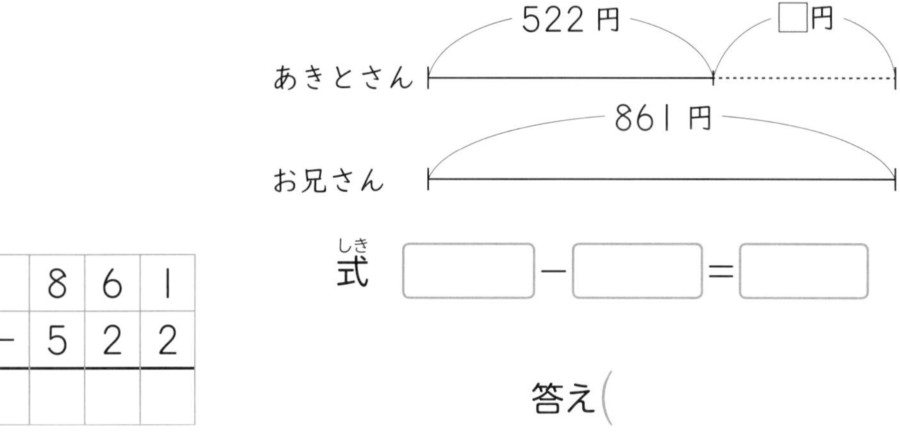

	8	6	1
−	5	2	2

式(しき)　□ − □ ＝ □

答え（　　　　）

2 ある本のたての長さは236mm、横(よこ)の長さは183mmです。たての長さと横の長さのちがいは何mmですか。

	2	3	6
−	1	8	3

式　□ − □ ＝ □

答え（　　　　）

3 赤えん筆(ぴつ)が225本、青えん筆が242本あります。青えん筆は、赤えん筆より何本多いですか。

計算らん

式

答え（　　　　）

4 385円のおもちゃを買って、500円玉を1まい出しました。おつりは何円ですか。

計算らん

式

答え（　　　　）

ヒント　4 おつりは、出したお金からおもちゃの代金(だいきん)をひいてもとめるよ。

学習日　　月　　日

13 あまりのあるわり算①

答え 14ページ

同じ数ずつ分けて何人に分けられるかをもとめる計算のしかた

・14本のえん筆を、1人4本ずつ分けると、3人に分けられて、2本あまります。このようなとき、次のような式にかきます。

14 ÷ 4 ＝ 3 あまり 2

全部の数　1人分の数　人数　あまったえん筆の数

あまりはわる数より小さくなるよ。

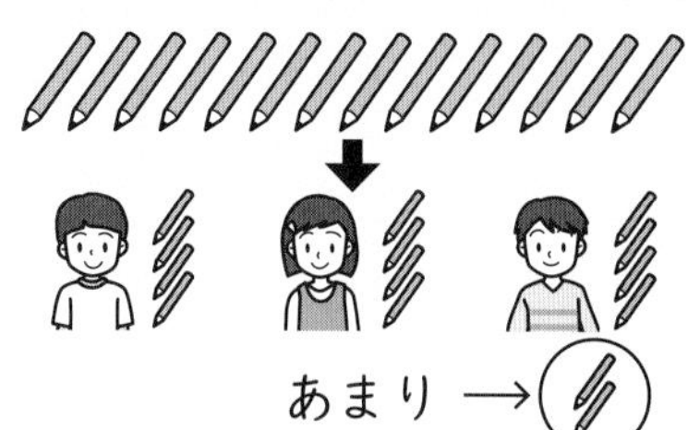

1 35まいの色紙があります。1人8まいずつ分けるとすると、何人に配れて何まいあまりますか。

わり算の式にかきましょう。

式 ①［　　］÷②［　　］

絵をみて、考えましょう。

答え ③［　　］人に配れて④［　　］まいあまる。

九九を使って、考えましょう。

・8×1＝8
・8×2＝16
・8×3＝24
・8×4＝32
・8×5＝40 ←35より大きい
⋮

わる数のだんの九九を使って、答えをみつけるよ。

配れる人数は⑤［　　］人

配った色紙の数は、

⑥［　　］×⑦［　　］＝⑧［　　］で

⑨［　　］まい

わり算の式にかいて、考えましょう。

式 35÷8＝⑩［　　］あまり⑪［　　］

答え ⑫［　　］人に配れて⑬［　　］まいあまる。

ヒント **1** 配った色紙のまい数を考えて、全部のまい数からひくとあまりがもとめられるよ。

★できた問題には、「た」をかこう！★

できた 1　できた 2　できた 3

学習日　月　日

答え 14ページ

1 大きな水そうに、水が 31 L 入っています。7L ずつくみ出すと、何回くみ出せて何 L のこりますか。

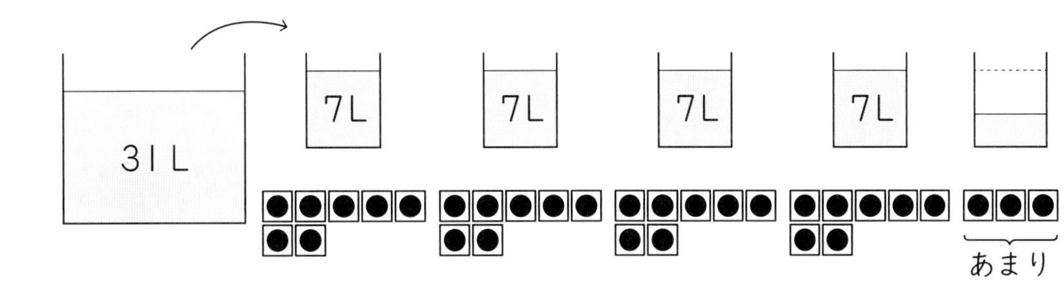

式（しき）　□ ÷ □ ＝ □ あまり □

答え（　　　）

2 73 cm のロープを 9 cm ずつに切ります。9 cm のロープは何本とれて何 cm あまりますか。

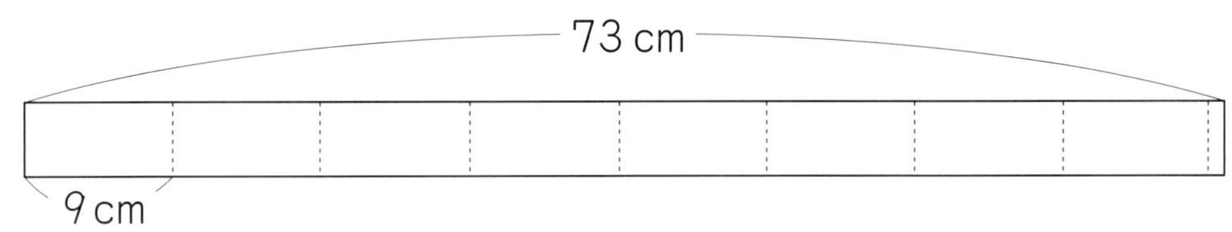

あまり

式　□ ÷ □ ＝ □ あまり □

答え（　　　）

3 えん筆（ぴつ）が 40 本あります。子どもに 1 人 6 本ずつ配（くば）るとき、何人に配れて何本あまりますか。

式　□

答え（　　　）

ヒント　**2** 9 cm のロープの本数は、わり算を使（つか）って計算するよ。

14 あまりのあるわり算②

答え 15ページ

同じ数ずつ分けて、１人分をもとめる計算のしかた

・18まいのクッキーを５人で同じ数ずつ分けると、１人３まいになって３まいあまります。このようなとき、次のような式になります。

18 ÷ 5 = 3 あまり 3

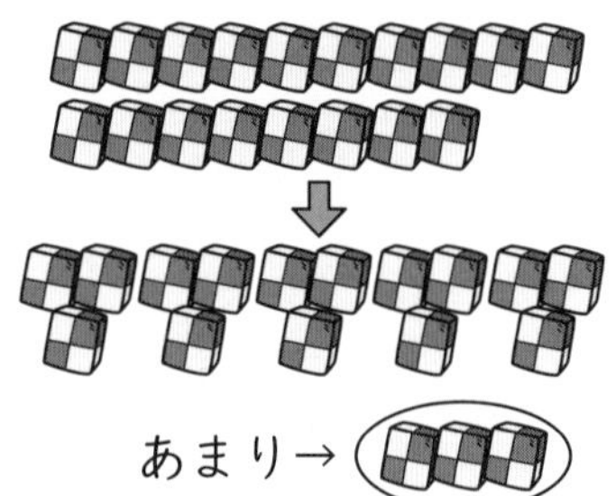

1 25このみかんがあります。４ふくろに同じ数ずつ入れていくと、１ふくろに何こ入って何こあまりますか。

わり算の式にかきましょう。

式 ①□÷②□

絵をみて、考えましょう。

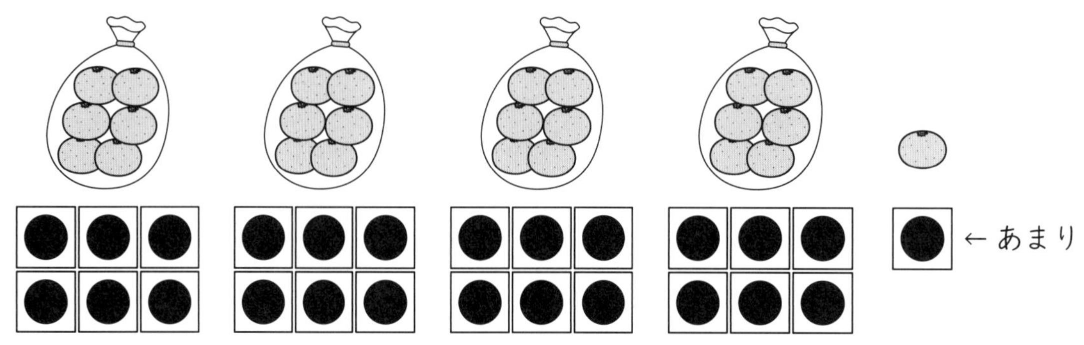

答え １ふくろに③□こ入って④□こあまる。

九九を使って、考えましょう。

- 4×1=4
- 4×2=8
- 4×3=12
- 4×4=16
- 4×5=20
- 4×6=24
- 4×7=28 ← 25より大きい
- ⋮

わる数のだんの九九を使って、答えをみつけるよ。

１ふくろにみかんは⑤□こ

ふくろに入ったみかんは、

⑥□×⑦□=⑧□で

⑨□こ

わり算の式にかいて、考えましょう。

式 25÷4=⑩□あまり⑪□

答え １ふくろに⑫□こ入って⑬□こあまる。

ヒント **1** あまるみかんの数は、ふくろの数より少なくなるね。

★できた問題には、「た」をかこう！★

学習日　　月　　日

答え　15ページ

1 本が36さつあります。8つの箱(はこ)に同じさっ数ずつ入れると、１箱に何さつ入って何さつのこりますか。

式(しき)　□÷□＝□あまり□

答え（　　　）

2 ろうそくが17本あります。3つのケーキに同じ本数ずつろうそくを立てると、１つのケーキに立つろうそくは何本になって、何本あまりますか。

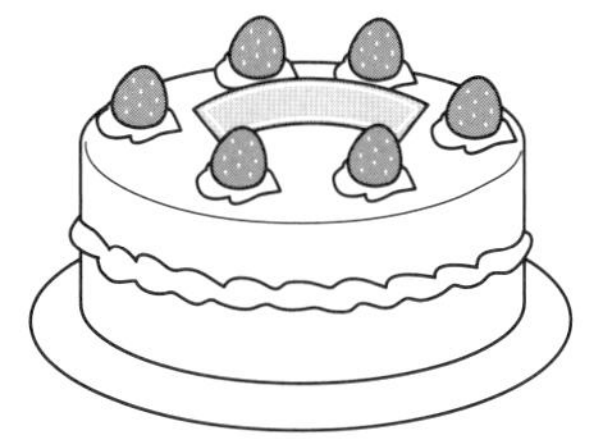

あまり

式　□÷□＝□あまり□

答え（　　　）

3 パンが45こあります。6人の子どもに同じこ数ずつわたすと、１人に何こわたせて、何こあまりますか。

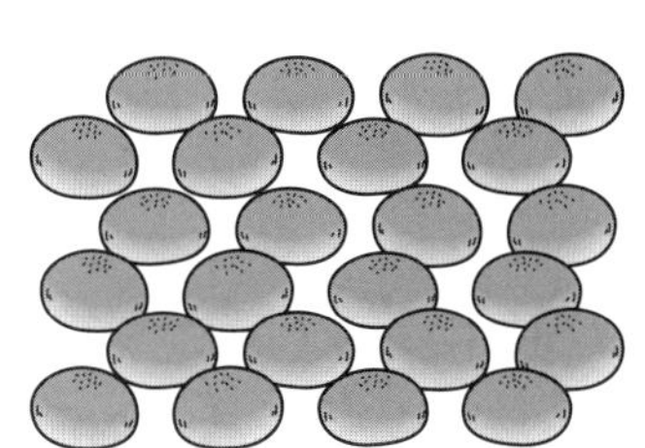

式

答え（　　　）

ヒント　3　45このパンを、同じ数ずつ分けていくから、わり算で考えよう。

学習日　　月　　日

15 あまりのあるわり算③

答え 16ページ

わり算のあまりの意味

・わり算のあまりについて考えてみましょう。
〔れい〕11人の子どもが3人ずついすにすわります。
みんなすわるには、いすは何きゃくいりますか。
〔式〕11÷3＝3 あまり2
3人ずつすわったいすが3きゃくあって、2人のこる。
のこりの2人がすわるには、もう1きゃくいるから、

4きゃく

1 18このシュークリームをお皿にのせます。1つのお皿に4こずつのせます。全部のせるには、お皿は何まいひつようですか。

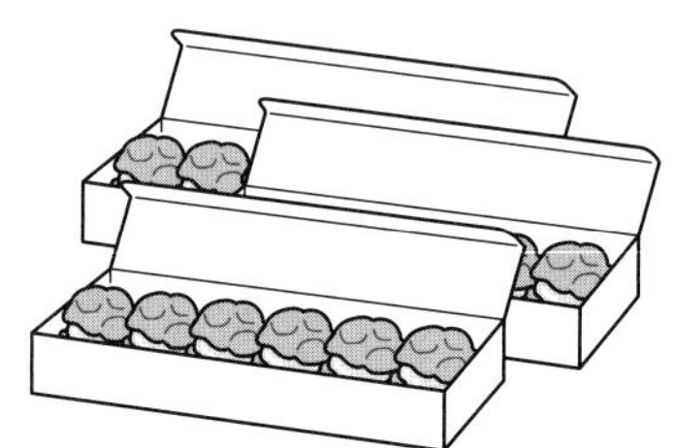

絵をみて、考えましょう。

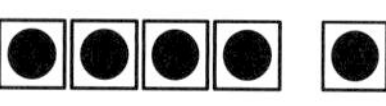 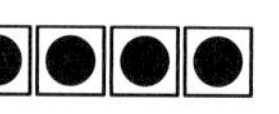

4このったお皿は ① まい。　のこりの ② こにもお皿が1まいひつよう。

答え ③ まい

わり算の式にかいて、考えましょう。

式 18÷4＝ ④ あまり ⑤

答え ⑥ まい

ヒント **1** あまりのシュークリームをのせるのにもお皿がひつようだね。

★できた問題には、「た」をかこう！★

できた 1　できた 2　できた 3

学習日　月　日

答え 16ページ

1 トラックで荷物を運びます。1台のトラックにのせられる荷物は7こまでです。荷物が25こあるとき、全部運ぶのにトラックは何台ひつようですか。

●●●●●●●　●●●●●●●　●●●●●●●　●●●●← あまり

25÷7＝3 あまり4
あまった4この
荷物を運ぶ
トラックがもう1台
ひつようだね。

式 □÷□＝□ あまり □

答え（　　　）

2 テニスボールが43こあります。箱に5こずつ入れていくと、全部入れるためには箱は何箱いりますか。

●●●●●　●●●●●　●●●●●　●●●●●　●●●●●
●●●●●　●●●●●　●●●●●　●●●← あまり

式 □÷□＝□ あまり □

答え（　　　）

3 85ページの本があります。ふみこさんは、この本を1日9ページずつよむことにしました。全部よみ終わるのに何日かかりますか。

式 □

答え（　　　）

ヒント 3 あまりの数が、さいごの日によむページ数になります。

学習日　月　日

16 あまりのあるわり算④

答え 17ページ

わり算のあまりの意味

・わり算のあまりについて考えてみましょう。
〔れい〕30 cm のリボンを 8 cm ずつに切ると、8 cm のリボンは何本できますか。
〔式〕30÷8＝3 あまり 6
8 cm のリボンは 3 本とれて、6 cm あまります。
あまった 6 cm のリボンは、数えないから、

3本

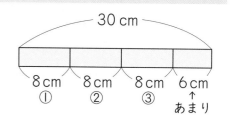

1 画用紙 26 まいを、1 人に 4 まいずつ配ります。
何人に配ることができますか。

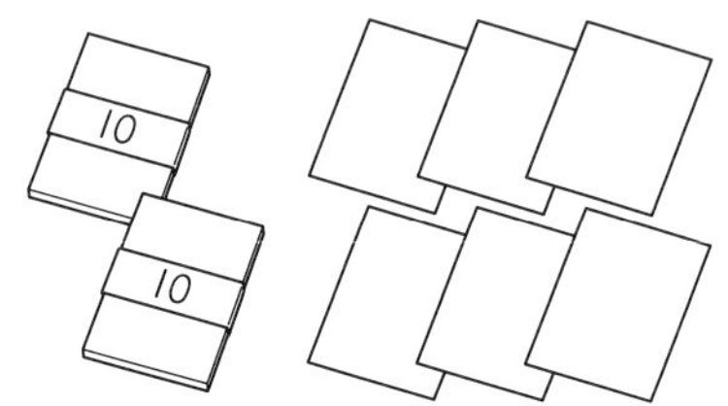

絵をみて、考えましょう。

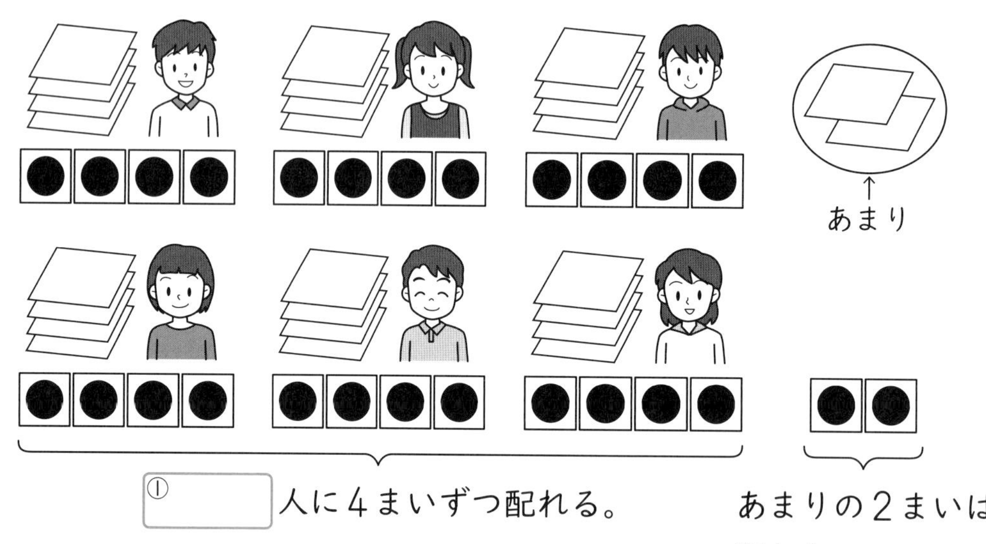

① 人に 4 まいずつ配れる。

あまりの 2 まいは配れない。

答え ② 人

わり算の式にかいて、考えましょう。

式 26÷4＝③　あまり④

答え ⑤ 人

ヒント **1** あまった画用紙は配ることができないよ。

学習日　　月　　日

★できた問題には、「た」をかこう！★

答え 17ページ

1 ペン 31 本を、1人に4本ずつ配(くば)ります。何人に配れますか。

式(しき)　□÷□＝□あまり□

答え（　　　）

2 水が9L入るバケツがたくさんあります。49Lの水をこのバケツに入れていくとき、水が9L入っているバケツは何こできますか。

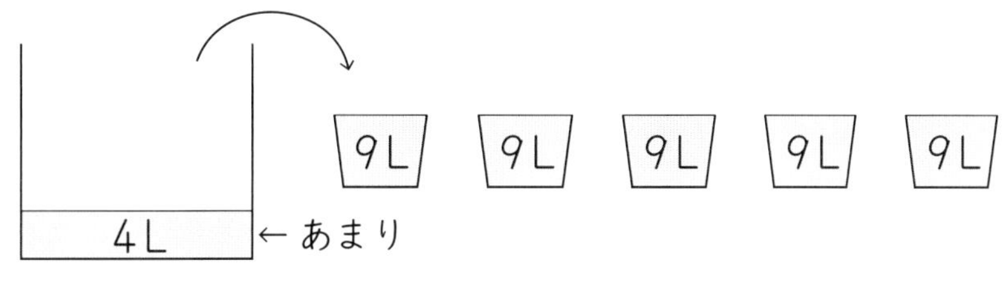

式　□÷□＝□あまり□

答え（　　　）

3 はば 37 cm の本だなに、あつさ5cm の図かんを入れていきます。図かんは何さつ入りますか。

式　□

答え（　　　）

4 あめ 80 こを9こずつふくろにつめます。9こ入りのふくろは何ふくろできますか。

式　□

答え（　　　）

ヒント　3 あまりは、本だなに5cm の図かんを入れたときのすき間を表(あらわ)しているよ。

学習日　　月　　日

17 時間の計算①

答え 18ページ

時間

・7時50分に家を出て、8時15分に学校に着(つ)きました。
かかった時間をもとめるときは、数の直線に表(あらわ)して考えます。

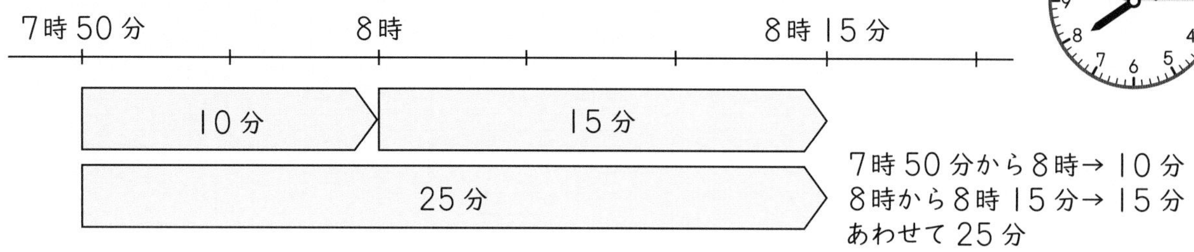

7時50分から8時→10分
8時から8時15分→15分
あわせて25分

1 はるこさんは、1時20分から2時10分まで本をよみました。本をよんでいた時間は何分ですか。

図をかいて、考えましょう。

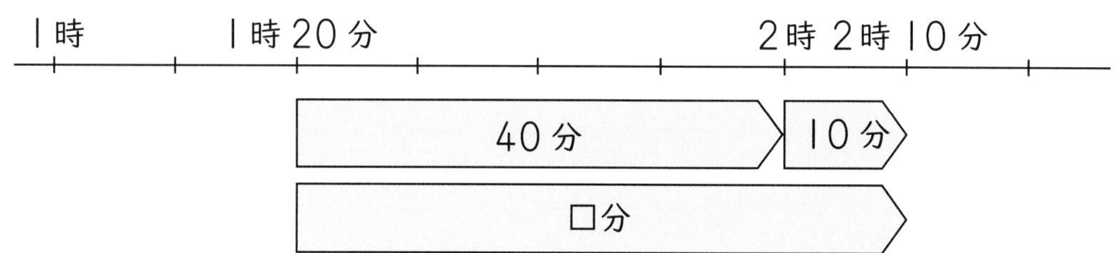

1時20分から2時までは ① ＿＿ 分、
2時から2時10分までは ② ＿＿ 分
だから、1時20分から2時10分までは
③ ＿＿ 分

答え ④ ＿＿ 分

2時までと
2時からに
分けて考えると
わかりやすいね。

ヒント **1** 2時までの時間と2時からの時間に分けて考えるよ。

練習

★できた問題には、「た」をかこう！★

学習日　月　日

答え 18ページ

1 なつみさんは、3時45分から4時15分までピアノをひきました。ピアノをひいていた時間は何分ですか。

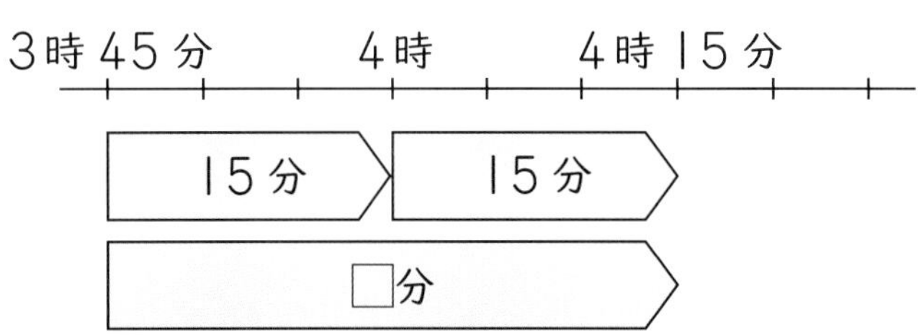

3時45分から、4時まで15分
4時から4時15分まで15分

答え（　　　　　）

2 あきらさんの学校で、午前10時から午後4時まで運動会（うんどうかい）がおこなわれました。運動会は何時間おこなわれましたか。

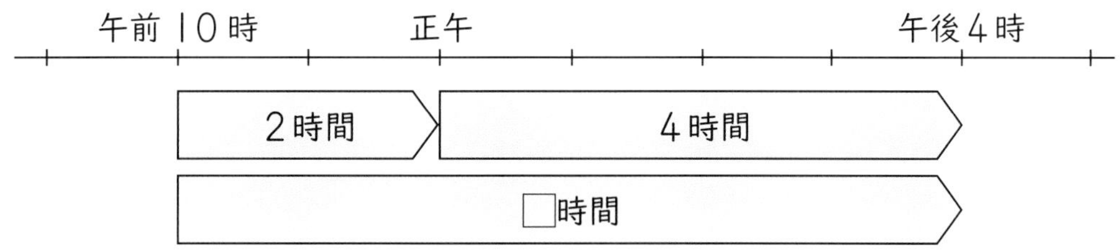

午前10時から正午までの時間まで2時間
正午から午後4時までの時間まで4時間

答え（　　　　　）

3 まなみさんのお母さんは、午前9時から午後3時まで仕事をしました。何時間仕事をしましたか。図をかいて考えましょう。

図

答え（　　　　　）

ヒント　2 3 正午までの時間と正午からの時間に分けて考えるよ。

学習日　　月　　日

18 時間の計算②

答え 19ページ

時間

・家に着いた時こくをもとめるときも、数の直線に表して考えます。
・学校を4時45分に出て、家に帰るまでに40分かかりました。

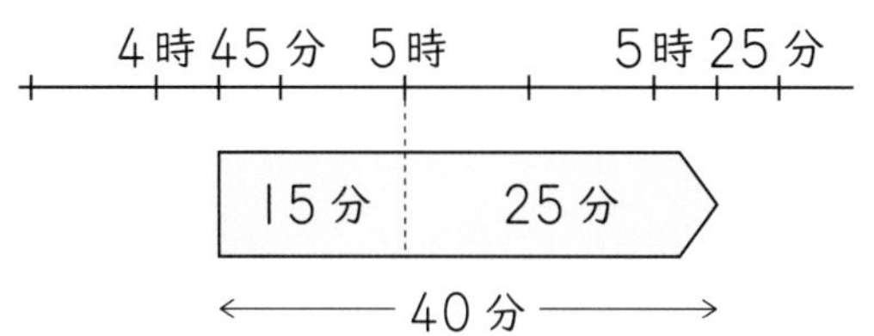

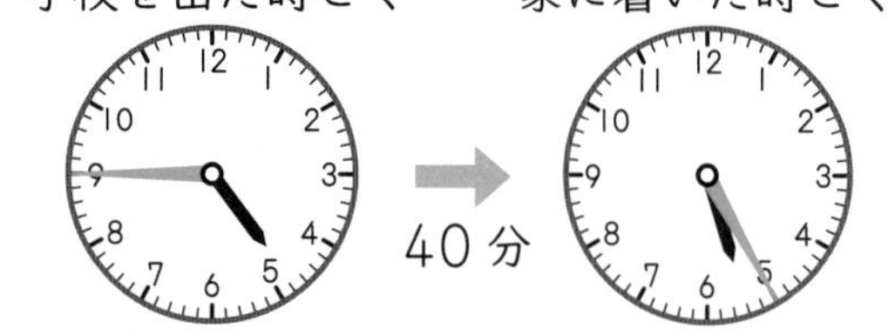

40分を4時45分から5時までの15分
5時から5時25分までの25分に分けて考えます。

1 じろうさんは2時30分から50分間べんきょうしました。
べんきょうが終わったのは、何時何分でしたか。

図をかいて、考えましょう。

2時30分から3時までは、①[　　]分だから、
3時から②[　　]分後の時こく。

答え ③[　　]時④[　　]分

3時までと
3時からに
分けて考えると
わかりやすいね。

ヒント **1** 時こくは○時△分のように表すよ。

学習日　月　日

答え　19ページ

1 たろうさんは宿題(しゅくだい)を終(お)わらせるのに25分かかりました。終わった時こくが4時5分のとき、たろうさんは宿題を何時何分からやり始(はじ)めましたか。

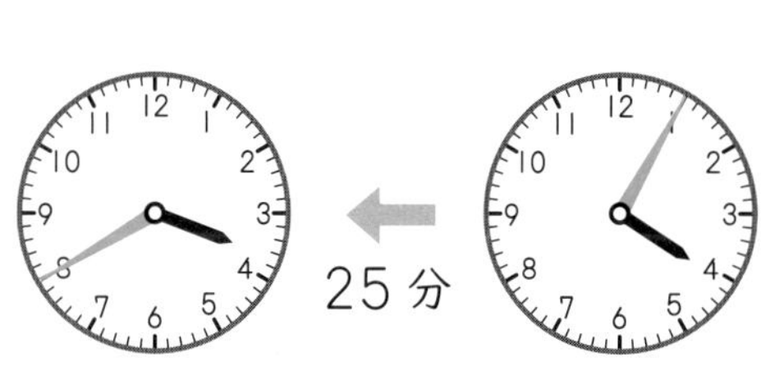

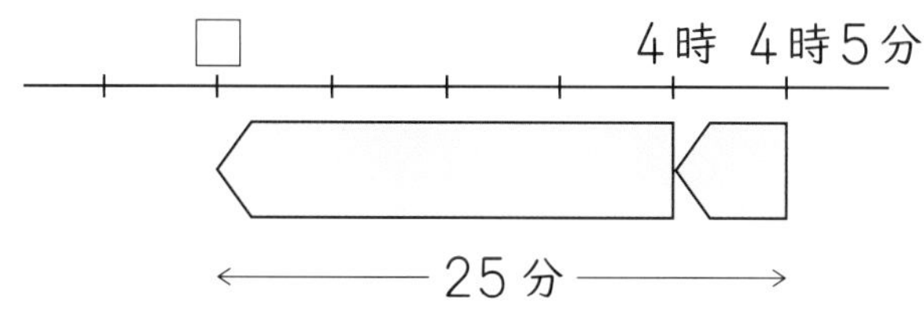

答え（　　　　　）

2 ひろこさんは毎日35分家のそうじをしています。11時50分からそうじを始めると、何時何分に終わりますか。

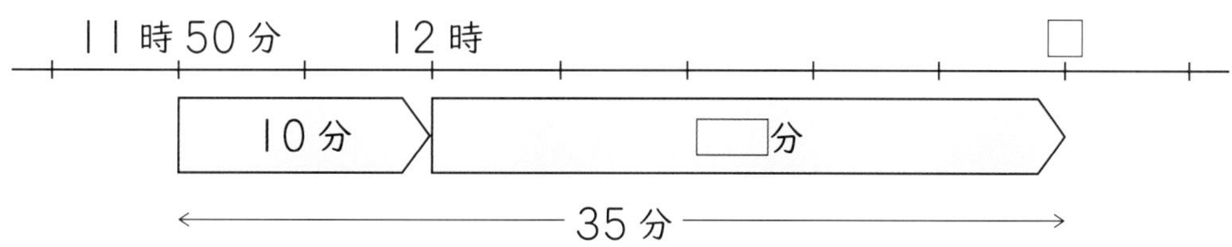

答え（　　　　　）

3 かずやさんは公園で55分遊(あそ)びました。遊び終(お)えたのが2時35分のとき、遊び始めたのは何時何分ですか。図をかいて考えましょう。

図

答え（　　　　　）

ヒント　3 2時までの時間と2時からの時間に分(わ)けてもとめよう。

学習日　月　日

19 長さの計算

答え 20ページ

長さのたんい

・長さは、同じたんいどうしで計算します。

1 km 600 m＋300 m＝1 km 900 m
（同じたんい）

1 km 600 m－300 m＝1 km 300 m
（同じたんい）

1 長さ 600 m のはしと、長さ 1 km 500 m のトンネルがあります。あわせて何 km 何 m ですか。

図をみて、考えましょう。

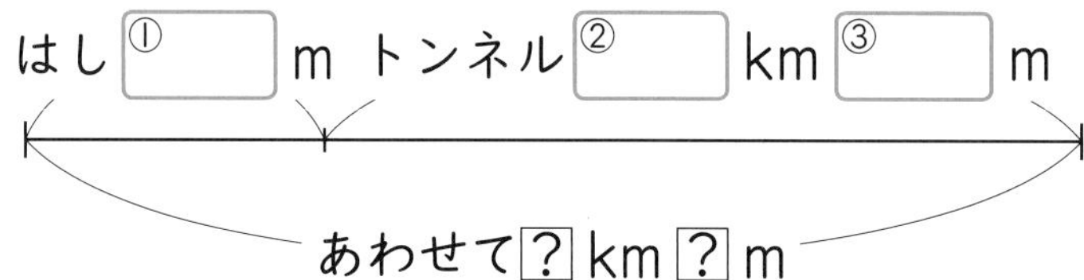

式(しき)をかきましょう。

式 ④　m＋⑤　km ⑥　m＝⑦　km ⑧　m

答え ⑨　km ⑩　m

2 長さ 600 m のはしと、長さ 1 km 100 m のトンネルがあります。ちがいは何 m ですか。

絵をみて、式をかきましょう。

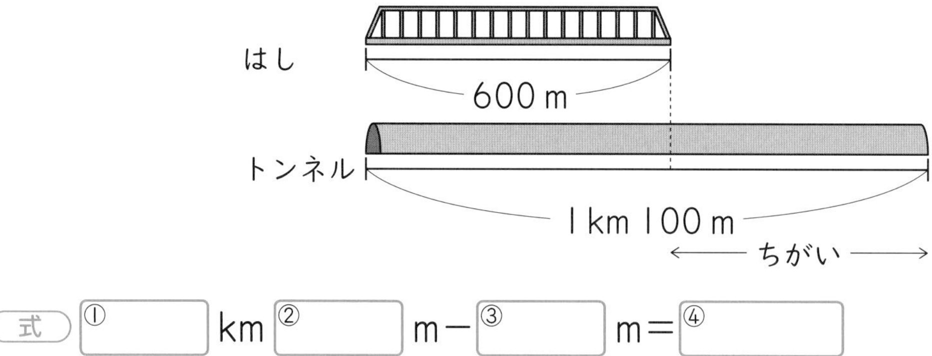

式 ①　km ②　m－③　m＝④

答え ⑤　m

ヒント **2** 1 km は 1000 m だね。m にたんいをなおして考えよう。

ぴったり2

練習

学習日　月　日

★できた問題には、「た」をかこう！★

できた ① できた ② できた ③

答え 20ページ

1 家からポストまでは 360 m、ポストから駅(えき)までは 870 m です。家からポストを通って駅まで行くと、何 km 何 m ですか。

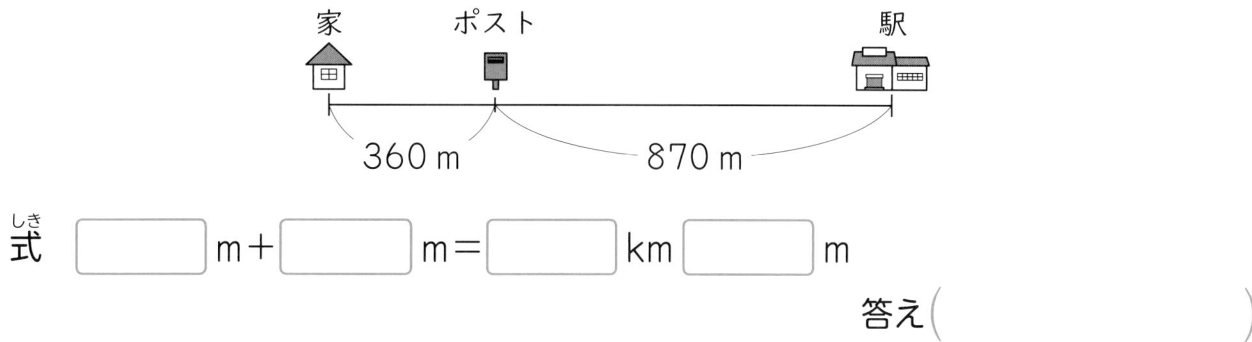

式(しき)　□ m＋□ m＝□ km □ m

答え（　　　）

2 1 km 200 m は、800 m よりどれだけ長いですか。

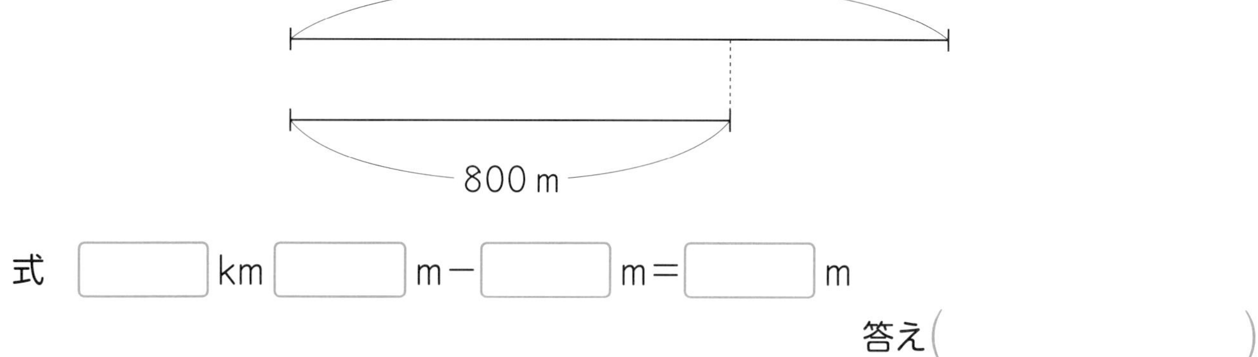

式　□ km □ m－□ m＝□ m

答え（　　　）

3 右の絵をみて、答えましょう。

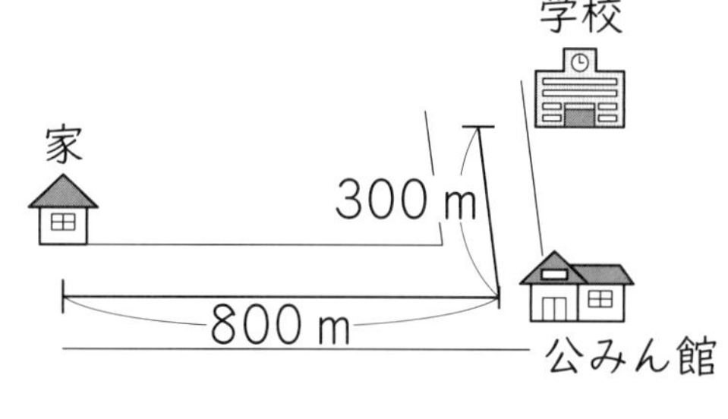

(1)あきさんの家から公みん館(かん)の前を通って学校へ行く道のりは、何 m ですか。

式

答え（　　　）

(2)あきさんの家から公みん館までと、公みん館から学校までの道のりのちがいは何 m ですか。

式

答え（　　　）

ヒント ③ (2)道のりのちがいはひき算を使(つか)って考えるよ。

20 かけ算の筆算①

答え 21ページ

1けたをかける かけ算の筆算

・かけ算の筆算をするときは、位をそろえて、一の位、十の位のじゅんに九九を使って計算していきます。

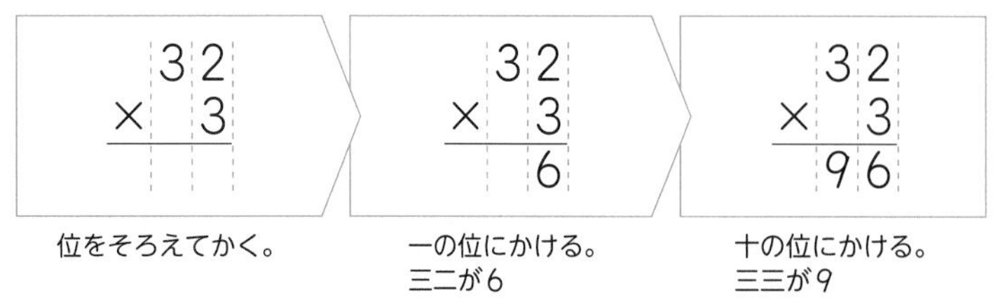

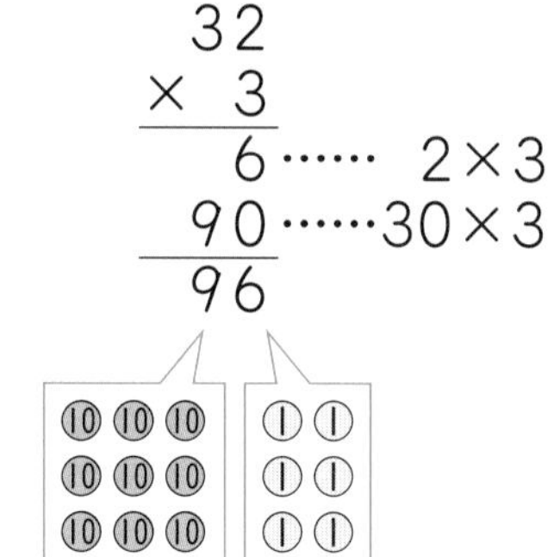

1 1ふくろ14こ入りのラムネが4ふくろあります。ラムネは全部で何こありますか。

式をかきましょう。

考え方 ことばの式にあてはめてみましょう。

1ふくろのこ数 × ふくろの数 ＝ 全部のこ数

考え方 図をみて、考えましょう。

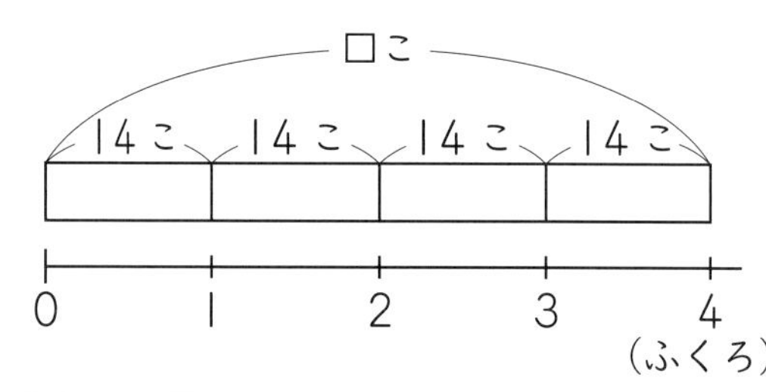

式 ① × ②

筆算で答えをもとめましょう。

	1	4
×		4
	③	④

答え ⑤　こ

1 十の位にかけるときは、十のまとまりの数を考えていることをわすれないようにしよう。

ぴったり2

練習

★できた問題には、「た」をかこう！★

でき 1　でき 2　でき 3

学習日　月　日

答え 21ページ

1 1このねだんが32円のガムがあります。3こ買うと代金(だいきん)はいくらになりますか。

1このねだん × ガムのこ数 ＝ 代金

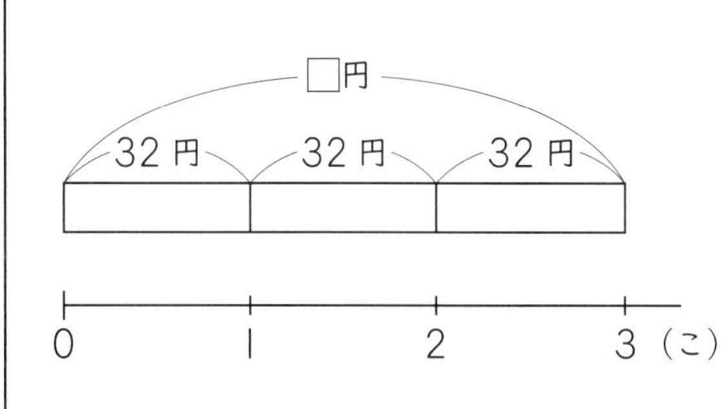

式(しき) □×□＝□

計算らん

答え（　　　　）

2 1台に24人乗(の)っているバスが5台あります。
バスに乗っているのは全部(ぜんぶ)で何人ですか。

式 □×□＝□

計算らん

答え（　　　　）

3 こうじさんは毎日162回シュートの練習(れんしゅう)をします。1週間では、何回シュートの練習をすることになりますか。

計算らん

式 □

答え（　　　　）

ヒント 3 かけられる数が3けたのときも、2けたのかけ算と同じように計算できるよ。

21 かけ算の筆算②

答え 22ページ

1 けたをかけるかけ算の筆算

・かけ算の筆算をするときは、位をそろえて、一の位、十の位のじゅんに九九を使って計算していきます。

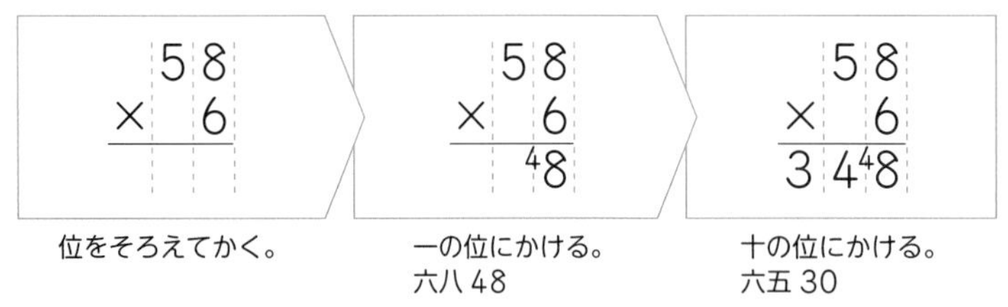


```
  58
×  6
  48…… 8×6
 300……50×6
 348
```

1 4このコップに308 mLずつジュースを入れます。ジュースは何mLあればよいですか。

式をかきましょう。

考え方 ことばの式にあてはめてみましょう。

| ぱいのジュースのかさ
×コップの数
＝全部のかさ

考え方 図をみて、考えましょう。

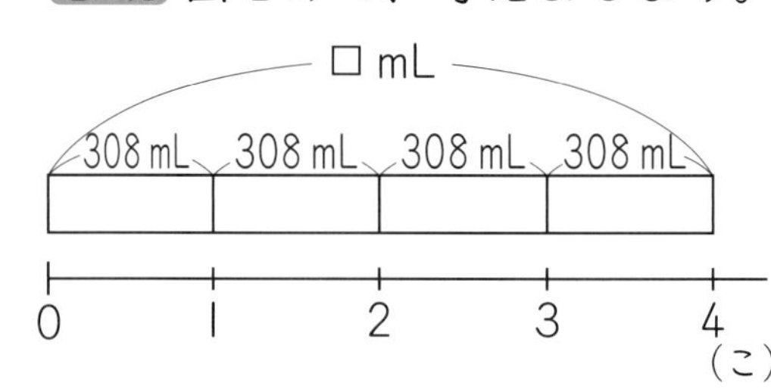

上のどちらかの考え方で式をかこう。

筆算で答えをもとめましょう。

	3	0	8
×			4
③	④	⑤	⑥

答え ⑦　　mL

ヒント **1** 一の位をかけて2けたになったときは、答えの十の位の数に気をつけよう。

★できた問題には、「た」をかこう！★

できた 1　できた 2　できた 3

学習日　月　日

答え 22ページ

1 子どもが6人います。1人46まいずつ色紙を持(も)っています。色紙は全部(ぜんぶ)で何まいありますか。

1人の色紙のまい数 × 子どもの人数 ＝ 全部のまい数

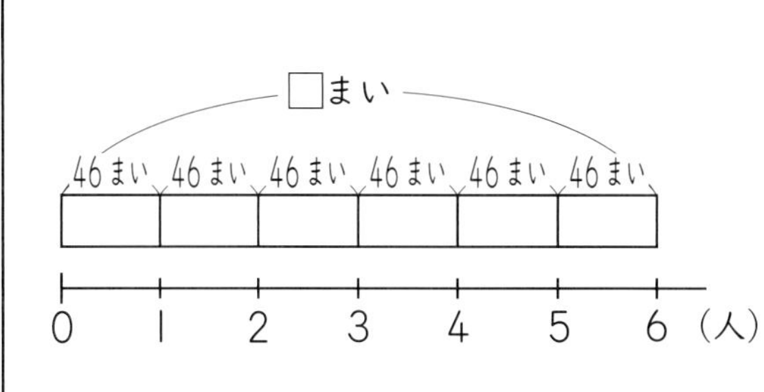

式(しき) □ × □ ＝ □

答え（　　　　）

計算らん

2 クッキーの箱(はこ)が5箱あります。1箱には32まいのクッキーが入っています。クッキーは全部で何まいありますか。

式 □ × □ ＝ □

答え（　　　　）

計算らん

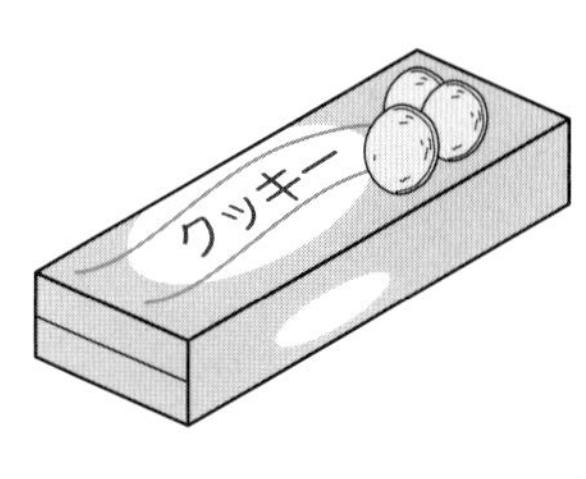

3 8人で水ぞく館(かん)に行きました。入場りょうは1人680円でした。全員(ぜんいん)分の入場りょうは何円になりますか。

式 □

答え（　　　　）

計算らん

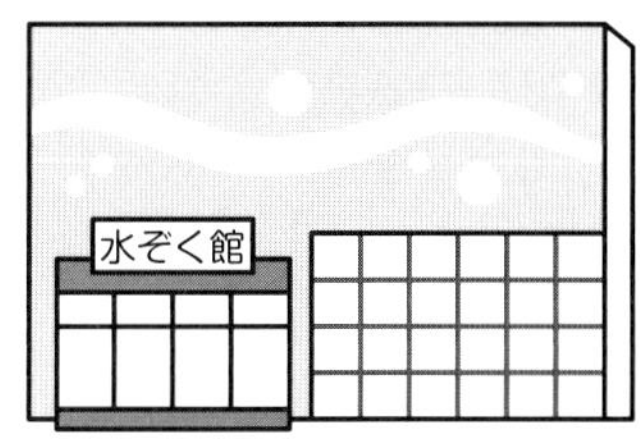

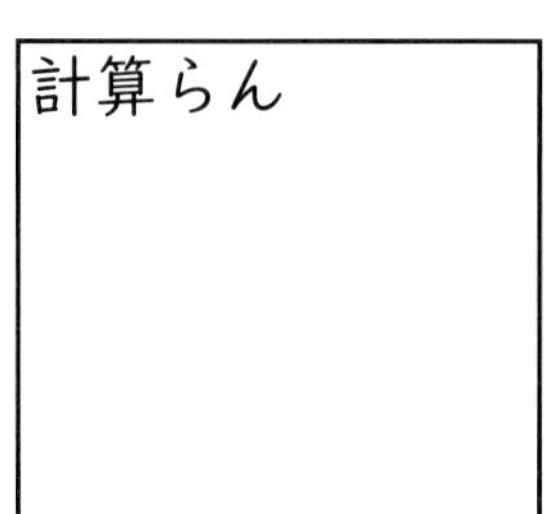

ヒント 3 何が、いくつあるのかな。文をよくよんで考えよう。

学習日　月　日

22 重さの計算

答え 23ページ

重さの計算

・重さは、同じたんいどうしで計算します。

1kg 300g＋200g＝1kg 500g（同じたんい）

1kg 300g－200g＝1kg 100g（同じたんい）

1 800gのかごに3kg 600gのトマトを入れました。全部で何kg何gになりましたか。

図をみて、式をかきましょう。

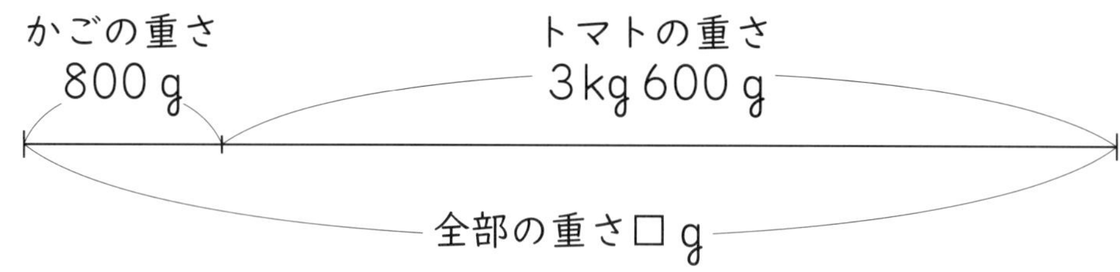

答えをもとめましょう。

考え方 同じたんいどうしで計算します。

まず、800gと600gをあわせると、④　gです。

1400gは1000gと⑤　gに分けられます。

1400g＝⑥　kg 400gです。

だから、全部で⑦　kg ⑧　g

答え ⑨　kg ⑩　g

ヒント **1** まずは、1kg＝1000gをしっかり覚えよう。

ぴったり2

練習

★できた問題には、「た」をかこう！★

学習日　　月　　日

答え 23ページ

1 お米が1kgあります。200g使うと、のこりは何gですか。

(1)図をみて、式をかきましょう。

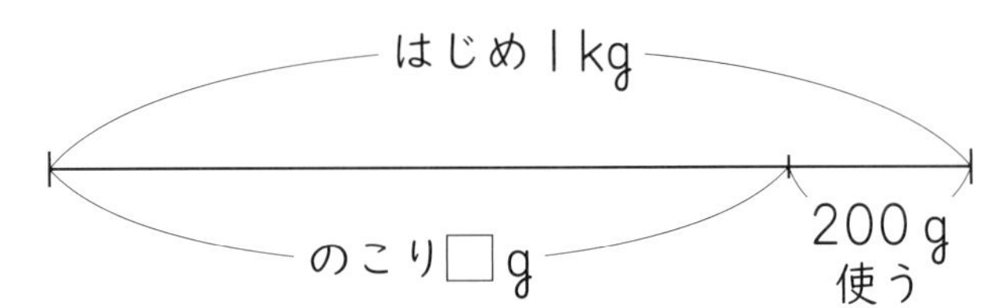

たんいをそろえて計算するよ。

式　[　　　]kg−[　　　]g

(2)答えをかきましょう。

1kgは[　　　]gです。

1kg−200gは[　　　]g−200gです。

だから、のこりは[　　　]g

答え(　　　　　)

2 りんごが1kg400gあります。また、みかんが700gあります。

(1)りんごとみかんは全部で何kg何gありますか。

式　[　　　　　　　　　　]

答え(　　　　　)

(2)りんごのほうがみかんよりどれだけ重いですか。

式　[　　　　　　　　　　]

答え(　　　　　)

ヒント　**2** (2)計算するときは、かならずたんいをそろえよう。

学習日　月　日

23 小数①

答え 24ページ

小数のあわせる計算のしかた

・小数のたし算で答えをもとめます。0.1 が何こになるかを考えたり、筆算(ひっさん)をしたりして、答えをもとめることができます。

①位(くらい)をそろえてかく。
②整数(せいすう)のたし算と同じように計算する。
③上の小数点にそろえて答えの小数点をうつ。

$$\begin{array}{r} 2.5 \\ +0.8 \\ \hline 3.3 \end{array}$$

1 水とうに水が 1.4 L、やかんに水が 2.7 L 入っています。あわせて何 L ですか。

図をかいて、考えましょう。

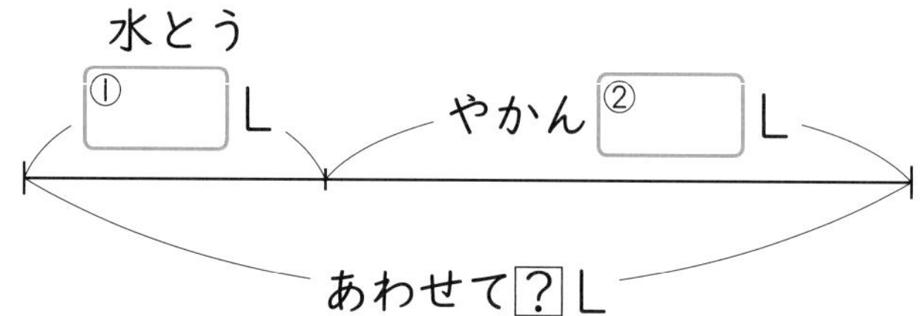

式(しき)をかきましょう。

答えをもとめましょう。

考え方 0.1 が何こになるかを考えましょう。

1.4 は 0.1 が ⑤ こ、
2.7 は 0.1 が ⑥ こ、
あわせて、0.1 が(14＋27)こ。

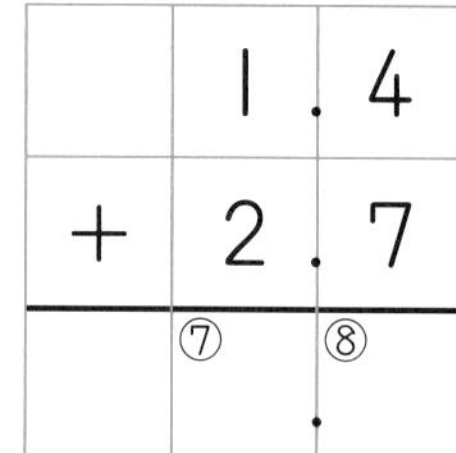

答え ⑨ L

ヒント **1** まずは、1 を 10 こに分(わ)けた大きさの 0.1 がいくつあるかを考えよう。

★できた問題には、「た」をかこう！★

学習日　　月　　日

1 ペットボトルに 1.8 L、かんに 0.5 L ジュースが入っています。ジュースはあわせて何 L ありますか。

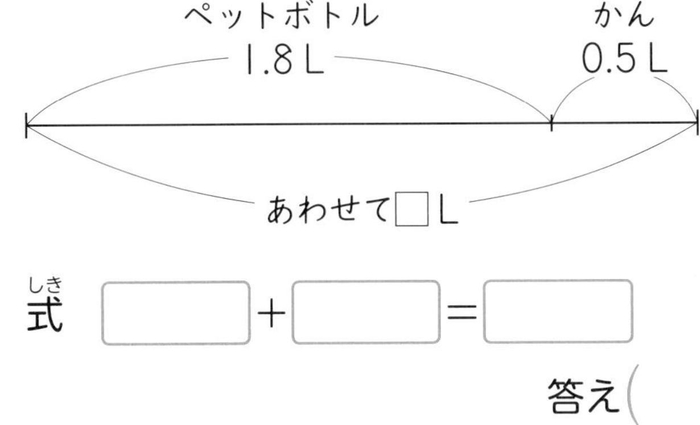

式（しき）　□＋□＝□

答え（　　　　　）

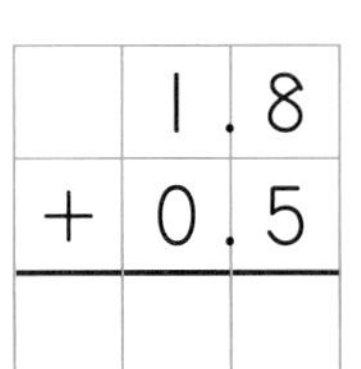

	1	.8
＋	0	.5

2 A（エー）駅（えき）から B（ビー）駅までは、3.4 km あります。また、B駅から C（シー）駅までは、4.8 km あります。A駅からB駅を通ってC駅まで行く道のりは、何 km ですか。

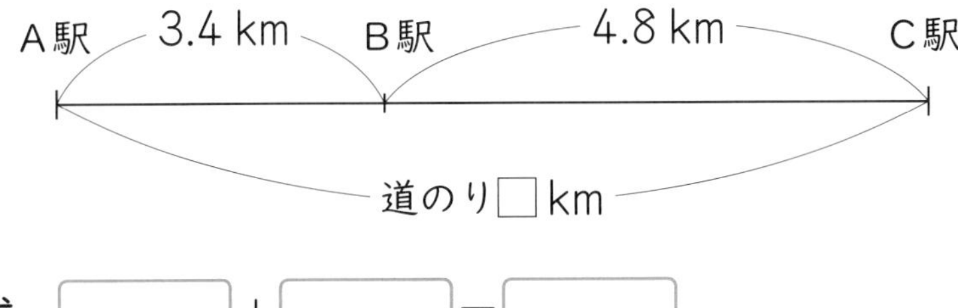

式　□＋□＝□

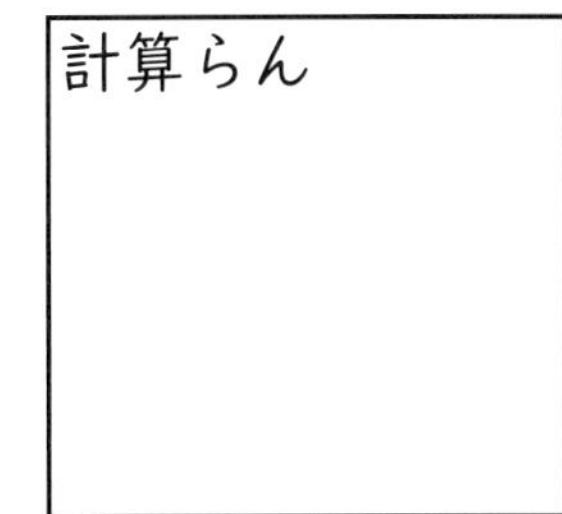

答え（　　　　　）

3 牛にゅうを、朝 2.8 dL、夜 3.2 dL 飲（の）みました。あわせて何 dL 飲みましたか。

計算らん

式　□

答え（　　　　　）

ヒント　1 あわせると、0.1 がいくつになるかな。

学習日　　月　　日

24 小数②

答え 25ページ

小数のふえるときの計算のしかた

・小数のたし算で答えをもとめます。0.1 が何こになるかを考えたり、筆算(ひっさん)をしたりして、答えをもとめることができます。

①位(くらい)をそろえてかく。
②整数(せいすう)のたし算と同じように計算する。
③上の小数点にそろえて答えの小数点をうつ。

$$\begin{array}{r} 3.6 \\ +\ 1.8 \\ \hline 5.4 \end{array}$$

1 パンジーの花がいくつかあったので、道にそって植(う)えたら、8.4 m になりました。次(つぎ)の日もパンジーの花をいくつかもらったので、道にそって植えたら、2.7 m ふえました。道に植えられたパンジーは、全部(ぜんぶ)で何 m になりましたか。

絵や図をみて、考えましょう。

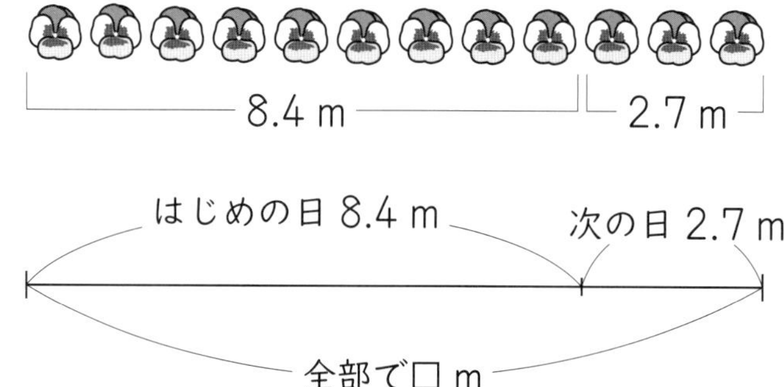

はじめの日 8.4 m　　次の日 2.7 m

全部で□ m

0.1 m が 84 こと 27 こ

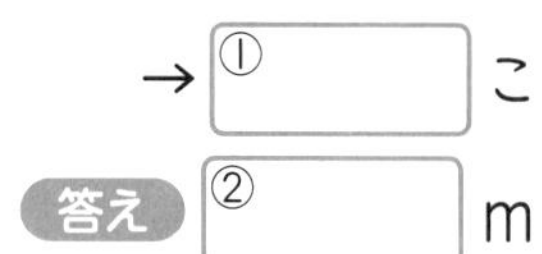

→ ① [　　] こ

答え ② [　　] m

式(しき)をかいて、筆算で計算しましょう。

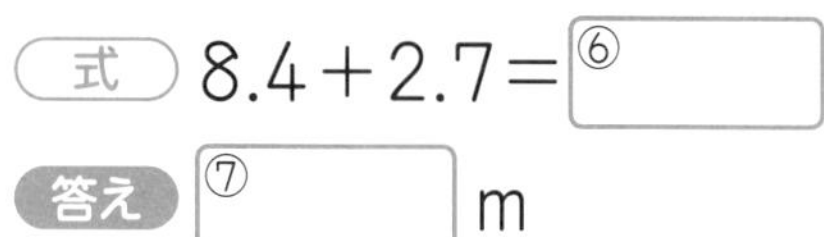

式 8.4＋2.7＝⑥ [　　]

答え ⑦ [　　] m

	8	. 4
＋	2	. 7
③	④	⑤ .

ヒント **1** 文しょう題に出てくる数が整数であっても小数であっても、もとの数からふえるときはたし算でもとめるよ。

★できた問題には、「た」をかこう！★

学習日　月　日

答え 25ページ

1 水が 6.7 L 入っている水そうに、2.3 L の水を入れました。水そうに入っている水は何 L になりましたか。

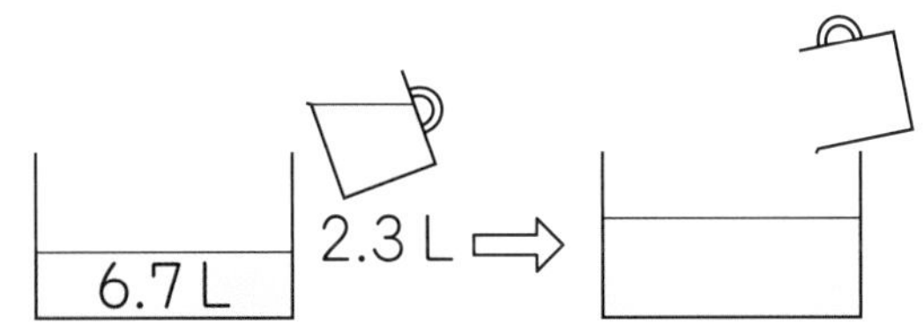

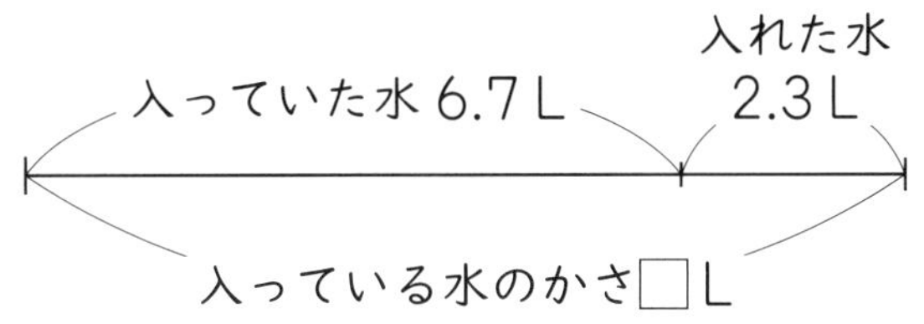

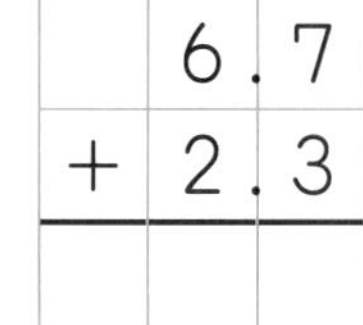

	6	. 7
＋	2	. 3

式　□＋□＝□　　　答え（　　　）

2 水そうに水が 8.6 L 入っています。さらに、水を 14.9 L 入れました。水そうに入っている水は全部で何 L ですか。

式　□

計算らん

答え（　　　）

3 さちさんの持っているロープは、こうきさんの持っている 0.7 m のロープより、0.5 m 長いそうです。さちさんの持っているロープは何 m ですか。

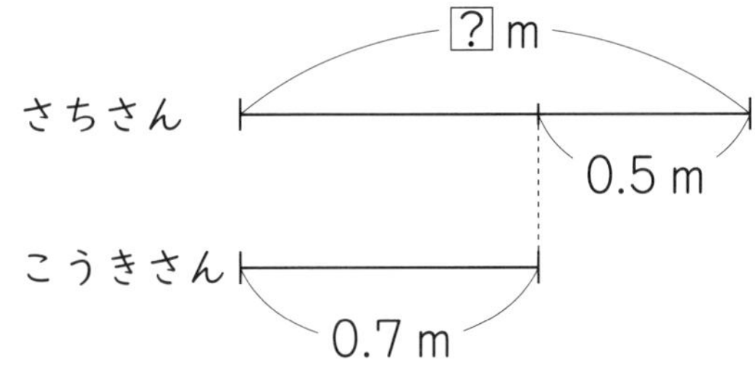

式　□＋□＝□

計算らん

答え（　　　）

ヒント　2 小数点をそろえて筆算しよう。

25 小数③

答え 26ページ

小数ののこりの計算のしかた

・小数のひき算で答えをもとめます。0.1 が何こになるかを考えたり、筆算をしたりして、答えをもとめることができます。

①位をそろえてかく。

②整数のひき算と同じように計算する。

③上の小数点にそろえて答えの小数点をうつ。

$$\begin{array}{r} 4.7 \\ -0.3 \\ \hline 4.4 \end{array}$$

1 6.2 L のペンキのうち、5.8 L 使いました。のこりは何 L ですか。

図をかいて、考えましょう。

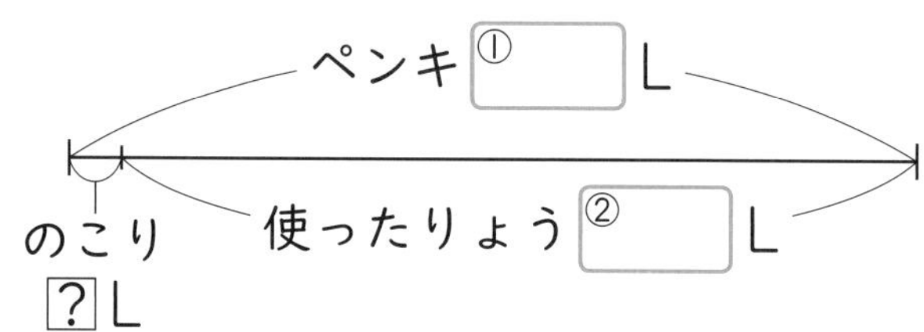

式をかきましょう。

答えをもとめましょう。

考え方 0.1 が何こになるかを考えましょう。

6.2 は 0.1 が ⑤ こ、

5.8 は 0.1 が ⑥ こ、

のこりは、0.1 が (62－58) こ。

考え方 筆算で考えましょう。

0をわすれずにかこう。

	6	. 2
－	5	. 8
	⑦	⑧ .

ヒント **1** 小数の筆算は、整数のひき算と同じように考えよう。

練習

★できた問題には、「た」をかこう！★

答え　26ページ

1 2.3 m のテープのうち、1.6 m 使(つか)いました。テープは何 m のこっていますか。

式(しき)

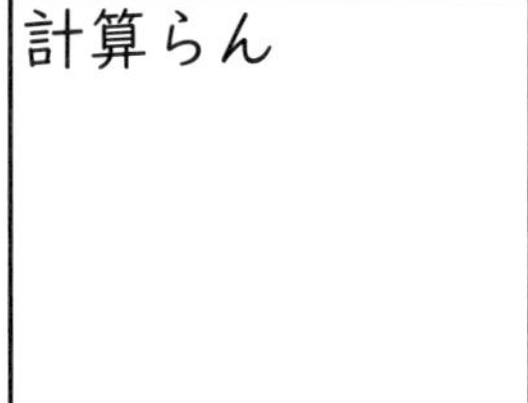

答え（　　　　　　）

2 長さが 2.7 cm のろうそくがあります。このろうそくに火をつけて、しばらくしてから火を消(け)して長さを調(しら)べると、1.8 cm 短(みじか)くなっていました。ろうそくは何 cm になりましたか。

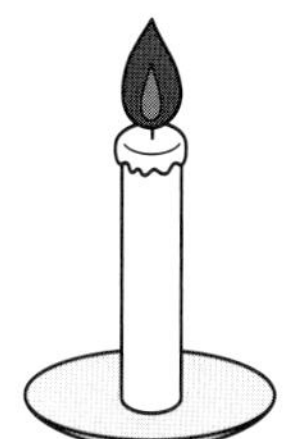

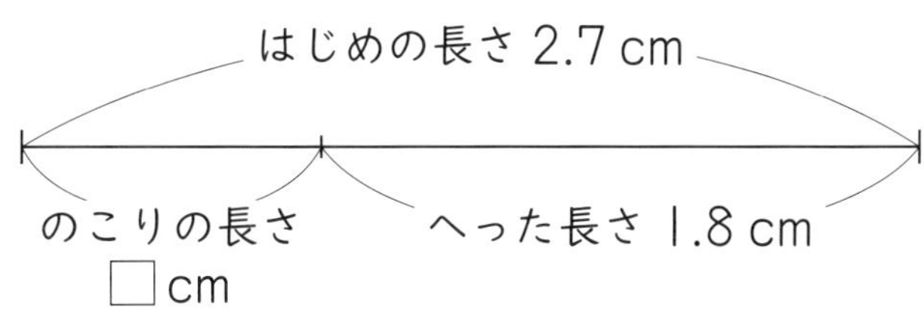

式

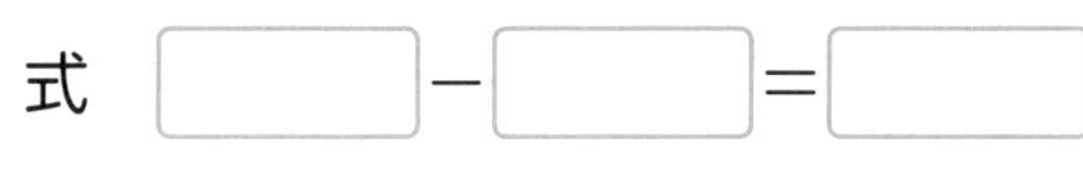

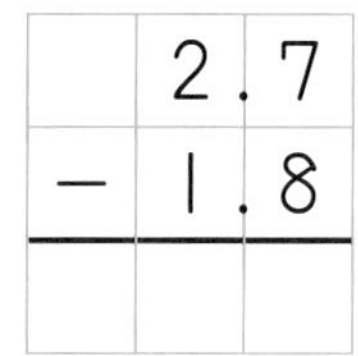

答え（　　　　　　）

3 お茶(ちゃ)が 2 L あります。0.3 L 飲(の)んだら、のこりは何 L ですか。

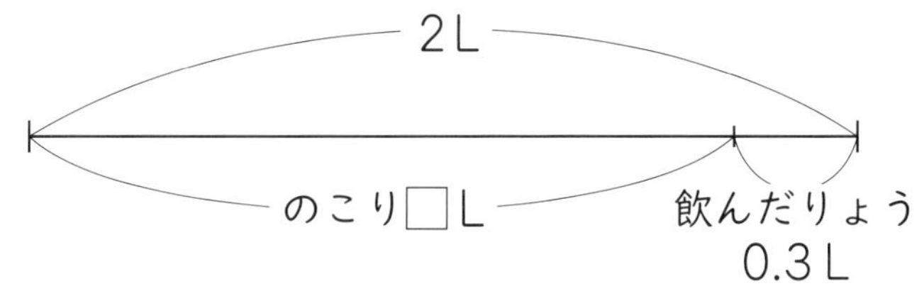

式

2を 2.0 と考えて
計算しよう。

計算らん

答え（　　　　　　）

ヒント　**3** 計算する前に、どちらが大きい数かをかくにんしよう。

ぴったり1 じゅんび

学習日　　月　　日

26 小数④

答え 27ページ

小数のちがいの計算のしかた

・小数のひき算で答えをもとめます。0.1 が何こになるかを考えたり、筆算をしたりして、答えをもとめることができます。

①位をそろえてかく。
②整数のひき算と同じように計算する。
③上の小数点にそろえて答えの小数点をうつ。

$$\begin{array}{r} 5.4 \\ -\ 2.9 \\ \hline 2.5 \end{array}$$

1 だいちさんの赤えん筆の長さをはかったら、13.3 cm でした。また、青えん筆の長さをはかったら、12.2 cm でした。どちらがどれだけ長いですか。

図をかいて、考えましょう。

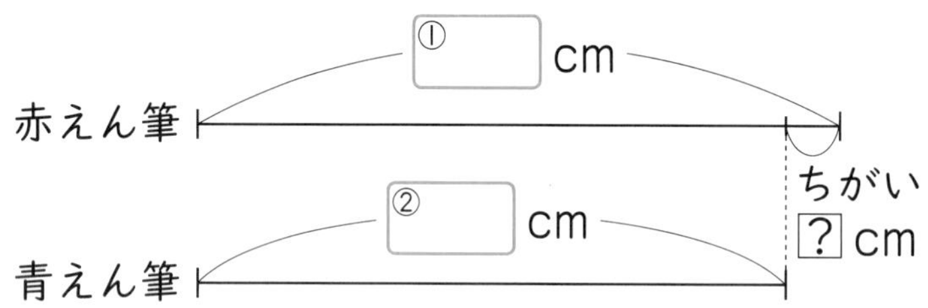

式をかきましょう。

答えをもとめましょう。

考え方 0.1 が何こになるかを考えましょう。

13.3 は 0.1 が ⑤ こ、

12.2 は 0.1 が ⑥ こ、

ちがいは、0.1 が (133－122) こ。

考え方 筆算で考えましょう。

	1	3	.3
－	1	2	.2
		⑦	⑧ .

答え 赤えん筆が ⑨ cm 長い。

ヒント **1** 数と数のちがいを考えるのは、ひき算だね。

★できた問題には、「た」をかこう！★

できた 1　できた 2　できた 3

学習日　月　日

答え 27ページ

1 たての長さが 12.7 cm、横(よこ)の長さが 8.5 cm の色紙があります。たてと横の長さのちがいは何 cm ですか。

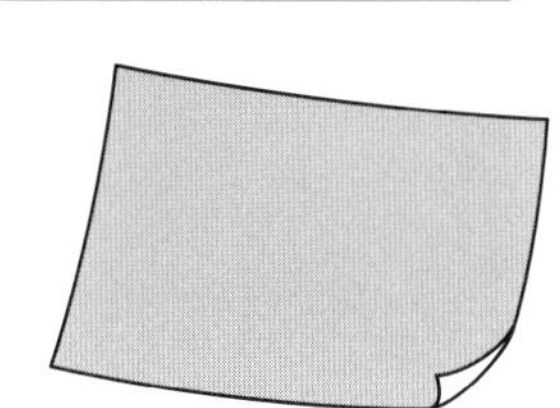

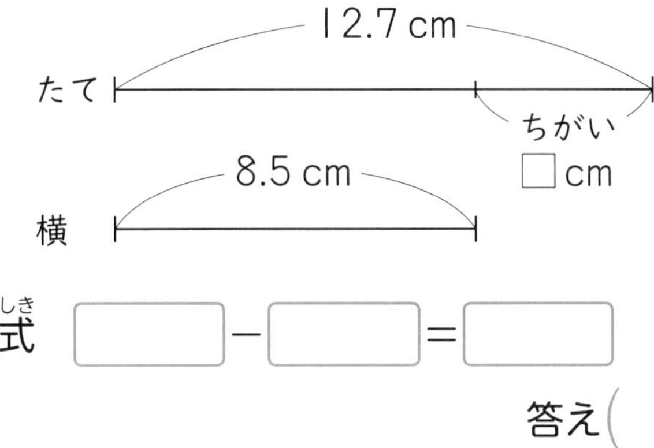

	1	2.	7
−		8.	5

式(しき) □−□=□

答え(　　　　)

2 直径(ちょっけい)7cm のブレスレットと、直径 1.9 cm のゆびわがあります。ブレスレットの直径は、ゆびわの直径より何 cm 大きいですか。

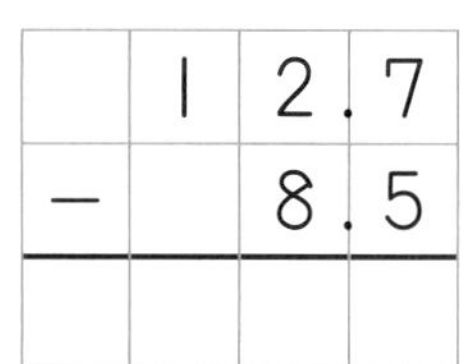

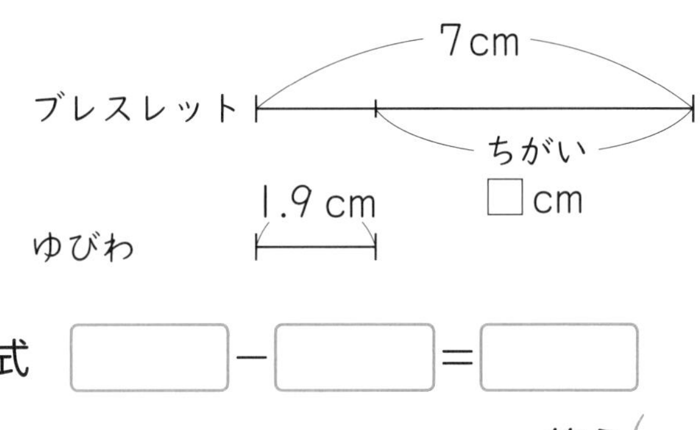

7を7.0と考えて計算しよう。

計算らん

式 □−□=□

答え(　　　　)

3 水とうに水を 1.6 L 入れました。水とうの水は全部で3L になりました。はじめに何 L の水が入っていましたか。

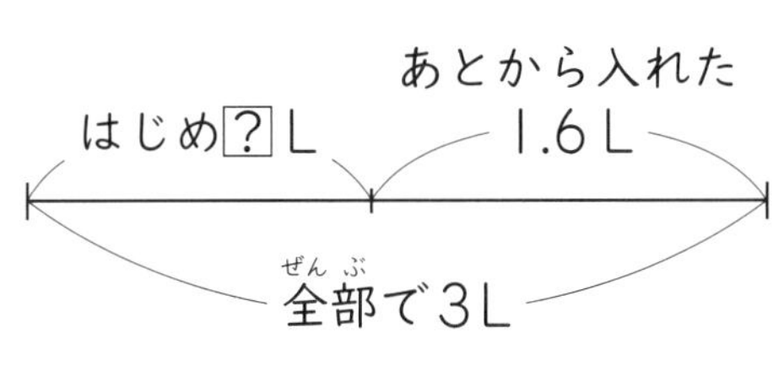

計算らん

式 □

答え(　　　　)

ヒント **2** 整数(せいすう)から小数をひくときは、1を0.1が10こと考えて計算しよう。

学習日　月　日

27 分数のたし算①

答え 28ページ

分数のあわせる計算のしかた

・分数のたし算で答えをもとめます。分母が同じ分数は分母はそのままにして、分子だけをたします。

〔れい〕 $\frac{1}{4}+\frac{2}{4}=\frac{3}{4}$

1 かんに $\frac{1}{6}$ L、ペットボトルの中に $\frac{4}{6}$ Lのお茶(ちゃ)が入っています。あわせて何Lありますか。

図をかいて、考えましょう。

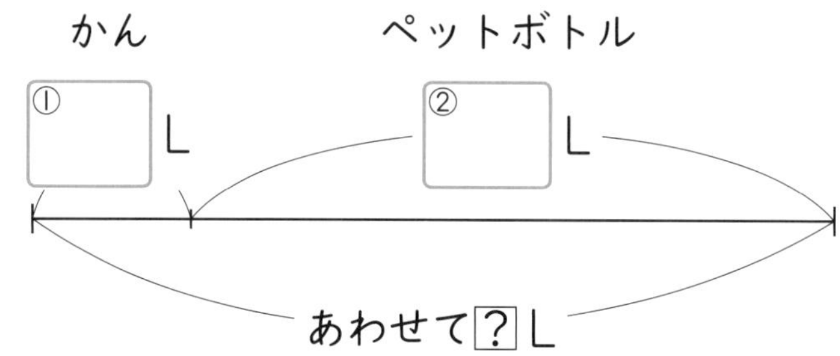

式(しき)をかきましょう。

答えをもとめましょう。

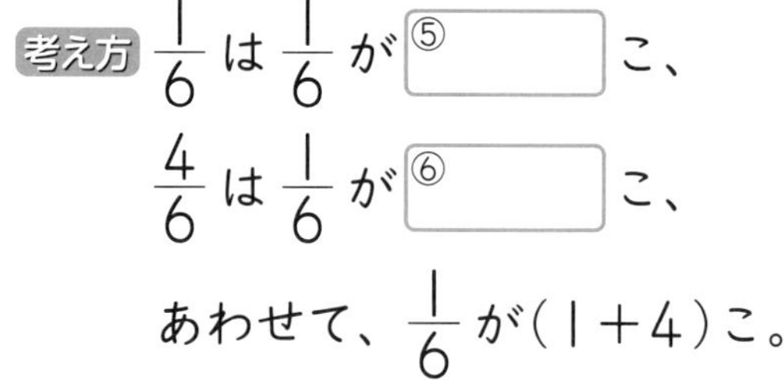

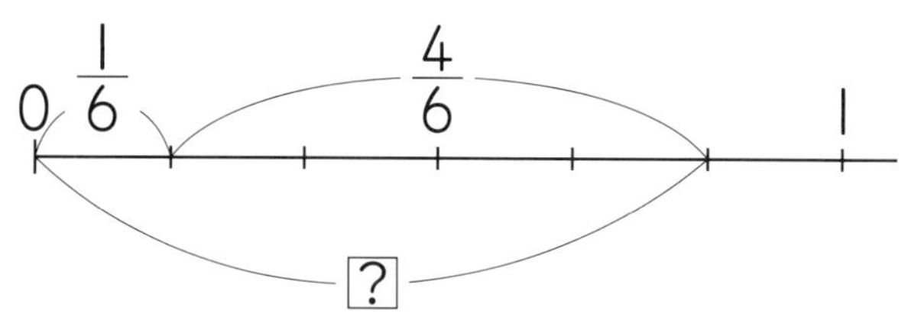

ヒント **1** $\frac{1}{6}$ が何こになるかを考えよう。

答え 28ページ

1 赤いテープが $\frac{3}{7}$ m、青いテープが $\frac{2}{7}$ m あります。あわせて何 m ですか。

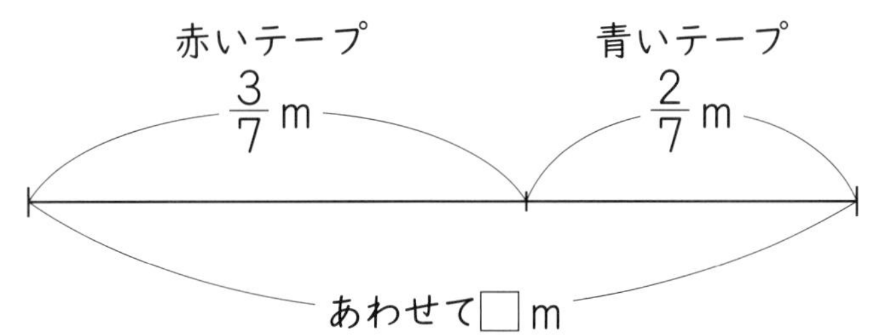

式 □ + □ = □

答え（　　　　）

2 家から公園までの道のりは $\frac{2}{8}$ km、公園から学校までの道のりは $\frac{3}{8}$ km です。家から公園を通って学校までの道のりは何 km ですか。

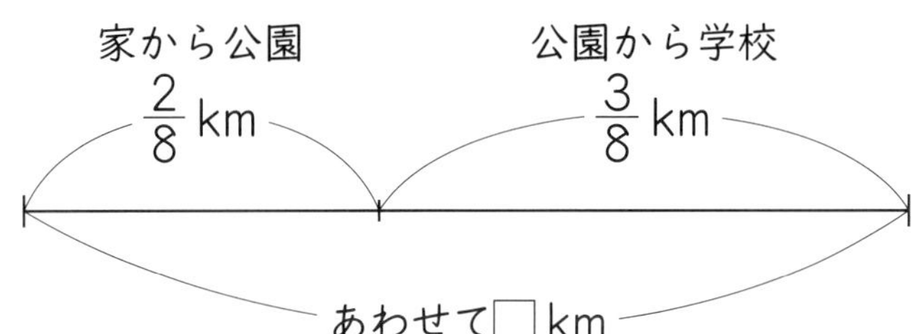

式 □ + □ = □

答え（　　　　）

3 コーヒー $\frac{4}{6}$ L と牛にゅう $\frac{2}{6}$ L をまぜて、コーヒー牛にゅうをつくりました。コーヒー牛にゅうは何 L できましたか。

式 □

答え（　　　　）

ヒント **3** 文しょう題に出てくる数が分数であっても、2つの数をあわせるときはたし算でもとめるよ。

28 分数のたし算②

答え 29ページ

分数のふえる計算のしかた

・分数のたし算で答えをもとめます。

1 $\frac{3}{5}$ L の水が入ったバケツに、$\frac{1}{5}$ L の水を入れました。水は何 L になりましたか。

図をかいて、考えましょう。

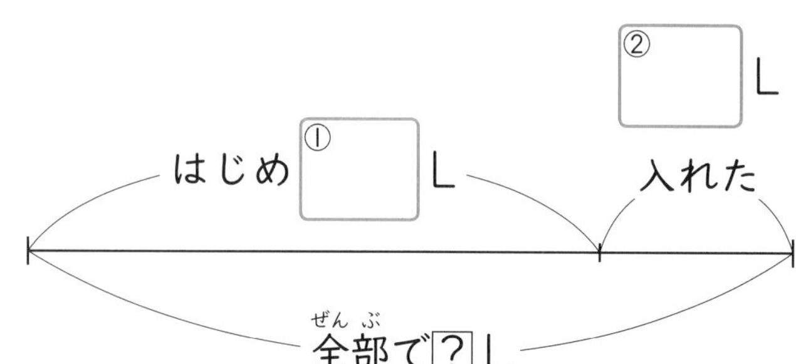

「ふえるといくつ」の図で
考えてみよう。

式をかきましょう。

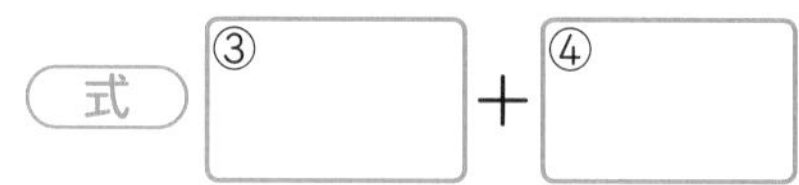

答えをもとめましょう。

$\frac{3}{5}$ は $\frac{1}{5}$ が ⑤ こ、

$\frac{1}{5}$ は $\frac{1}{5}$ が ⑥ こ、

あわせて、$\frac{1}{5}$ が(3+1)こ。

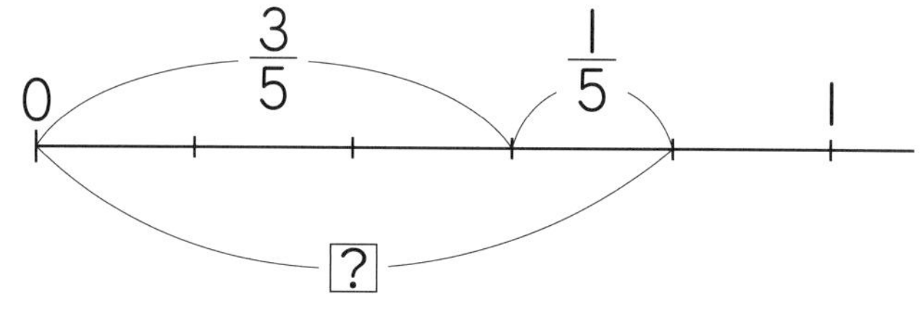

答え ⑦ L

ヒント **1** もとの数からふえるときは、たし算でもとめるよ。

★できた問題には、「た」をかこう！★

学習日　月　日

答え 29ページ

1 みずきさんの水とうに $\frac{7}{11}$ L のお茶(ちゃ)が入っています。お兄さんから $\frac{2}{11}$ L のお茶をもらうと、みずきさんの水とうには全部(ぜんぶ)で何 L のお茶が入っていますか。

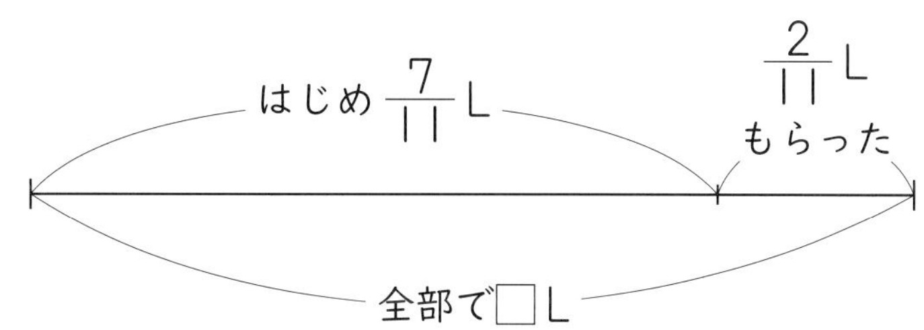

式(しき) □ + □ = □　　答え（　　）

2 きかいの中に $\frac{3}{8}$ L のガソリンが入っています。ここに $\frac{4}{8}$ L つぎたしました。きかいの中のガソリンは何 L になりましたか。

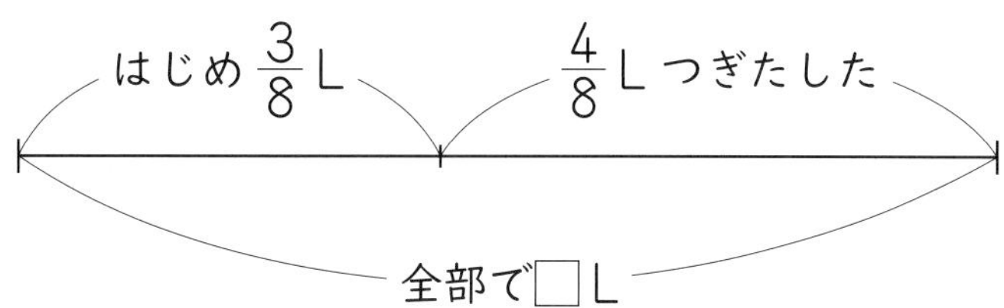

式 □ + □ = □　　答え（　　）

3 ゆいさんは $\frac{4}{9}$ m のリボンを持(も)っています。お姉さんから $\frac{2}{9}$ m のリボンをもらうと、ゆいさんが持っているリボンは何 m になりますか。

式 □　　答え（　　）

4 ジュースがペットボトルに $\frac{4}{7}$ L 入っています。さらに、$\frac{3}{7}$ L のジュースを入れると、ペットボトルには、全部で何 L のジュースが入っていますか。

式 □　　答え（　　）

ヒント　4 たし算の答えの分母と分子が同じ数になったときは、「1」にして答えよう。

29 分数のひき算①

答え 30ページ

分数ののこりの計算のしかた

・分数のひき算で答えをもとめます。分母が同じ分数は分母はそのままにして、分子だけをひきます。

〔れい〕 $\frac{5}{6}-\frac{4}{6}=\frac{1}{6}$

1 牛にゅうパックに $\frac{5}{8}$ Lの牛にゅうが入っています。$\frac{3}{8}$ L飲むと、のこりは何Lですか。

図をかいて、考えましょう。

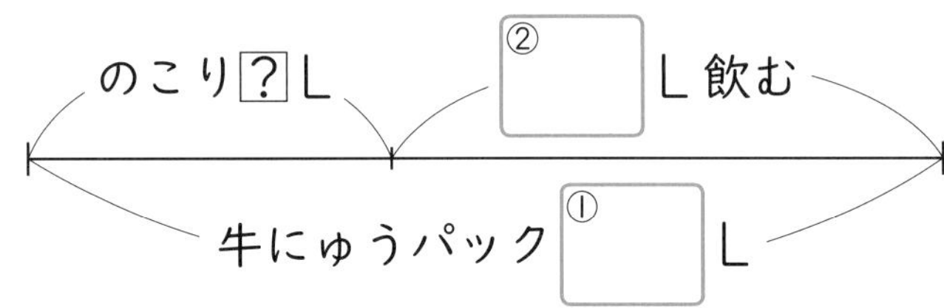

式をかきましょう。

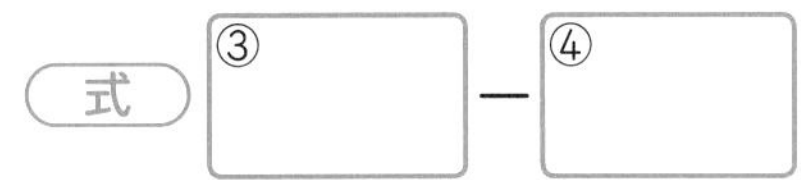

答えをもとめましょう。

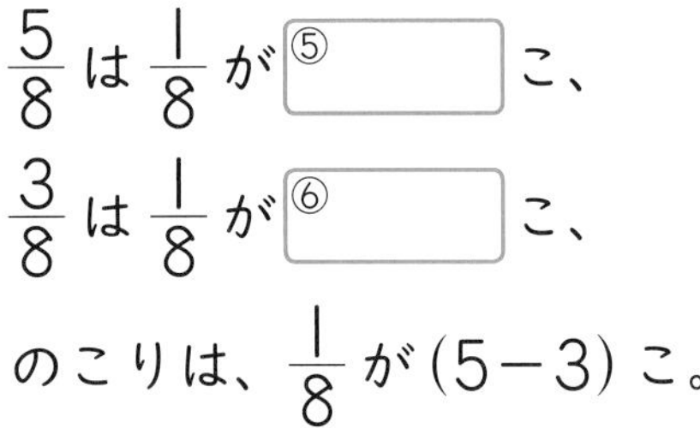

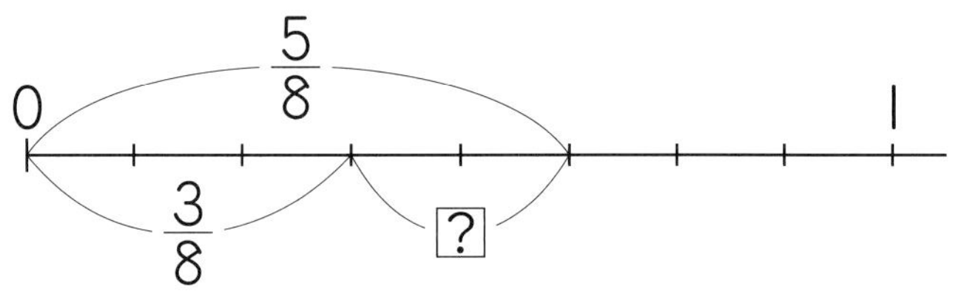

ヒント **1** もとの数からへるときは、ひき算でもとめるよ。

学習日　月　日

★できた問題には、「た」をかこう！★

答え 30ページ

1 $\frac{8}{9}$ m のリボンがあります。$\frac{2}{9}$ m 切り取ると、のこりは何 m ですか。

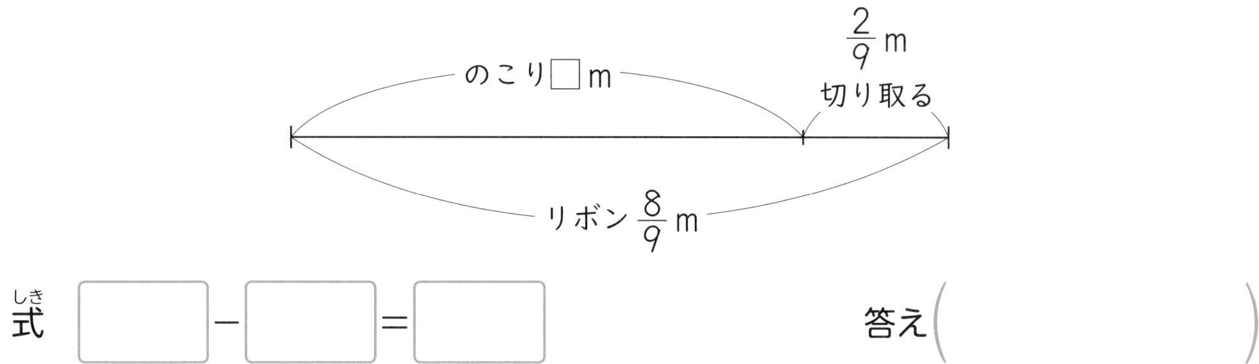

式 □－□＝□　　答え（　　）

2 水とうにお茶が $\frac{5}{6}$ L 入っています。$\frac{1}{6}$ L 飲むと、のこりは何 L ですか。

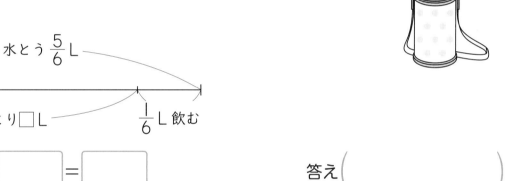

水とう $\frac{5}{6}$ L

のこり□L　$\frac{1}{6}$ L 飲む

式 □－□＝□　　答え（　　）

3 $\frac{3}{8}$ L のジュースがあります。$\frac{2}{8}$ L 飲むと、のこりは何 L ですか。

式　　答え（　　）

4 池のまわりに $\frac{8}{11}$ km の道があります。今、この道を $\frac{5}{11}$ km 歩いて進みました。あと何 km 進むと、ちょうど1周歩いたことになりますか。

式　　答え（　　）

ヒント　3 分母をかくのをわすれていないかな。何がいくつ分なのかに気をつけて計算しよう。

30 分数のひき算②

答え 31ページ

分数のちがいの計算のしかた

・分数のひき算で答えをもとめます。

1 赤いペンキが $\frac{5}{7}$ L、青いペンキが $\frac{6}{7}$ L あります。どちらがどれだけ多いですか。

図をかいて、考えましょう。

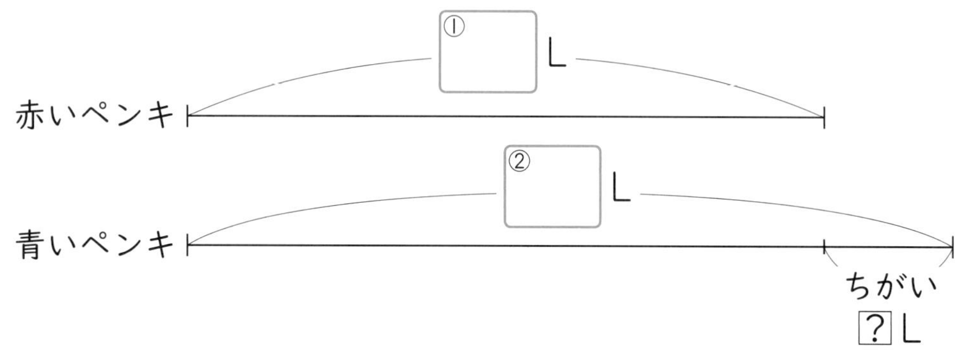

式をかきましょう。

答えをもとめましょう。

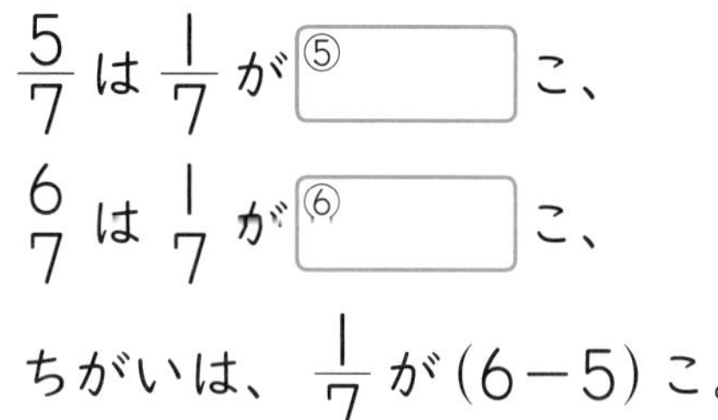

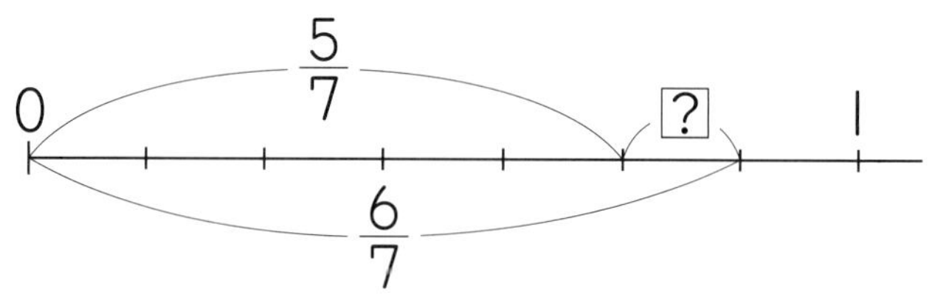

ちがいは、$\frac{1}{7}$ が（6－5）こ。

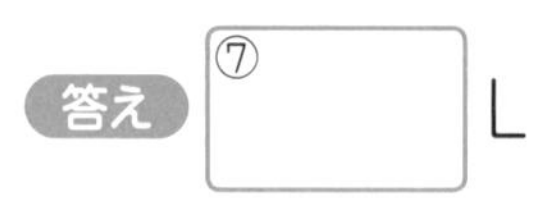

ヒント **1** 分母が表しているのは、1を7こに分けたということだね。

学習日　月　日

答え 31ページ

1 たての長さが $\frac{6}{10}$ m、横(よこ)の長さが $\frac{4}{10}$ m の花だんがあります。どちらがどれだけ長いですか。

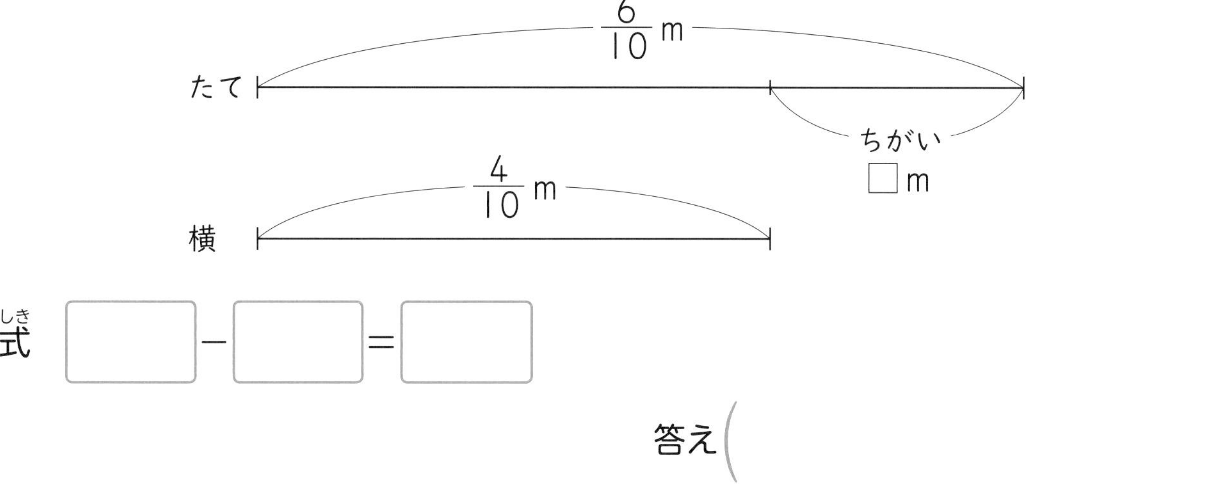

式(しき) □－□＝□

答え（　　　）

2 りんごジュースとみかんジュースをまぜて、ミックスジュースを $\frac{11}{13}$ L つくります。りんごジュースを $\frac{5}{13}$ L 入れるとき、みかんジュースは何 L 入れますか。

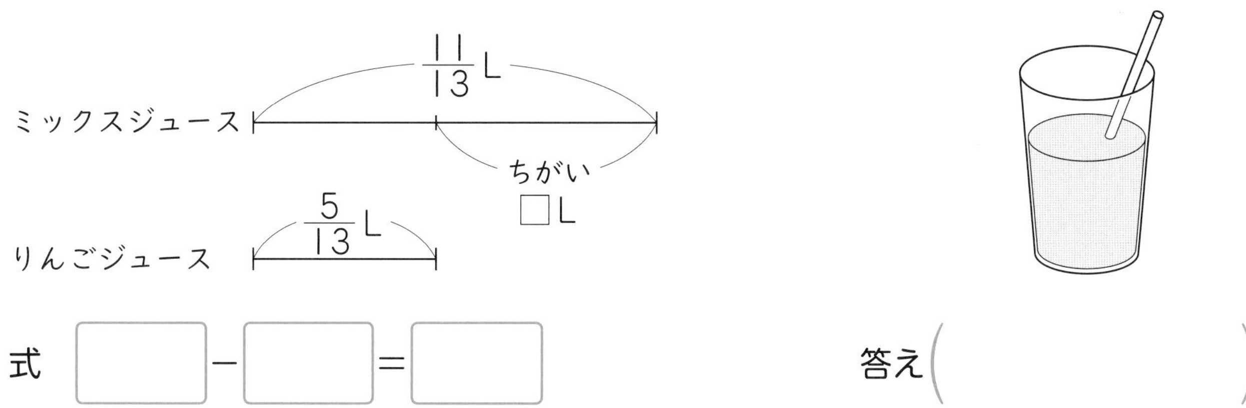

式 □－□＝□

答え（　　　）

3 やかんに 1 L の水を入れます。今、$\frac{6}{15}$ L 入れました。あと何 L 入れたらよいですか。

式 □

答え（　　　）

ヒント **3** 1から分数をひくときは、1をひく数の分母と同じ分母の分数にするよ。

学習日　月　日

31 かけ算の筆算③

答え 32ページ

2けたの同じ数のいくつ分の計算のしかた

・2けたの数をかける筆算で答えをもとめます。筆算は次のように計算します。

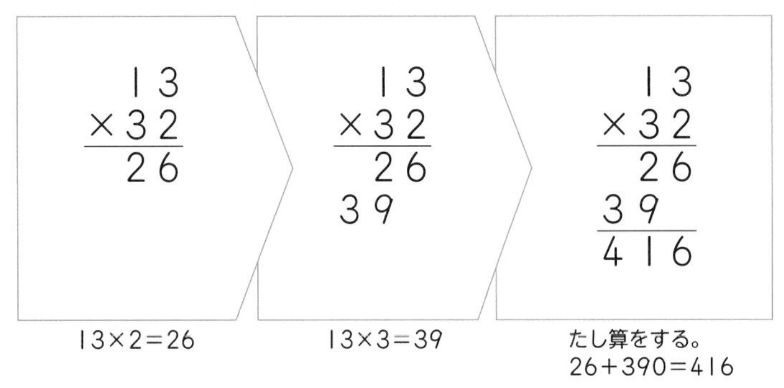

13
×32
26……13×2
39……13×30
416

ここの0はかかない。

1 1箱18まい入りのクッキーの箱が13箱あります。クッキーは全部で何まいありますか。

式をかきましょう。

考え方 ことばの式にあてはめてみましょう。

＝ 全部のまい数

考え方 図をみて考えましょう。

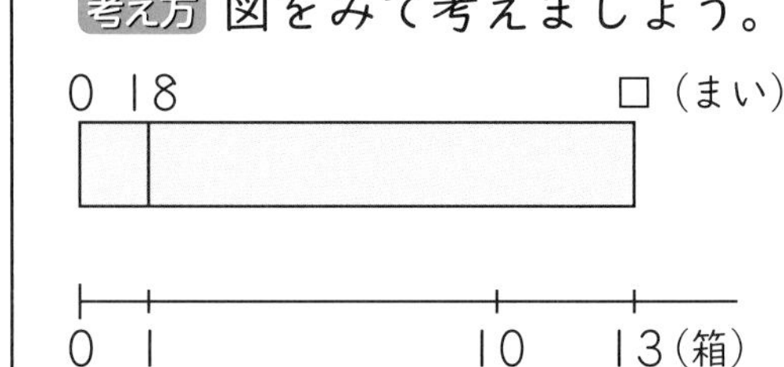

式 ①　×②

上のどちらかの考え方で式をかこう。

筆算で答えをもとめましょう。

	1	8
×	1	3
	③	④
⑤	⑥	
⑦	⑧	⑨

答え ⑩　まい

ヒント **1** 十の位をかけるときは、その数が10こあると考えよう。

★できた問題には、「た」をかこう！★

できた 1　できた 2　できた 3　できた 4

学習日　月　日

答え 32ページ

1 1箱18本入りのジュースが57箱あります。ジュースは全部で何本ありますか。

1箱の本数 × 箱の数 ＝ 全部の本数

0 18　□(本)

0 1　10　57(箱)

計算らん

式 □×□＝□

答え（　　　）

2 115人乗れる車両が15両つながっている列車があります。この列車には、乗客が何人乗ることができますか。

かけられる数が
3けたのときも、
2けたのときと同じように
計算するよ。

計算らん

式 □×□＝□

答え（　　　）

3 あさがおのたねが42こずつ入ったふくろが60ふくろあります。あさがおのたねは全部で何こありますか。

計算らん

式

答え（　　　）

4 1こ156円のおもちゃを33こ買います。全部の代金は何円ですか。

計算らん

式

答え（　　　）

ヒント

2 数が大きくなっても、同じものがいくつかある場合、かけ算で全部の数をもとめることができるよ。

学習日　月　日

32 かけ算の筆算④

答え 33ページ

2けたをかけるかけ算の筆算

・2けたの数をかける筆算は、次のように計算します。

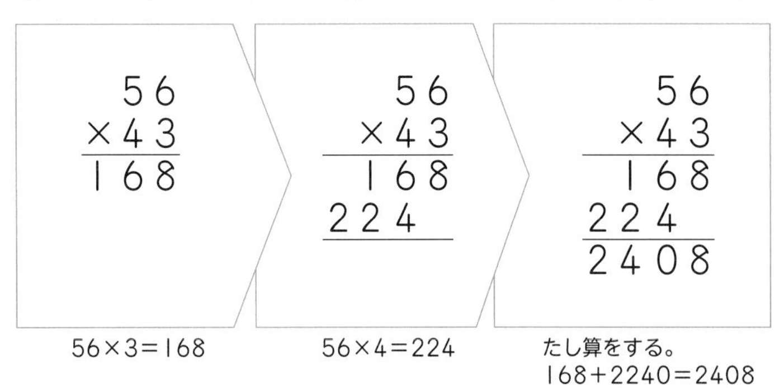

56
×43
168……56×3
224 ……56×40
2408

ここの0はかかない。

1 ラッピングをするのに、リボンが36本ひつようです。1本の長さを52 cmにするとき、リボンは全部で何cmいりますか。

式をかきましょう。

考え方 ことばの式にあてはめましょう。

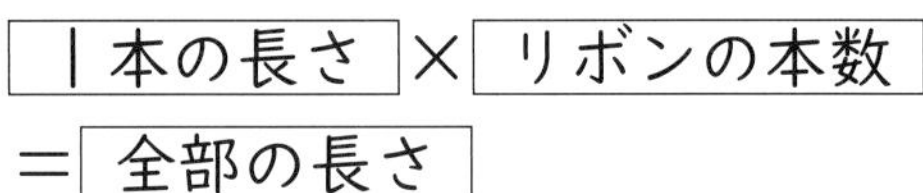

考え方 図をみて考えましょう。

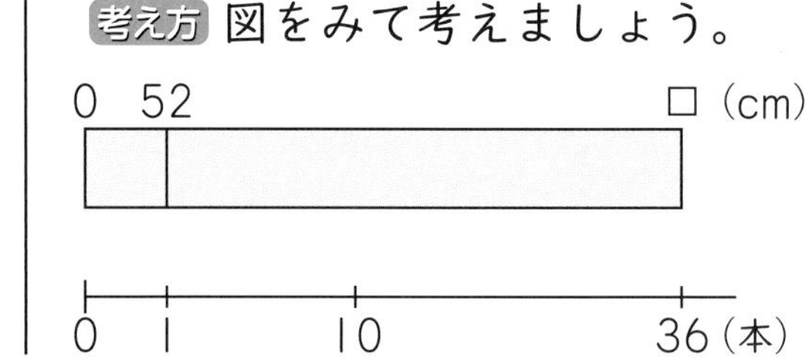

上のどちらかの考え方で式をかこう。

筆算で答えをもとめましょう。

		5	2
	×	3	6
	③	④	⑤
⑥	⑦	⑧	
⑨	⑩	⑪	⑫

答え ⑬　　cm

ヒント **1** 2けたのかけ算の筆算は、位に気をつけてかこう。

★できた問題には、「た」をかこう！★

答え 33ページ

1 バスが 25 台あります。1台に 42 人ずつ乗ると、全部で何人が乗ることができますか。

＝ 全部の人数

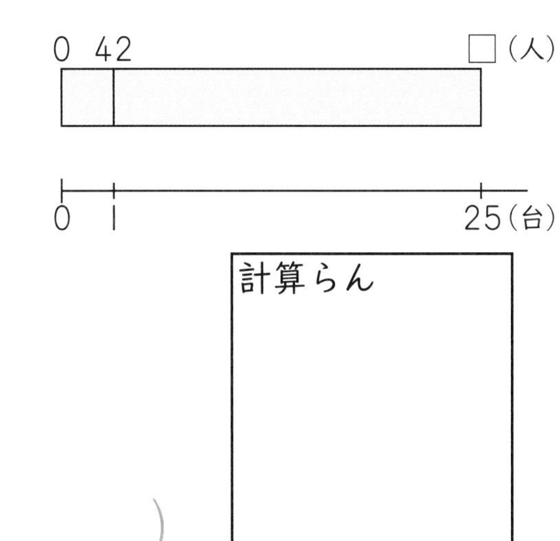

答え（　　　　　）

2 はるとさんの家の近くのスーパーでは、今日だけとくべつにポイントが 12 倍になります。いつもなら 26 ポイントもらえる商品を今日買うと、何ポイントもらえますか。

計算らん

式　□ × □ ＝ □

答え（　　　　　）

3 ノートが 18 さつあります。1さつ 149 円で売られているとき、全部買ったら代金はいくらになりますか。

計算らん

式　□

答え（　　　　　）

ヒント　2 何が、いくつあるのかな。問題をよくよんで考えよう。

33 倍の計算

答え 34ページ

何倍(ばい)かわからない数をもとめる計算のしかた

・わり算でもとめます。
何倍かをもとめることは、その数のいくつ分かをもとめることです。
〔れい1〕8mの何倍かが24mだから、
8×□＝24 の□にあてはまる数をみつけることになります。
〔れい2〕何mかの4倍が24mだから、
□×4＝24 の□にあてはまる数をみつけることになります。

〔れい1〕テープ24mはリボン8mの何倍ですか。

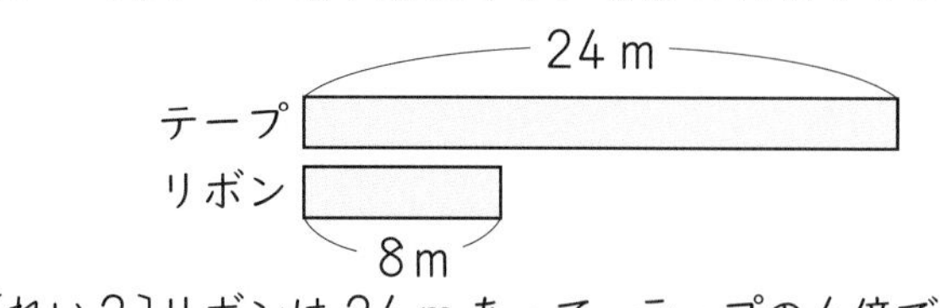

〔れい2〕リボンは24mあって、テープの4倍です。テープの長さは何mですか。

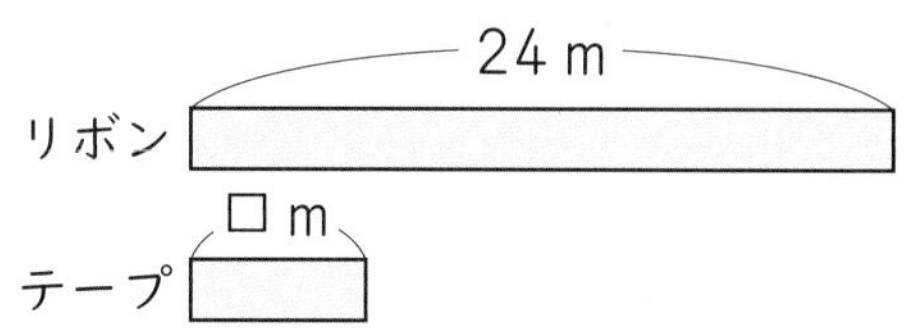

1 ちゅう車場(しゃじょう)に黒い車が5台(だい)、白い車が20台とまっています。白い車の数は、黒い車の数の何倍ですか。

図をみて、考えましょう。

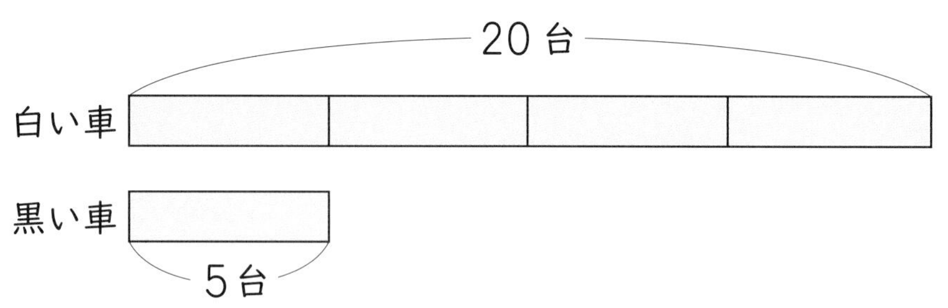

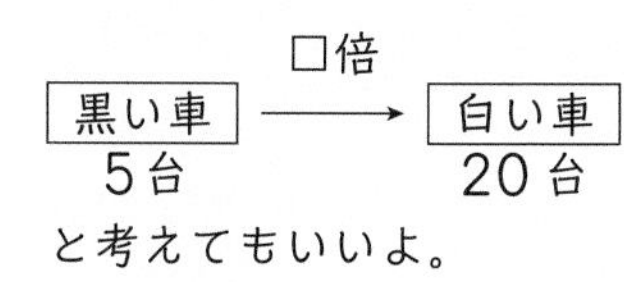

と考えてもいいよ。

5台の何倍かが20台だから、5×□＝20 の□にあてはまる数をみつけることになります。

わり算の式(しき)をかいて、考えましょう。

式　20÷5＝①＿＿＿　　答え ②＿＿＿倍

2 コップを使(つか)って、なべに水を入れていきます。7はい入れると、42dLのなべがいっぱいになりました。コップには、何dLの水が入りますか。

図をみて、考えましょう。

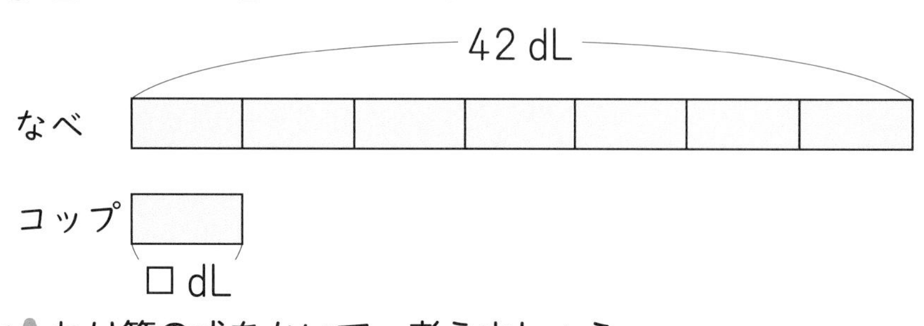

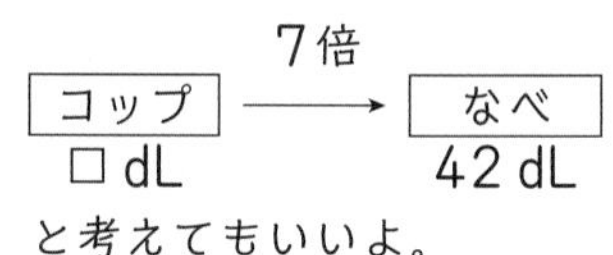

と考えてもいいよ。

わり算の式をかいて、考えましょう。

式　42÷7＝①＿＿＿　　答え ②＿＿＿dL

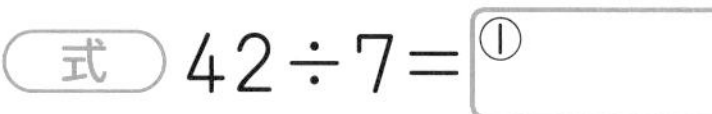

1 何倍かにあたる数をもとめるときは、わり算の式になるよ。

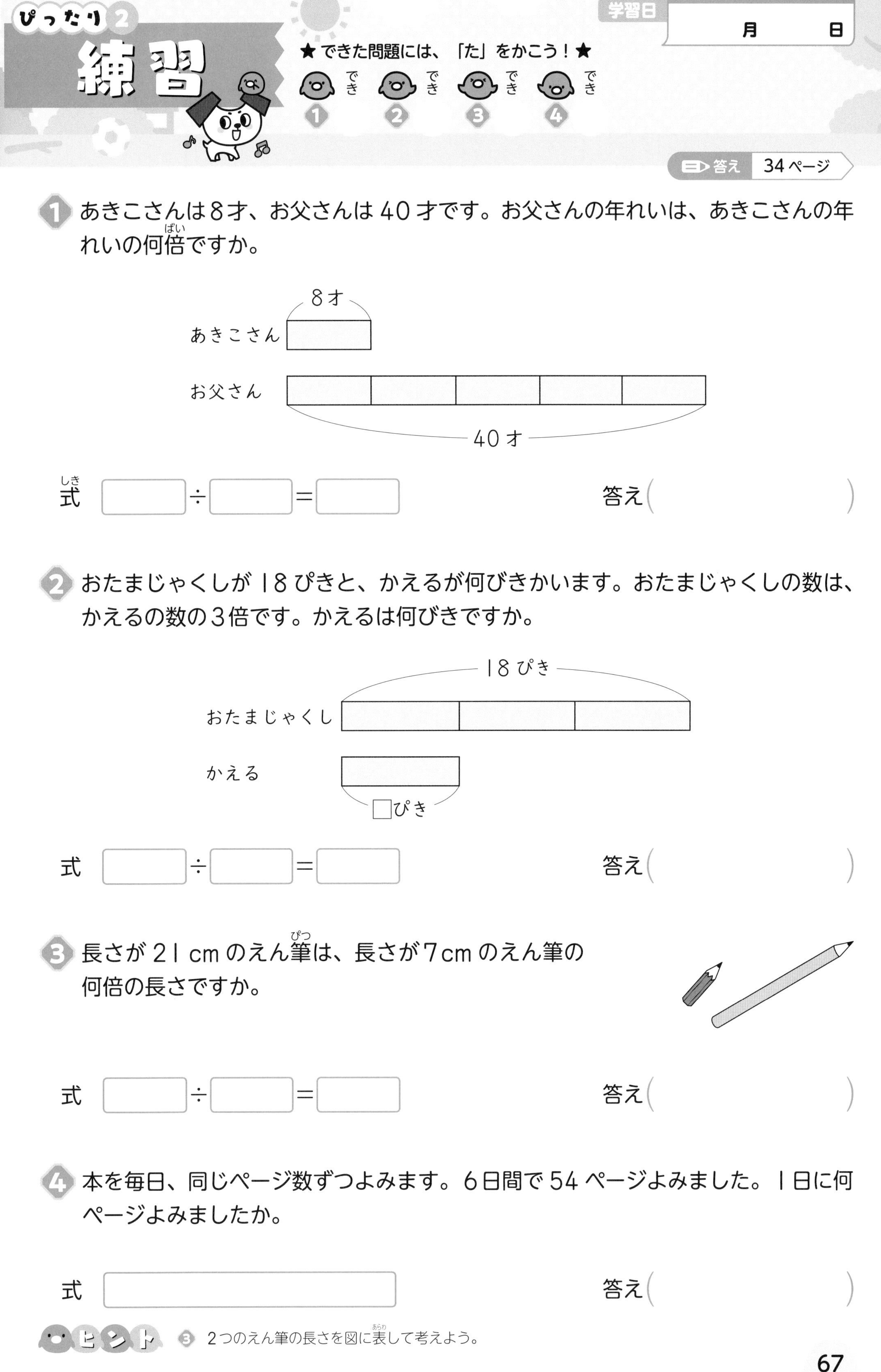

答え 34ページ

1 あきこさんは8才、お父さんは40才です。お父さんの年れいは、あきこさんの年れいの何倍(ばい)ですか。

式(しき) □÷□＝□ 答え( )

2 おたまじゃくしが18ぴきと、かえるが何びきかいます。おたまじゃくしの数は、かえるの数の3倍です。かえるは何びきですか。

式 □÷□＝□ 答え( )

3 長さが21cmのえん筆(ぴつ)は、長さが7cmのえん筆の何倍の長さですか。

式 □÷□＝□ 答え( )

4 本を毎日、同じページ数ずつよみます。6日間で54ページよみました。1日に何ページよみましたか。

式 □ 答え( )

ヒント 3 2つのえん筆の長さを図に表(あらわ)して考えよう。

学習日　月　日

34 □を使った式①

答え 35ページ

□を使ったたし算の式

・わからない数を□として、たし算の式をかきます。

〔れい〕すずめが3わいたところに□わとんできて、あわせて5わになりました。

3＋□＝5

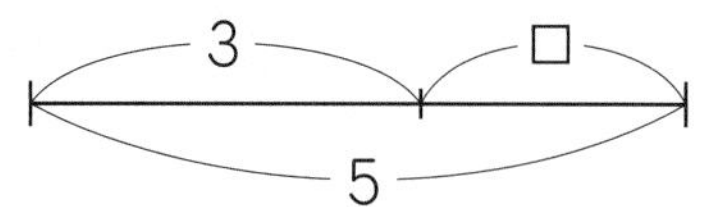

□にあてはまる数は、いろいろな数をあてはめたり、図にかいて考えたりします。

1 みかんが１箱とばらで６こあります。全部で53こあるそうです。箱に入っているみかんの数は何こですか。箱に入っているみかんの数を□ことして式をかき、□にあてはまる数をみつけて、答えましょう。

ことばの式を使って、式をかきましょう。

１箱のこ数＋ばらのこ数＝全部のこ数

式 □＋①＝②

□にあてはまる数を、図にかいて考えましょう。

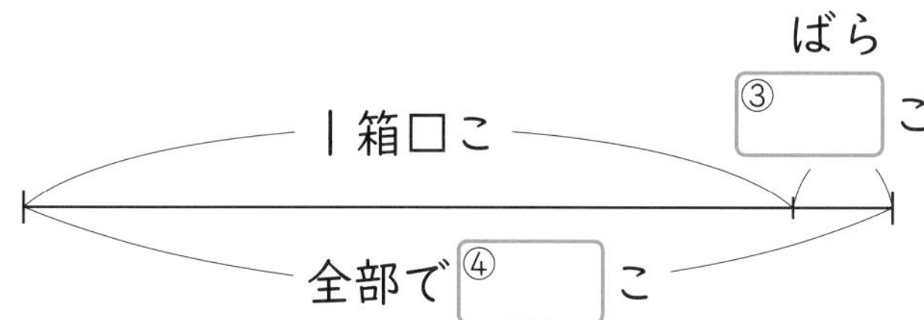

図にかいて考えると、

□＝53−6

□＝⑤

□にいろいろな数をあてはめて、考えましょう。

46＋6＝53　×

47＋6＝53　○

48＋6＝53　×

49＋6＝53　×

□に⑥をあてはめると、ちょうど53です。

答え ⑦ こ

1 図にかいて、わかっている数とわからない数の関係をよく考えよう。

ぴったり2 練習

★できた問題には、「た」をかこう！★

できき ❶ できき ❷ できき ❸

学習日 月 日

答え 35ページ

1 大きいかごにりんごが16こ、小さいかごにりんごがいくつか入っています。2つのかごのりんごをあわせると、23こになるそうです。小さいかごに入っているりんごは何こですか。

(1)小さいかごのりんごの数を□ことして、式にかきましょう。

式 [　　] + [　　] = [　　]

ことばの式は、
[大きいかごの数] + [小さいかごの数] = [全部の数]
になるね。

(2)□にあてはまる数をみつけて、答えをかきましょう。

16＋[5]＝23　×
16＋[6]＝23　×
16＋[7]＝23　○
16＋[8]＝23　×
□＝23－16
□＝[　　]

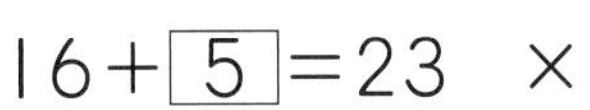

答え（　　　　）

2 よしきさんのお兄さんは、47年後に60才になります。よしきさんのお兄さんは、今何才ですか。今の年れいを□才として、式にかいて答えをもとめましょう。

式 [　　] + [　　] = [　　]

答え（　　　　）

3 はなえさんは、A駅を出発してB駅まで歩くことにしました。A駅から1600mはなれたところに公園があって、さらに何mか進むとB駅に着きました。A駅から公園を通ってB駅まで行く道のりは、4300mです。公園からB駅までは何mですか。公園からB駅までを□mとして式にかいて、答えをもとめましょう。

式 [　　　　]

答え（　　　　）

ヒント ❷ ことばの式 [今の年れい] + [47年後] = [60才] を使って考えてみよう。

学習日　月　日

35 □を使った式②

答え 36ページ

□を使ったひき算の式

・わからない数を□として、ひき算の式をかきます。

〔れい〕りんごが□こありましたが、3こ食べたのでのこりは7こになりました。

□－3＝7

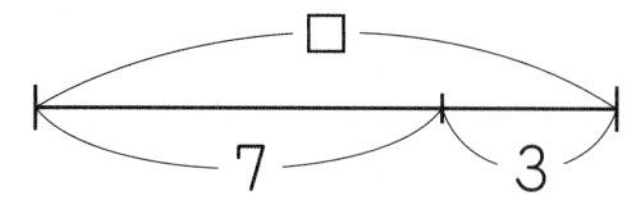

□にあてはまる数は、いろいろな数をあてはめたり、図にかいたりして考えます。

1 えん筆が26本あります。何本か使ったので、のこりは15本になりました。使ったえん筆の数は何本ですか。使ったえん筆の数を□本として式にかき、□にあてはまる数をみつけて答えましょう。

ことばの式を使って、式をかきましょう。

はじめの本数 － 使った本数 ＝ のこりの本数

式 ①□－□＝②□

□にあてはまる数を、図にかいて考えましょう。

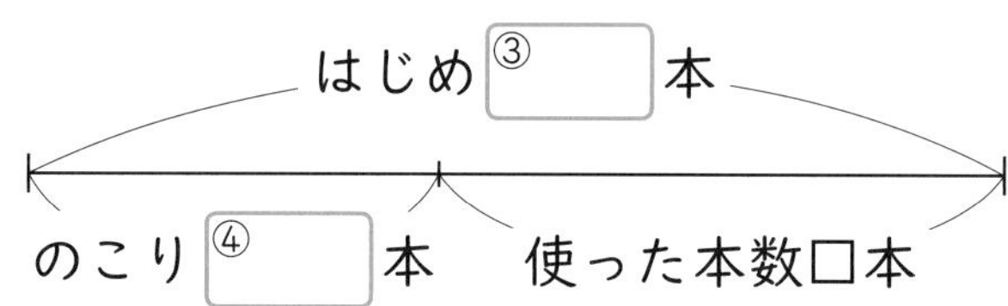

図にかいて考えると、

□＝26－15

□＝⑤□

□にいろいろな数をあてはめて、考えましょう。

26－[9]＝15　×

26－[10]＝15　×

26－[11]＝15　○

26－[12]＝15　×

□に⑥□をあてはめると、ちょうど15です。

答え ⑦□本

1 □に数をあてはめて考えてみよう。

★できた問題には、「た」をかこう！★

答え　36ページ

1 何mかのロープから48m切り取ったので、のこりは188mになりました。はじめのロープの長さは何mですか。はじめのロープの長さを□mとして式にかいて、もとめましょう。

(1)切り取る前のロープの長さを□mとして式にかきましょう。

式　[　　　]−[　　　]=[　　　]

(2)□にあてはまる数をみつけて、答えをかきましょう。

[238]−48=188　×
[237]−48=188　×
[236]−48=188　○
[235]−48=188　×

ことばの式は、
[はじめの長さ]−[切り取った長さ]=[のこりの長さ]
になるね。

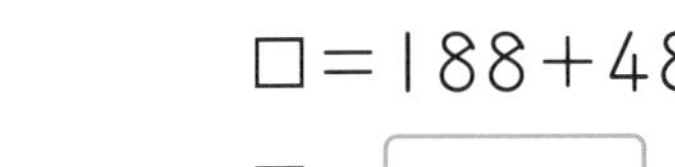

□=188+48
□=[　　　]

答え(　　　　　)

2 ちゅう車場に車が53台とまっていました。何台か出ていったので、今は32台とまっています。出ていった車は何台ですか。出ていった車の台数を□台として式にかいて、もとめましょう。

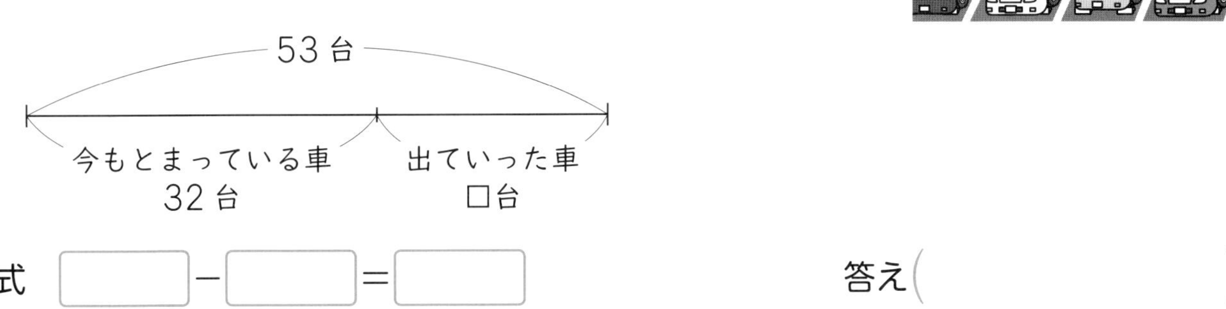

式　[　　　]−[　　　]=[　　　]

答え(　　　　　)

3 昨日、2Lの牛にゅうを買いました。今日、開けていくらか飲んだので、のこりは1L2dLになりました。飲んだ牛にゅうはどれだけですか。飲んだかさを□dLとして式にかいて、もとめましょう。

式　[　　　　　　　　]

答え(　　　　　)

ヒント　3　Lを dL になおしてから計算しよう。

ぴったり1 じゅんび

学習日　　月　　日

36 □を使った式③

答え 37ページ

□を使ったかけ算の式

・わからない数を□として、かけ算の式をかきます。

〔れい〕1箱□こ入りのあめの箱が4箱あって、あめは全部で32こです。

□×4＝32

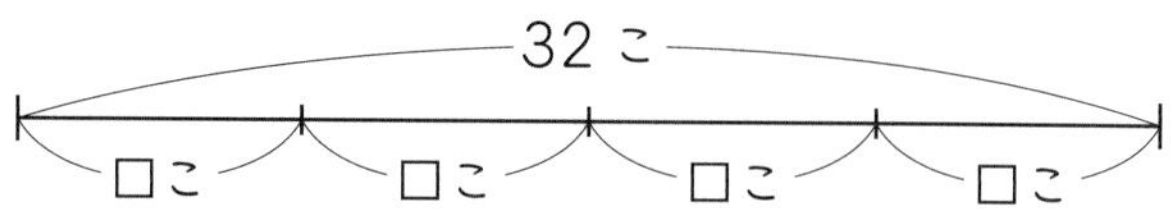

□にあてはまる数は、いろいろな数をあてはめたり、図にかいたりして考えます。

1 チョコレートのふくろが5ふくろあって、すべてのふくろに同じ数ずつチョコレートが入っています。5ふくろをすべてあけて数えたところ、チョコレートは40こありました。1ふくろに入っているチョコレートは何こですか。1ふくろに入っているチョコレートの数を□ことして式にかき、□にあてはまる数をもとめて答えましょう。

ことばの式を使って、式をかきましょう。

1ふくろのこ数 × ふくろの数 ＝ 全部のこ数

式　□×①［　　］＝②［　　］

□にあてはまる数を図にかいて、考えましょう。

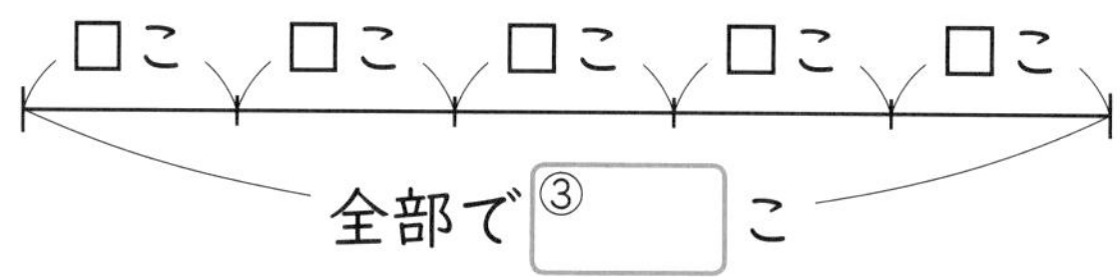

図にかいて考えると、

□＝40÷5

□＝④［　　］

□にいろいろな数をあてはめて、考えましょう。

6×5＝40　×

7×5＝40　×

8×5＝40　○

9×5＝40　×

□に⑤［　　］をあてはめると、ちょうど40です。

答え　⑥［　　］こ

1 わからないものを□として式をかいてみよう。

ぴったり2

練習

★できた問題には、「た」をかこう！★

① でき ② でき ③ でき

学習日　　月　　日

答え 37ページ

1 バラを6本ずつたばねた花たばを、何人かの人にわたすことにしました。計算したところ、バラは42本ひつようです。何人にわたすつもりですか。

(1)わたす人数を□人として、式(しき)にかきましょう。

式 ＿＿×＿＿＝＿＿

(2)□にあてはまる数をみつけて、答えをかきましょう。

6×5＝42　×
6×6＝42　×
6×7＝42　○
6×8＝42　×
6×9＝42　×
　□＝42÷6
　□＝＿＿

ことばの式は、
たばねた本数×わたす人数＝全部(ぜんぶ)の本数
になるね。

答え（　　　　）

2 6つの箱(はこ)にみかんを同じ数ずつ入れていくと、全部で48このみかんが入りました。1つの箱のみかんの数は何こですか。1つの箱のみかんの数を□ことして式にかいて、もとめましょう。

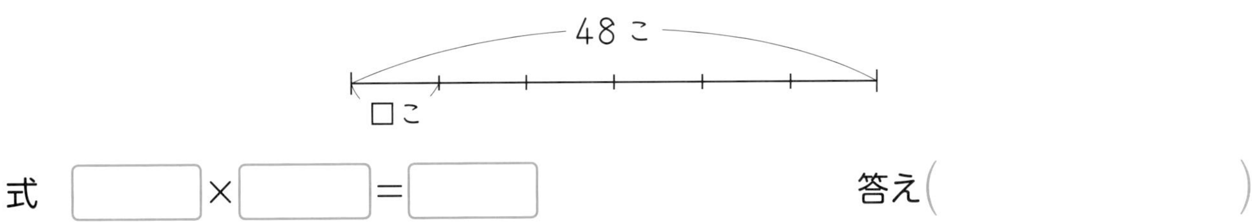

式 ＿＿×＿＿＝＿＿　　答え（　　　　）

3 2dL入りのジュースのびんが何本かあります。すべてを大きなポットに入れたら、1L6dLありました。ジュースのびんは何本ありましたか。びんの本数を□本として式にかいて、もとめましょう。

式 ＿＿＿＿

答え（　　　　）

ヒント ③ Lを dLになおしてから計算しよう。

学習日　月　日

37 □を使った式④

答え 38ページ

□を使ったわり算の式

・わからない数を□として、わり算の式をかきます。

〔れい〕□ cm のリボンを8cmずつに切ったら、ちょうど6本とれました。

□÷8＝6

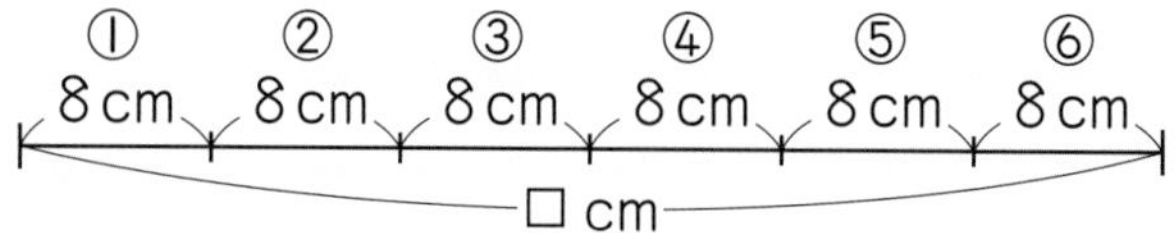

□にあてはまる数は、いろいろな数をあてはめたり、図にかいたりして考えます。

1 何まいかのおり紙を1人7まいずつ配ったところ、4人に配れました。おり紙は何まいありますか。おり紙のまい数を□まいとして式にかき、もとめましょう。

ことばの式を使って、式をかきましょう。

おり紙のまい数 ÷ 1人分のまい数 ＝ 配った人数

式 □÷① ＝②

□にあてはまる数を、図にかいて考えましょう。

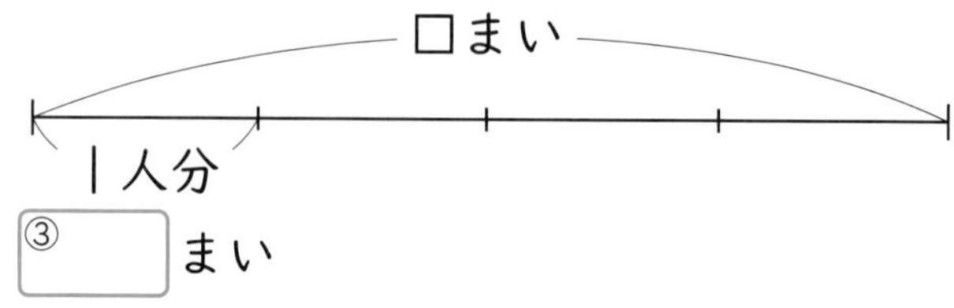

③　まい

図にかいて考えると、

□＝7×4

□＝④

□にいろいろな数をあてはめて、考えましょう。

20÷7＝4　×

24÷7＝4　×

28÷7＝4　○

32÷7＝4　×

□に⑤　をあてはめると、ちょうど4です。

答え ⑥　まい

ヒント **1** 等しくなるように分けたり、同じ数ずつのまとまりをつくったりするときは、わり算でもとめるよ。

練習

学習日　　月　　日

★できた問題には、「た」をかこう！★

答え 38ページ

1 子どもが何人かいます。6人ずつのグループをつくったら、ちょうど7グループできました。子どもは何人いますか。

(1)子どもの人数を□人として、式（しき）にかきましょう。

式 [　　]÷[　　]=[　　]

(2)□にあてはまる数をみつけて、答えをかきましょう。

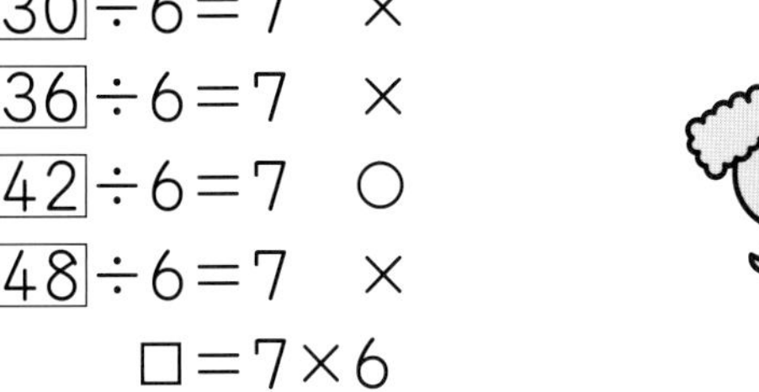

30÷6=7　×
36÷6=7　×
42÷6=7　○
48÷6=7　×
□=7×6
□=[　　]

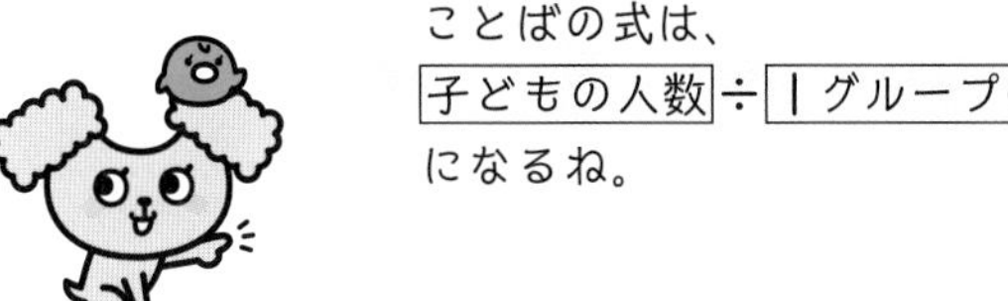

ことばの式は、
子どもの人数÷1グループの人数=グループの数
になるね。

答え（　　　　）

2 36 cm のテープがあります。何 cm ずつかに切ったところ、ちょうど4本になりました。テープは何 cm ずつに切りましたか。1本の長さを□ cm として式をかいて、もとめましょう。

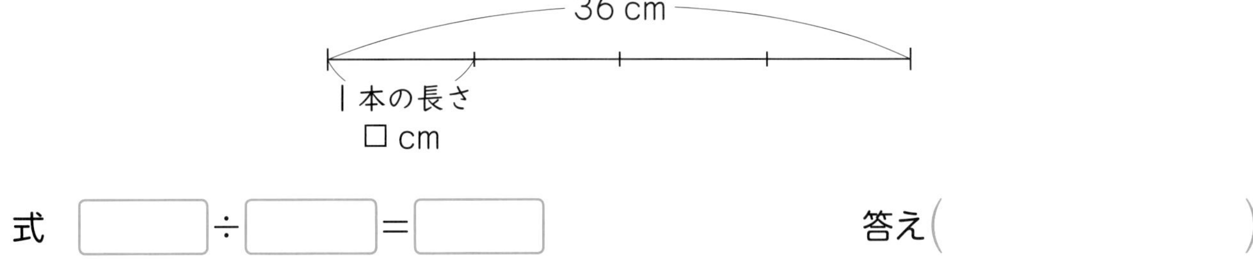

式 [　　]÷[　　]=[　　]

答え（　　　　）

3 何まいかあるクッキーを3まいずつふくろに入れたところ、ちょうど5ふくろできました。クッキーは何まいありますか。クッキーのまい数を□まいとして式をかいて、もとめましょう。

式 [　　　　]

答え（　　　　）

ヒント　3 もとめる数はかけ算でもとめられるか、わり算でもとめられるかを考えよう。

38 間の数①

答え 39ページ

間の数

・物(もの)を１列(れつ)にならべるとき、物と物の間の数は、ならべた物の数より１少なくなります。

〔れい〕5つのポール
間の数は、4こ

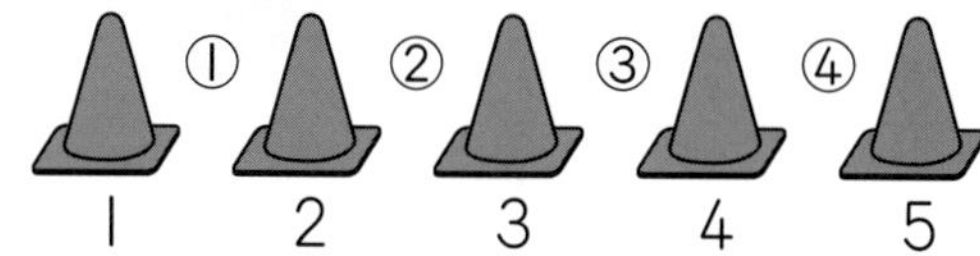

1 8本の木を3mずつの間かくで１列に植(う)えました。両はしの木の間は何mですか。

絵をみて、木と木の間の数を答えましょう。

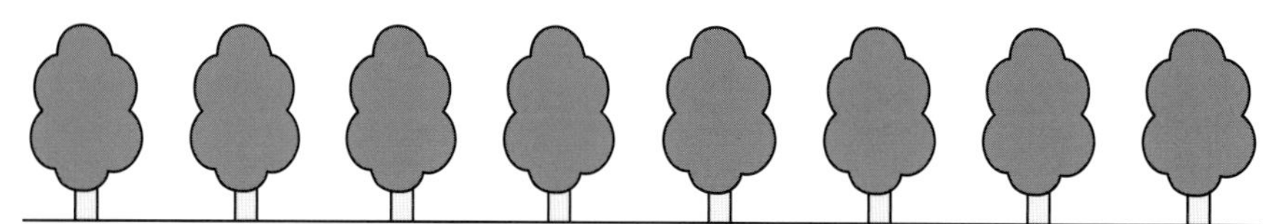

3m 3m 3m 3m 3m 3m 3m

答え 8本の木の間の数は ① こ

両はしの木の間の長さをもとめましょう。

式 3×② ＝③

木と木の間の長さ × 間の数 ＝ 両はしの木の間の長さ
だね。

答え ④ m

ヒント **1** 左はしの木から右はしの木まで、3mがいくつあるかを考えよう。

★できた問題には、「た」をかこう！★

学習日　月　日

答え 39ページ

1 11人の子どもが左右1列にならびます。みんな左どなりの人や右どなりの人と80 cm はなれて立つとすると、いちばん左の人からいちばん右の人まで何 cm になりますか。

(1)人と人の間の数を答えましょう。

答え(　　　　)

(2)いちばん左の人からいちばん右の人までの長さは何 cm ですか。

式 □×□=□　　答え(　　　　)

2 道にそって6m おきに木が植えてあります。1本目から5本目まで歩くと、全部で何 m 歩くことになりますか。図をみて答えましょう。

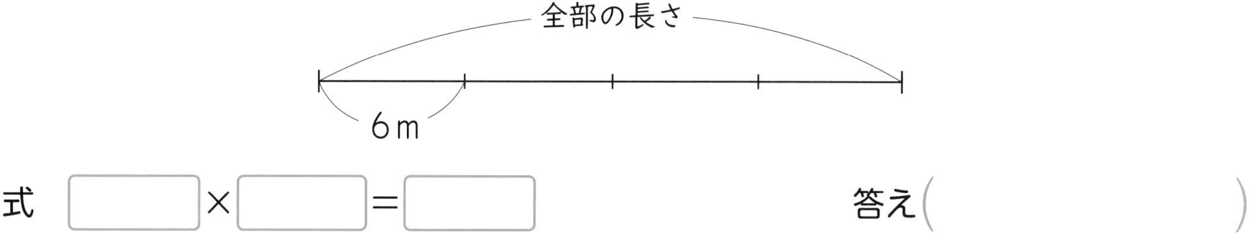

式 □×□=□　　答え(　　　　)

3 道にそって、12 m おきにがいとうが立っています。はしからはしまで、がいとうは全部で6本あります。はしからはしまで、何 m ありますか。
図にかいて考えましょう。

図

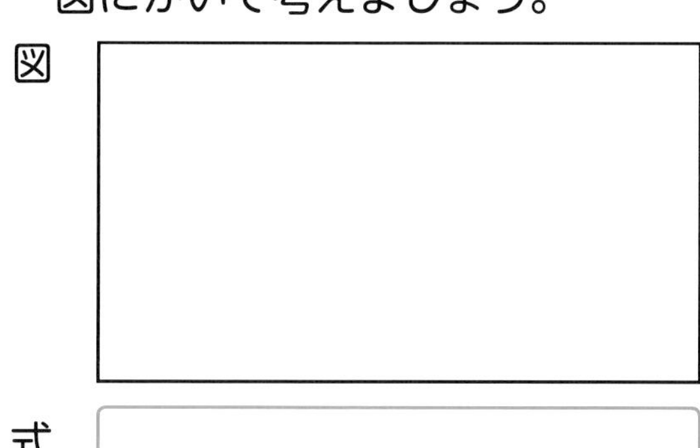

式 □　　答え(　　　　)

ヒント **3** 図にかいてみると、間の数がわかりやすくなるよ。

学習日　月　日

39 間の数②

答え 40ページ

間の数

・物(もの)を円の形にならべるとき、物と物の間の数は、ならべた物の数と同じになります。

〔れい〕5つのポール
間の数は、5こ

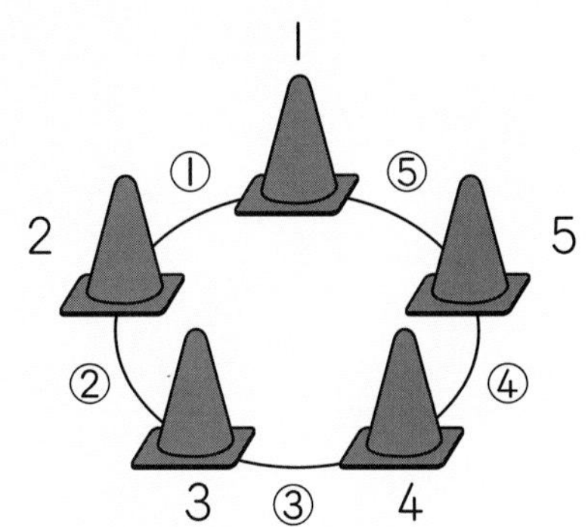

1 池のまわりに等間(とうかん)かくに8本の木を植(う)えます。池のまわりが24 mのとき、木と木の間は何mにしたらよいですか。

絵をみて、木と木の間の数を答えましょう。

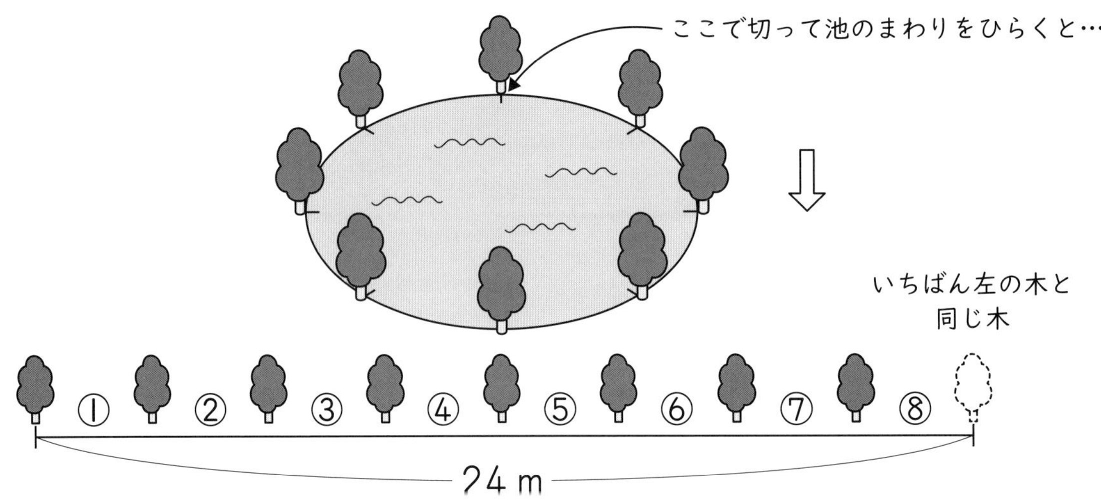

答え　木と木の間の数は ① □ こ

木と木の間の長さをもとめましょう。

式　24÷8＝② □

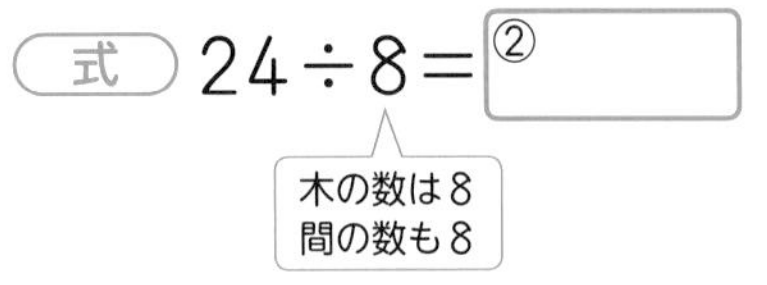

まわりの長さ÷間の数＝木と木の間の長さ
になるね。

答え ③ □ m

ヒント **1** 木から木までの長さがいくつあったら24 mになるかを考えてみよう。

★できた問題には、「た」をかこう！★

できた 1　できた 2　できた 3

学習日　月　日

答え 40ページ

1 16人でわをつくって、ダンスをします。となりの人との間を150 cmあけると、1周(しゅう)何mのわになりますか。

(1)人と人との間の数を答えましょう。

答え(　　　　)

(2)1周の長さをもとめましょう。

式(しき)　□×□＝□

になるよ。

答え(　　　　)

2 円の形をした花だんのまわりにさくをつくるため、8本のくいを打(う)ちます。花だんのまわりの長さが16 mのとき、くいとくいの間は何mにしたらよいですか。

式　□÷□＝□

くいとくいの間の数は
いくつあるかな？

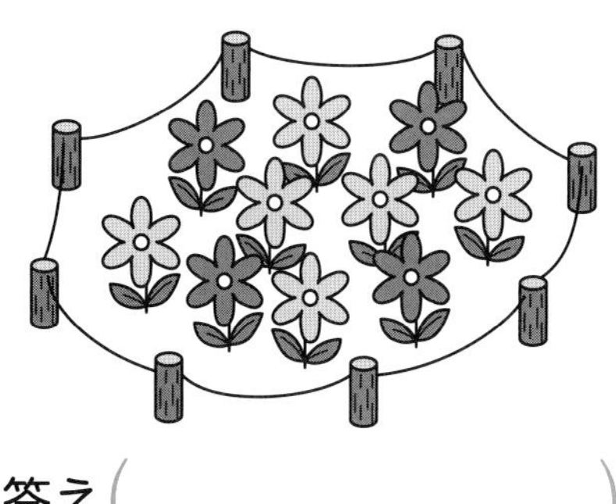

答え(　　　　)

3 丸いケーキの上にいちごが6つならんでいます。いちごといちごの間の長さは、どこも同じです。いちごといちごの間に3つずつみかんのつぶをおくとき、みかんのつぶは何こひつようですか。

式　□

答え(　　　　)

ヒント　**3** 間の数がわかれば、ひつようなみかんのつぶの数がわかるよ。

ぴったり3 たしかめのテスト

3年生のまとめ

学習日 月 日

時間 20分 /100 ごうかく 70点

答え 41ページ

1 めぐみさんは 248 ページの本をよんでいます。今までに 79 ページよみました。あと何ページのこっていますか。 式・答え 1つ8点(16点)

式

答え( )

2 電線にすずめが何わかとまっていました。そのうち5わとんでいき、また9わとんでいったので、のこりは10わになりました。はじめに何わいましたか。 式・答え 1つ8点(16点)

式

答え( )

3 はばが 50 cm の本立てがあります。あつさ6cm の図かんを立てていくと、図かんは何さつ立てられますか。 式・答え 1つ8点(16点)

式

答え( )

4 1本 35 円のえん筆があります。このえん筆を 27 本買うとき、代金は何円ですか。 式・答え 1つ8点(16点)

式

答え( )

5 たけるさんの家から学校までの道のりは 1.8 km、学校から駅までの道のりは 0.7 km です。駅から学校を通ってたけるさんの家に行く道のりは何 km ですか。 式・答え 1つ8点(16点)

式

答え( )

6 りんごジュースが $\frac{2}{9}$ L、みかんジュースが $\frac{5}{9}$ L あります。この2つをまぜてミックスジュースをつくると、何L できますか。 式・答え 1つ10点(20点)

式

答え( )

8.3　　×38

2 ようたさんは西駅(えき)から 35 分電車に乗(の)りました。東駅で電車からおりた時こくが 11 時 20 分だったとき、西駅で電車に乗ったのは何時何分でしたか。　(4点)

答え（　　　　）

① 道のりのちがいは何 km ですか。

式

答え（　　　　）

② 家から図書館までの道のりは何 km ですか。

式

答え（　　　　）

うらにも問題があります。

(切り取り線)

答え（　　　　）

② キャベツは玉ねぎより、どれだけ重(おも)いですか。

式

答え（　　　　）

答え（　　　　）

9 127まい入ったおり紙が36セットあります。おり紙は全部で何まいありますか。

式・答え 1つ4点(8点)

式

答え（　　　　）

5 72本のにんじんを1箱(はこ)に8本ずつ入れます。そのうち5箱をあげました。のこりは何箱ですか。

式・答え 1つ4点(8点)

式

答え (　　　　)

6 キャベツが1kg 500gあります。また、玉ねぎが800gあります。

式・答え 1つ4点(16点)

① キャベツと玉ねぎは全部(ぜんぶ)で何kg何gありますか。

式

7 丸い形をした池があります。この池のまわりに、7mごとにはたをたてると、ちょうど26本立てることができました。池のまわりの長さは何mになりますか。

式・答え 1つ4点(8点)

式

答え (　　　　)

8 ひなたさんのお姉さんは、あと19年で31才になります。ひなたさんのお姉さんは今何才ですか。今の年れいを□才として、式にかいてもとめましょう。

式・答え 1つ4点(8点)

式

（切り取り線）

3年 チャレンジテスト①

名前　　　　　　月　　日

時間 40分

答え 42ページ

1 次(つぎ)の計算をしましょう。　1つ4点(24点)

① 51÷6

② $\frac{1}{7}+\frac{4}{7}$

③
```
  367
+259
```

④
```
  254
×   7
```

⑤ 14.2

⑥ 37

3 つくえの上にえん筆(ぴつ)が 28 本、ボールペンが 7 本あります。えん筆の本数はボールペンの本数の何(なん)倍(ばい)ですか。　式・答え 1つ4点(8点)

式(しき)

答え（　　　　）

4 家から図書館(としょかん)までの間に公園があり、家から公園までの道のりは $\frac{3}{10}$ km、公園から図書館までの道のりは $\frac{7}{10}$ km でした。　式・答え 1つ4点(16点)

11 3.5　　× 45

2 重(おも)さが600 gの入れものにさとうを入れて、全(ぜん)体(たい)の重さをはかったら3.4 kgありました。さとうだけの重さは何kgですか。　式・答え 1つ3点(6点)

式(しき)

答え（　　　）

4 次の問題に答えましょう。　式・答え 1つ4点(16点)

① 78円のみかんと128円のりんごを買いました。あわせて何円ですか。

式

答え（　　　）

② 170円のノートと60円のえん筆(ぴつ)と下じきを買ったら全部(ぜんぶ)で410円でした。下じきのねだんはいくらですか。

式

答え（　　　）

うらにも問題があります。

(切り取り線)

答え (　　　　)

② 大きな水とうと小さな水とうの麦茶のちがいは何dLですか。

式

答え (　　　　)

答え (　　　　)

9 $\frac{5}{12}$ mの長さのはり金と、$\frac{6}{12}$ mのはり金があります。あわせて何mですか。　式・答え 1つ4点(8点)

式

答え (　　　　)

5 40きゃくのいすを1人6きゃくずつはこびます。このとき、何人ひつようですか。 式・答え 1つ4点(8点)

式

答え（　　　）

6 大きな水とうと小さな水とうが1つずつあり、大きな水とうには1L5dLの麦茶が、小さな水とうには7dLの麦茶が入っています。

式・答え 1つ4点(16点)

① 大きな水とうと小さな水とうの麦茶をあわせると何L何dLになりますか。

式

7 画用紙が何まいかあります。1人に7まいずつ分けると、ちょうど8人に分けることができました。画用紙は何まいありますか。画用紙のまい数を□まいとして、式をかいてもとめましょう。

式・答え 1つ4点(8点)

式

答え（　　　）

8 長さが11.3cmの青いクレヨンと、長さが7.5cmの赤いクレヨンがあります。長さのちがいは何cmですか。 式・答え 1つ4点(8点)

式

（切り取り線）

3年 チャレンジテスト②

月　　日

名前

時間 40分

ごうかく70点　　／100

答え 44ページ

1 次の計算をしましょう。　1つ3点(18点)

① $63 \div 7$

② $\frac{8}{9} - \frac{5}{9}$

③ $\begin{array}{r} 513 \\ -178 \\ \hline \end{array}$

④ $\begin{array}{r} 46 \\ \times\ \ 9 \\ \hline \end{array}$

⑤ 6.7

⑥ 163

3 20 この花のなえを 40 cm ごとにまっすぐに植えます。　式・答え 1つ4点(12点)

① 花のなえの間の数を答えましょう。

答え（　　　　）

② はしからはしまでの長さは何 cm ですか。

式

答え（　　　　）

教科書ぴったりトレーニング

丸つけラクラクかいとう

全教科書版
文章題３年

この「丸つけラクラクかいとう」は
とりはずしてお使いください。

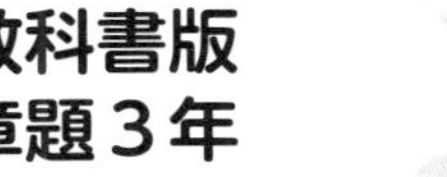

「丸つけラクラクかいとう」では問題と同じ紙面に、赤字で答えを書いています。

①問題がとけたら、まずは答え合わせをしましょう。

②まちがえた問題やわからなかった問題は、てびきを読んだり、教科書を読み返したりしてもう一度見直しましょう。

おうちのかたへ では、次のようなものを示しています。

- 学習のねらいやポイント
- 学習内容のつながり
- まちがいやすいことやつまずきやすいところ

お子様への説明や、学習内容の把握などにご活用ください。

見やすい答え

おうちのかたへ

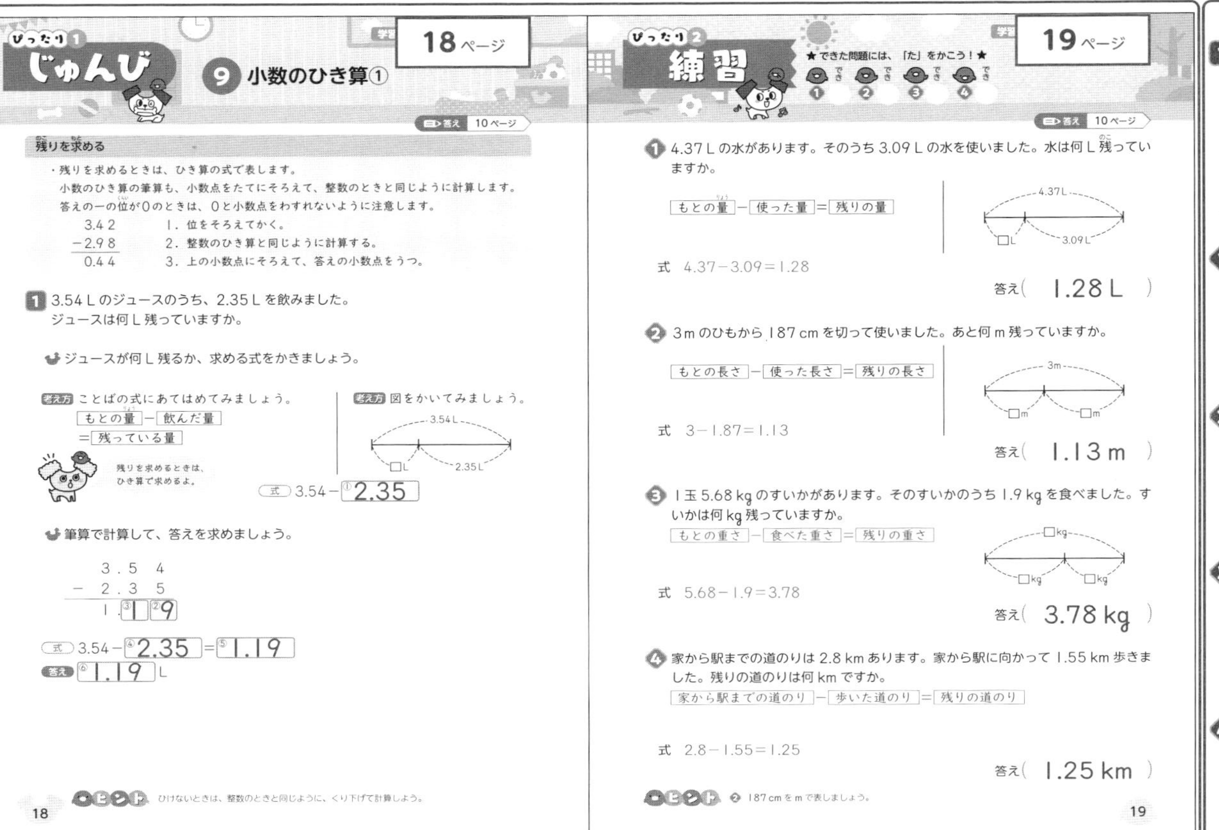

ぴったり1 じゅんび　9 小数のひき算①　18ページ

答え 10ページ

残りを求める

・残りを求めるときは、ひき算の式で表します。
小数のひき算の筆算も、小数点をたてにそろえて、整数のときと同じように計算します。
答えの一の位が0のときは、0と小数点をわすれないように注意します。

3.4 2	1. 位をそろえてかく。
−2.9 8	2. 整数のひき算と同じように計算する。
0.4 4	3. 上の小数点にそろえて、答えの小数点をうつ。

1 3.54 L のジュースのうち、2.35 L を飲みました。
ジュースは何 L 残っていますか。

ジュースが何 L 残るか、求める式をかきましょう。

考え方 ことばの式にあてはめてみましょう。
もとの量 − 飲んだ量
＝ 残っている量

残りを求めるときは、ひき算で求めるよ。

考え方 図をかいてみましょう。
3.54 L　□L　2.35 L

式 3.54 − 2.35

筆算で計算して、答えを求めましょう。

3.5 4
− 2.3 5
1.1 9

式 3.54 − 2.35 ＝ 1.19
答え 1.19 L

ヒント ひけないときは、整数のときと同じように、くり下げて計算しよう。

18

ぴったり2 練習　19ページ

★できた問題には、「た」をかこう！★

答え 10ページ

1 4.37 L の水があります。そのうち 3.09 L の水を使いました。水は何 L 残っていますか。

もとの量 − 使った量 ＝ 残りの量

4.37 L　□L　3.09 L

式 4.37−3.09＝1.28

答え（ 1.28 L ）

2 3 m のひもから 187 cm を切って使いました。あと何 m 残っていますか。

もとの長さ − 使った長さ ＝ 残りの長さ

3m　□m　□m

式 3−1.87＝1.13

答え（ 1.13 m ）

3 1玉 5.68 kg のすいかがあります。そのすいかのうち 1.9 kg を食べました。すいかは何 kg 残っていますか。

もとの重さ − 食べた重さ ＝ 残りの重さ

□kg　□kg　□kg

式 5.68−1.9＝3.78

答え（ 3.78 kg ）

4 家から駅までの道のりは 2.8 km あります。家から駅に向かって 1.55 km 歩きました。残りの道のりは何 km ですか。

家から駅までの道のり − 歩いた道のり ＝ 残りの道のり

式 2.8−1.55＝1.25

答え（ 1.25 km ）

ヒント 2 187 cm を m で表しましょう。

19

おうちのかたへ

答えの単位はどの単位か、注意が必要です。長さや重さなどの単位がそろっているか確認させましょう。1 m＝100 cm です。忘れやすいですので、くり返し確認させましょう。

10

18ページ

1 残りの量を求めるときは、ひき算を使います。筆算で計算するときにひけないときは、くり下げて計算します。

19ページ

1 残りの量を求めるときは、ひき算を使います。筆算で計算するときにひけないときは、くり下げて計算します。

2 187 cm＝1.87 m として から筆算をします。筆算で計算するときにひけないときは、くり下げて計算します。

3 残りの量を求めるときは、ひき算を使います。筆算で計算するときにひけないときは、くり下げて計算します。

4 筆算をするときは、2.8 を 2.80 とかきます。筆算で計算するときにひけないときは、くり下げて計算します。

くわしいてびき

※紙面はイメージです。

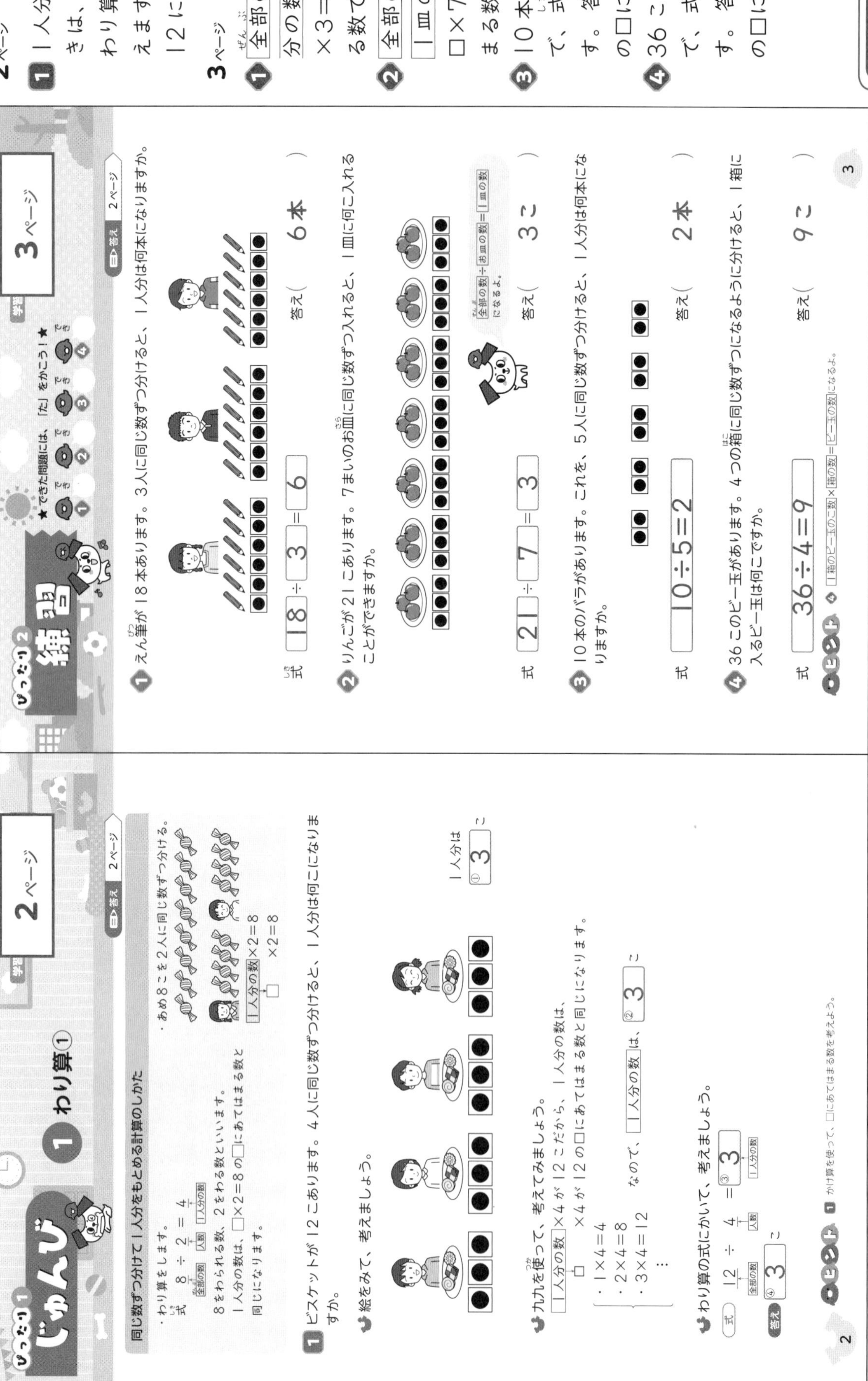

ぴったり1 じゅんび　1 わり算①　学習日　2ページ　答え 2ページ

同じ数ずつ分けて1人分をもとめる計算のしかた

・わり算をします。　式 8 ÷ 2 ＝ 4（全部の数）（人数）（1人分の数）

・あめ8こを2人に同じ数ずつ分ける。

8をわられる数、2をわる数といいます。

1人分の数は、□×2＝8の□にあてはまる数と同じになります。

1人分の数×2＝8
□×2＝8

1 ビスケットが12こあります。4人に同じ数ずつ分けると、1人分は何こになりますか。

絵をみて、考えましょう。　1人分は ① 3 こ

九九を使って、考えてみましょう。

1人分の数×4が12こだから、1人分の数は、□×4が12の□にあてはまる数と同じになります。

・1×4＝4
・2×4＝8
・3×4＝12
⋮

なので、1人分の数は、② 3 こ

わり算の式にかいて、考えましょう。

式 12 ÷ 4 ＝ ③ 3（全部の数）（人数）（1人分の数）

答え ④ 3 こ

ヒント 1 かけ算を使って、□にあてはまる数を考えよう。

2

ぴったり2 練習　学習日　3ページ　答え 2ページ

★できた問題には、「た」をかこう！★ 1 2 3 4

1 えん筆が18本あります。3人に同じ数ずつ分けると、1人分は何本になりますか。

式 18 ÷ 3 ＝ 6　答え（ 6本 ）

2 りんごが21こあります。7まいのお皿に同じ数ずつ入れると、1皿に何こ入れることができますか。

式 21 ÷ 7 ＝ 3　答え（ 3こ ）

全部の数÷お皿の数＝1皿の数 になるよ。

3 10本のバラがあります。これを、5人に同じ数ずつ分けると、1人分は何本になりますか。

式 10÷5＝2　答え（ 2本 ）

4 36このビー玉があります。4つの箱に同じ数ずつになるように分けると、1箱に入るビー玉は何こですか。

式 36÷4＝9　答え（ 9こ ）

ヒント 4 1箱のビー玉のこ数×箱の数＝ビー玉のこ数 になるよ。

3

2ページ

1 1人分のこ数をもとめるときは、わり算を使います。わり算はかけ算を使って考えます。何かに4をかけて12になる数をさがします。

3ページ

1 全部の数÷人数＝1人分の数です。答えは、□×3＝18の□にあてはまる数です。

2 全部の数÷お皿の数＝1皿の数です。答えは、□×7＝21の□にあてはまる数です。

3 10本を5人に分けますので、式は10÷5になります。答えは、□×5＝10の□にあてはまる数です。

4 36こを4箱に分けますので、式は36÷4になります。答えは、□×4＝36の□にあてはまる数です。

おうちのかたへ
わり算のイメージがなかなかつかめないときは、かけ算で考えさせましょう。例えば、□×6＝18であれば、6のだんの九九で考えさせます。

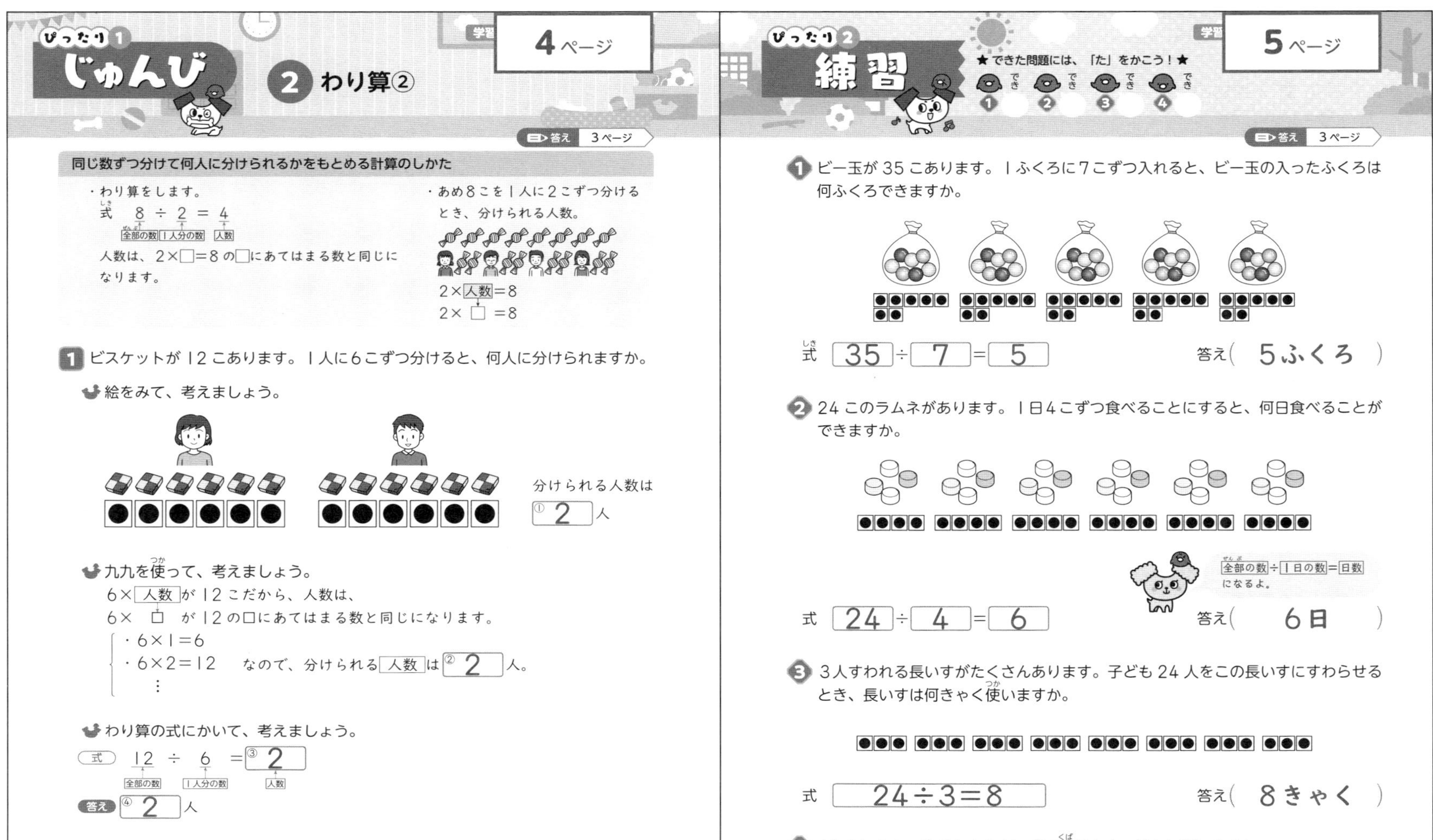

ぴったり1 じゅんび

2 わり算②

4ページ

答え 3ページ

同じ数ずつ分けて何人に分けられるかをもとめる計算のしかた

・わり算をします。
式 8 ÷ 2 ＝ 4
全部の数 1人分の数 人数

人数は、2×□＝8 の□にあてはまる数と同じになります。

・あめ8こを1人に2こずつ分けるとき、分けられる人数。
2×人数＝8
2×□＝8

1 ビスケットが12こあります。1人に6こずつ分けると、何人に分けられますか。

絵をみて、考えましょう。

分けられる人数は ① 2 人

九九を使って、考えましょう。
6×人数 が12こだから、人数は、
6×□ が12の□にあてはまる数と同じになります。
・6×1＝6
・6×2＝12　なので、分けられる 人数 は ② 2 人。
⋮

わり算の式にかいて、考えましょう。
式 12 ÷ 6 ＝ ③ 2
全部の数 1人分の数 人数
答え ④ 2 人

ヒント 1 かけ算を使って、□にあてはまる数を考えよう。

4

ぴったり2 練習

5ページ

★できた問題には、「た」をかこう！★ 1 2 3 4

答え 3ページ

1 ビー玉が35こあります。1ふくろに7こずつ入れると、ビー玉の入ったふくろは何ふくろできますか。

式 35 ÷ 7 ＝ 5　答え（ 5ふくろ ）

2 24このラムネがあります。1日4こずつ食べることにすると、何日食べることができますか。

全部の数÷1日の数＝日数になるよ。

式 24 ÷ 4 ＝ 6　答え（ 6日 ）

3 3人すわれる長いすがたくさんあります。子ども24人をこの長いすにすわらせるとき、長いすは何きゃく使いますか。

式 24÷3＝8　答え（ 8きゃく ）

4 48まいのカードを1人8まいずつ配ります。何人に配れますか。

式 48÷8＝6　答え（ 6人 ）

ヒント 3 すわる人数×長いすの数＝子どもの人数になるよ。

5

4ページ

1 何人に分けられるかをもとめるときは、わり算を使います。答えは、6×□＝12の□にあてはまる数です。

5ページ

1 全部の数÷1ふくろの数＝ふくろの数です。答えは、7×□＝35の□にあてはまる数です。

2 4こずつ何日間か食べると24こになりますので、わり算を使います。全部の数÷1日の数＝日数です。答えは、4×□＝24の□にあてはまる数です。

3 24人を3人ずつに分けますので、式は24÷3になります。答えは、3×□＝24の□にあてはまる数です。

4 48まいを8まいずつに分けますので、式は48÷8になります。答えは、8×□＝48の□にあてはまる数です。

おうちのかたへ

この単元でも、わり算のイメージがなかなかつかめないときは、かけ算で考えさせましょう。例えば、6×□＝18であれば、6のだんの九九で考えさせます。

6ページ

1 28人を7人ずつに分けると、使った長いすの数がもとめられます。28÷7の答えは、7×□＝28の□にあてはまる数です。また、2きゃくのこっていますので、わり算の答えに2をたします。

7ページ

1 36まいを9まいずつに分けるので、36÷9で、クッキーを入れた箱は4箱になります。また、2箱あまっているので、わり算の答えに2をたします。

2 32人を4人ずつに分けるので、32÷4で、4人ずつ乗った乗り物は8台です。また、だれも乗らなかった乗り物は3台あるので、わり算の答えに3をたします。

3 25本を5本ずつ花びんに入れたので、25÷5になります。また、はじめに8この花びんがあるので、花の入った花びんは、わり算の答えに8をたします。

おうちのかたへ
ここでは、2つの計算をすることにより答えを求めますので、少し難しくなります。しっかり復習させましょう。

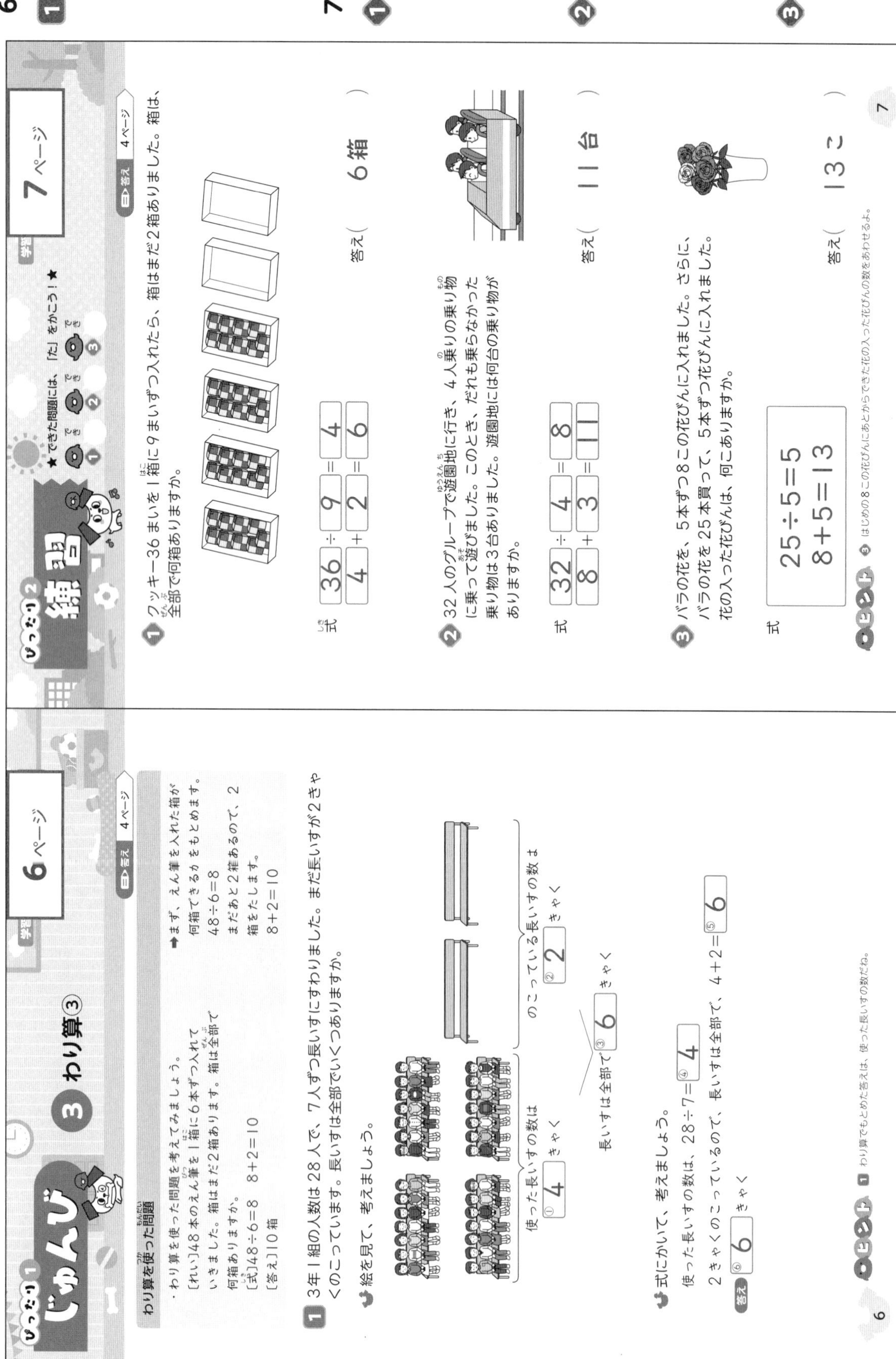

ぴったり1 じゅんび　3 わり算③　学習日　6ページ　答え 4ページ

わり算を使った問題

・わり算を使った問題を考えてみましょう。
[れい]48本のえん筆を1箱に6本ずつ入れていきました。箱はまだ2箱あります。箱は全部で何箱ありますか。
[式]48÷6＝8　8＋2＝10
[答え]10箱

➡まず、えん筆を入れた箱が何箱できるかをもとめます。
48÷6＝8
まだあと2箱あるので、2箱をたします。
8＋2＝10

1 3年1組の人数は28人で、7人ずつ長いすにすわりました。まだ長いすが2きゃくのこっています。長いすは全部でいくつありますか。

絵を見て、考えましょう。
使った長いすの数は ① 4 きゃく
のこっている長いすの数は ② 2 きゃく
長いすは全部で ③ 6 きゃく

式にかいて、考えましょう。
使った長いすの数は、28÷7＝④ 4
2きゃくのこっているので、長いすは全部で、4＋2＝⑤ 6
答え ⑥ 6 きゃく

ヒント 1 わり算でもとめた答えは、使った長いすの数だね。

6

ぴったり2 練習　★できた問題には、「た」をかこう！★ 1 2 3　学習日　7ページ　答え 4ページ

1 クッキー36まいを1箱に9まいずつ入れたら、箱はまだ2箱ありました。箱は、全部で何箱ありますか。
式 36÷9＝4　4＋2＝6
答え（6箱）

2 32人のグループで遊園地に行き、4人乗りの乗り物に乗って遊びました。このとき、だれも乗らなかった乗り物が3台ありました。遊園地には何台の乗り物がありますか。
式 32÷4＝8　8＋3＝11
答え（11台）

3 バラの花を、5本ずつ8この花びんに入れました。さらに、バラの花を25本買って、5本ずつ花びんに入れました。花の入った花びんは、何こありますか。
式 25÷5＝5　8＋5＝13
答え（13こ）

ヒント 3 はじめの8この花びんにあとからできた花の入った花びんの数をあわせるよ。

7

4 わり算④

答え 5ページ

わり算を使った問題

・わり算を使った問題を考えてみましょう。
〔れい〕20このあめを4こずつふくろに入れ、そのうち3ふくろを友だちにあげました。あめの入ったふくろは何ふくろのこっていますか。
〔式〕20÷4＝5　5−3＝2
〔答え〕2ふくろ

➡まず、あめの入ったふくろが何ふくろできるかをもとめます。
20÷4＝5
3ふくろを友だちにあげるので、3をひきます。
5−3＝2

1 りんごが42こあります。1箱に7こずつりんごを入れていきました。そのうち4箱をあげました。
箱はいくつのこっていますか。

絵をみて、考えましょう。

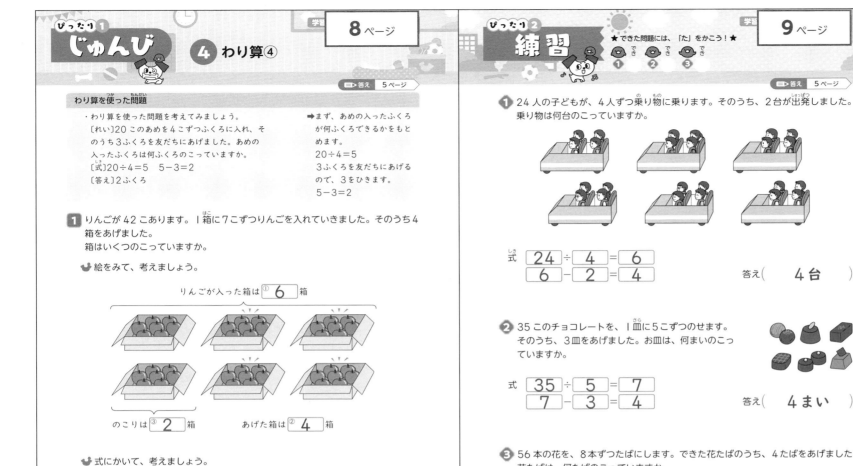

りんごが入った箱は ① 6 箱

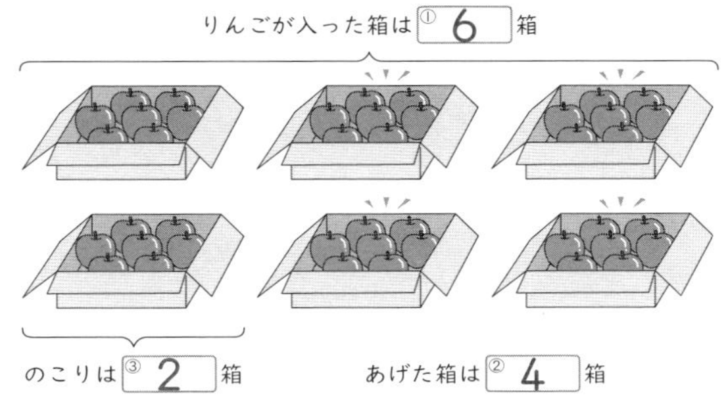

のこりは ③ 2 箱　　あげた箱は ② 4 箱

式にかいて、考えましょう。
りんごを7こずつ入れた箱の数は、42÷7＝④ 6
4箱をあげたから、のこりの箱は、6−4＝⑤ 2

答え ⑥ 2 箱

ヒント **1** りんごが7こ入った箱の数は、わり算を使ってもとめるよ。

★できた問題には、「た」をかこう！★　1 2 3

答え 5ページ

1 24人の子どもが、4人ずつ乗り物に乗ります。そのうち、2台が出発しました。乗り物は何台のこっていますか。

式 24 ÷ 4 ＝ 6
6 − 2 ＝ 4

答え（ 4台 ）

2 35このチョコレートを、1皿に5こずつのせます。そのうち、3皿をあげました。お皿は、何まいのこっていますか。

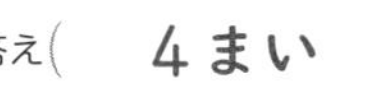

式 35 ÷ 5 ＝ 7
7 − 3 ＝ 4

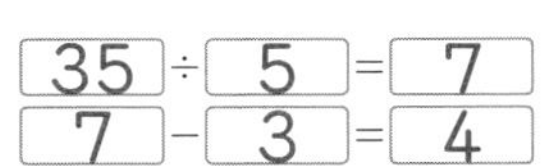

答え（ 4まい ）

3 56本の花を、8本ずつたばにします。できた花たばのうち、4たばをあげました。花たばは、何たばのこっていますか。

式
56÷8＝7
7−4＝3

答え（ 3たば ）

ヒント **3** できた花たばの数は、わり算を使ってもとめるよ。

8ページ

1 りんごが入った箱の数は、わり算でもとめます。4箱あげたので、わり算の答えから4をひきます。

9ページ

1 24人が4人ずつ乗りますので、24÷4で、6台に乗ります。そのうち2台が出発するので、わり算の答えから2をひきます。

2 35このチョコレートを5こずつのせますので、35÷5で、7皿です。そのうち、3皿をあげたので、わり算の答えから3をひきます。

3 56本の花を、8本ずつたばにすると、56÷8で、7たばできます。そのうち、4たばをあげますので、わり算の答えから4をひきます。

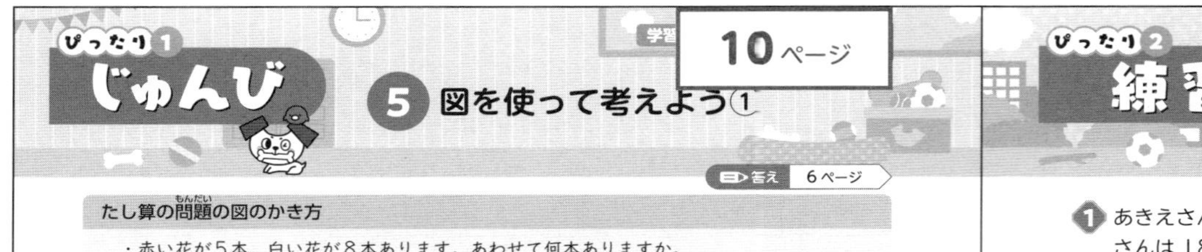

5 図を使って考えよう①

答え 6ページ

たし算の問題の図のかき方

・赤い花が5本、白い花が8本あります。あわせて何本ありますか。

①赤い花が5本　　赤い花5本

②白い花が8本　　赤い花5本　白い花8本

③あわせて何本　　赤い花5本　白い花8本　あわせて□本

1 50円のガムと、30円のあめを買いました。あわせて何円ですか。

図をかきましょう。

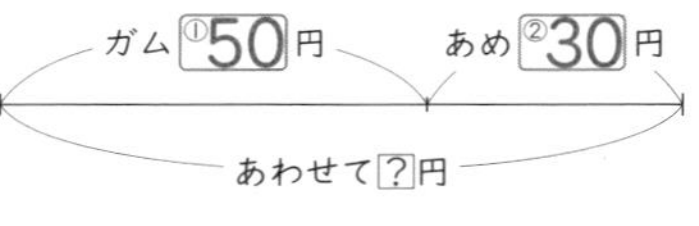

式と答えをかきましょう。

式 ③50 + ④30 = ⑤80

答え ⑥80 円

2 公園で男の子が12人遊んでいます。そこへ、女の子が19人来ました。あわせて何人いますか。

図をかきましょう。

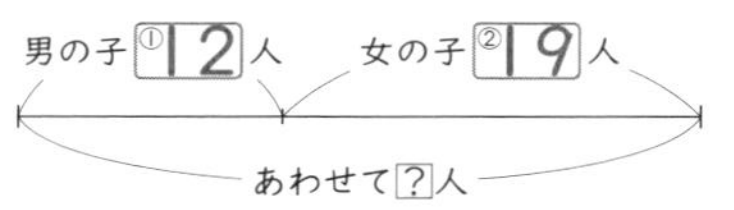

式と答えをかきましょう。

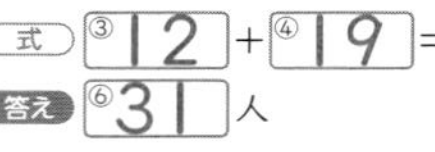

式 ③12 + ④19 = ⑤31

答え ⑥31 人

ヒント　2 男の子と女の子の人数をあわせると全部の人数です。

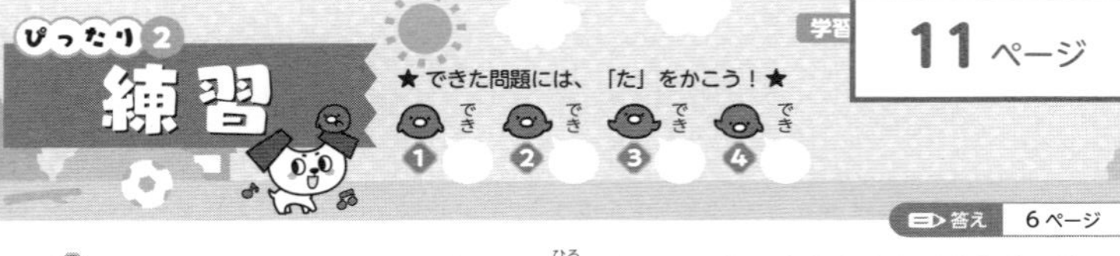

答え 6ページ

1 あきえさんとはるみさんは空きかん拾いをしました。あきえさんは23本、はるみさんは18本拾いました。あわせて何本ですか。

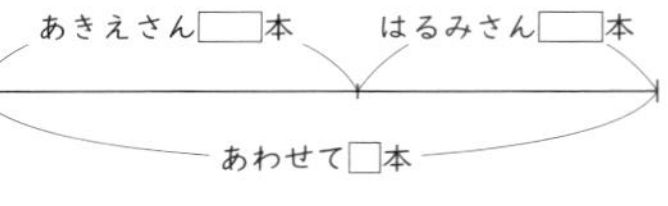

式 23 + 18 = 41　　答え（ 41本 ）

2 ミックスジュースをつくります。りんごジュース3dLと、みかんジュース5dLをまぜました。ミックスジュースは、あわせて何dLできますか。

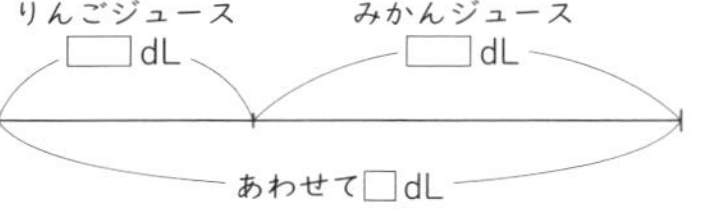

式 3 + 5 = 8　　答え（ 8dL ）

3 ある小学校の3年生の1組は32人、2組は28人です。あわせて何人ですか。

式 32＋28＝60　　答え（ 60人 ）

4 40円のえん筆と70円の消しゴムを買いました。あわせて何円ですか。

式 40＋70＝110　　答え（ 110円 ）

ヒント　3 あわせた数をもとめるときは、たし算で考えよう。

10ページ

1 図のガムのお金とあめのお金の合計があわせたお金になります。

2 図の男の子の人数と女の子の人数の合計があわせた人数になります。

11ページ

1 **2** 「あわせていくつ」なので、たし算になります。

3 図をかくと、次のようになります。

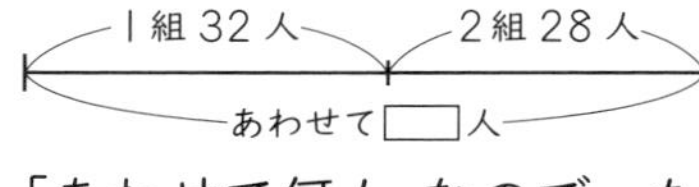

「あわせて何人」なので、たし算になります。

4 図をかくと、次のようになります。

えん筆40円　消しゴム70円　あわせて□円

「あわせて何円」なので、たし算になります。

おうちのかたへ

図を使って解き方を考えることはとても大切です。解き方の理解の助けにもなりますので、図をかかせましょう。

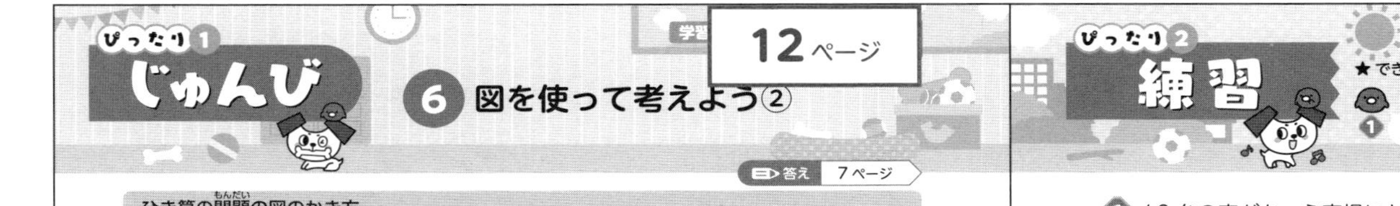

12ページ

6 図を使って考えよう②

答え 7ページ

ひき算の問題の図のかき方

・カードを8まい持っていて、お姉さんに3まいあげました。のこりは何まいですか。

①はじめのカードが8まい

②3まいあげた

③のこりは何まい

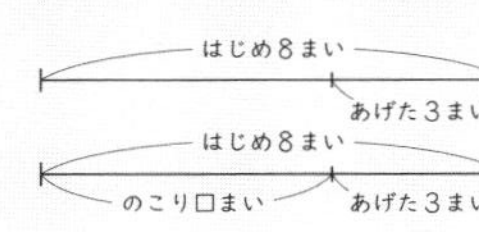

1 ゆきさんは、はじめビー玉を30こ持っていましたが、ひろみさんに17こあげました。のこりは何こですか。

図をかきましょう。

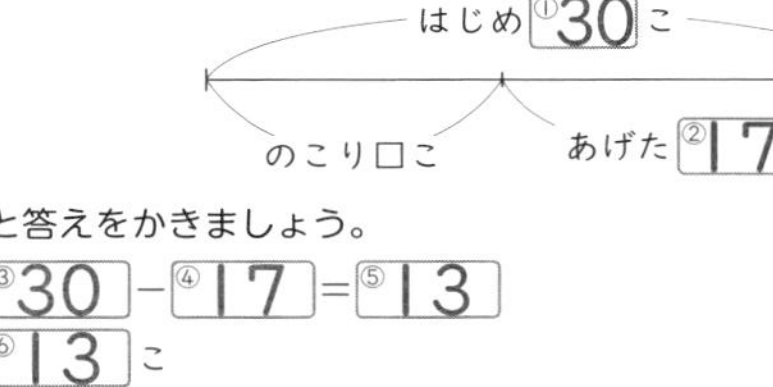

式と答えをかきましょう。

式 ③30 － ④17 ＝ ⑤13

答え ⑥13 こ

2 たけるさんは80円を持っています。70円のグミを買いました。のこりは何円ですか。

図をかきましょう。

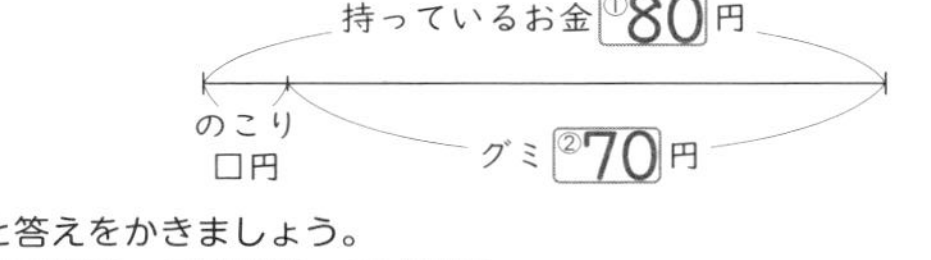

式と答えをかきましょう。

式 ③80 － ④70 ＝ ⑤10

答え ⑥10 円

ヒント **2** 持っているお金からグミのねだんをひくと、のこりのお金になるよ。

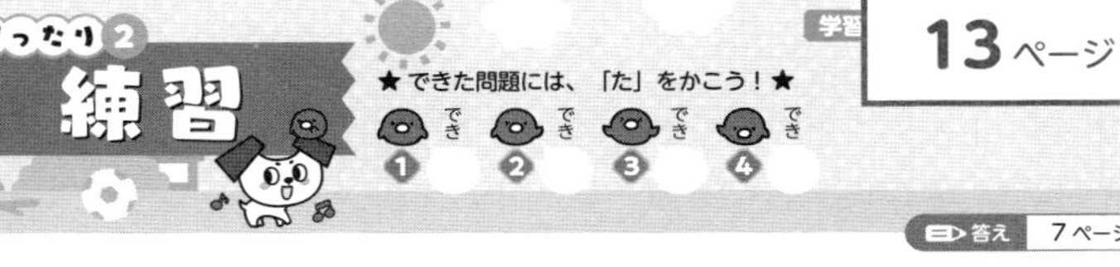

13ページ

答え 7ページ

1 42台の車がちゅう車場にとまっています。13台の車がちゅう車場から出ていきました。のこりは何台ですか。

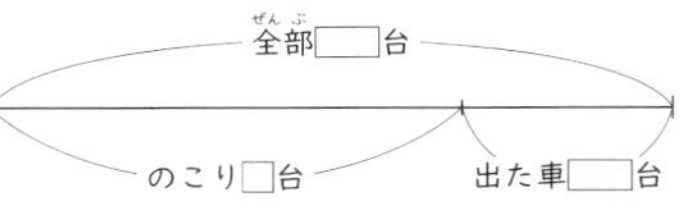

式 42 － 13 ＝ 29　　答え（ 29台 ）

2 はるきさんは32まいのシールを持っています。21まいのシールをはりました。のこりは何まいですか。

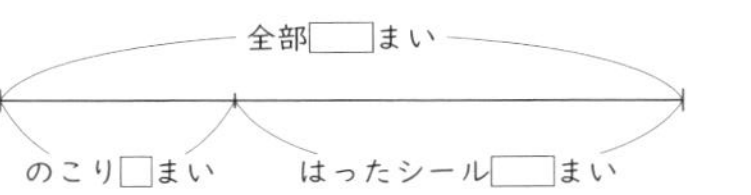

式 32 － 21 ＝ 11　　答え（ 11まい ）

3 お皿の上にラムネが29こあります。12このラムネを食べました。のこりは何こですか。

式 29－12＝17　　答え（ 17こ ）

4 リボンが57cmあります。そのうち31cmを使いました。のこりは何cmですか。

式 57－31＝26　　答え（ 26cm ）

ヒント **3** 29このうち12こ食べたから、ひき算を使ってもとめるよ。

12ページ

1 のこりのビー玉のこ数とあげたビー玉のこ数をあわせるとはじめ持っていたビー玉のこ数になります。

2 のこりのお金とグミのねだんをあわせると、持っているお金になります。

13ページ

1 **2** 「のこりはいくつ」ですので、ひき算になります。

3 図をかくと、次のようになります。

全部29こ
食べた12こ　のこり□こ

「のこりは何こ」ですので、ひき算になります。

4 図をかくと、次のようになります。

全部57cm
使った31cm　のこり□cm

「のこりは何cm」ですので、ひき算になります。

おうちのかたへ
図を使って解き方を考えることはとても大切です。解き方の理解の助けにもなりますので、図をかかせましょう。

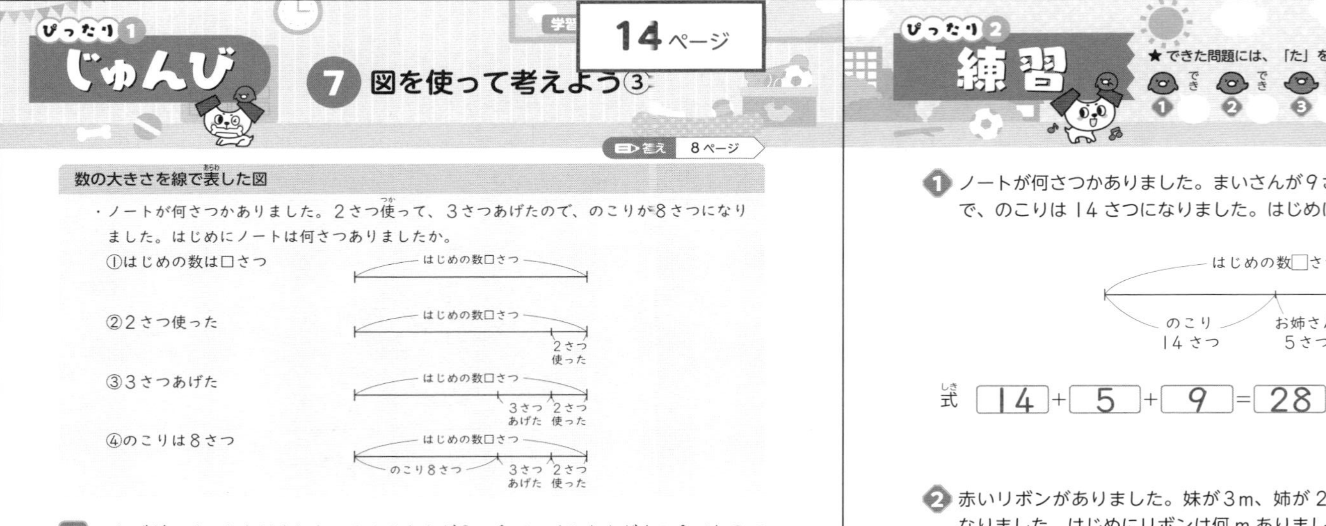

ぴったり1 じゅんび

7 図を使って考えよう③

答え 8ページ

数の大きさを線で表した図

・ノートが何さつかありました。2さつ使って、3さつあげたので、のこりが8さつになりました。はじめにノートは何さつありましたか。

①はじめの数は□さつ
②2さつ使った
③3さつあげた
④のこりは8さつ

1 いちごがいくつかありました。みのるさんが8こ食べ、くみさんが6こ食べたので、のこりは13こになりました。はじめにいちごは何こありましたか。

図をかきましょう。

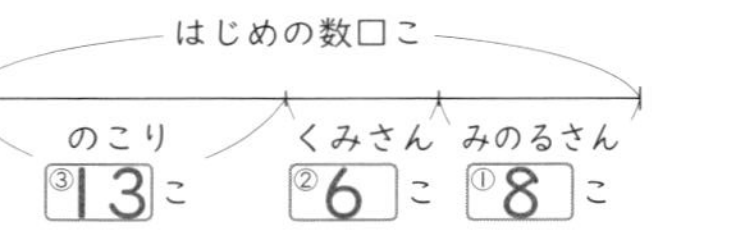

式と答えをかきましょう。

式 13+6+8=④27

答え ⑤27 こ

先に食べた数がいくつかをもとめてから、のこった13ことあわせてもいいね。
6+8=14
14+13=27

ヒント 1 のこりのいちごの数に食べたいちごの数をあわせよう。

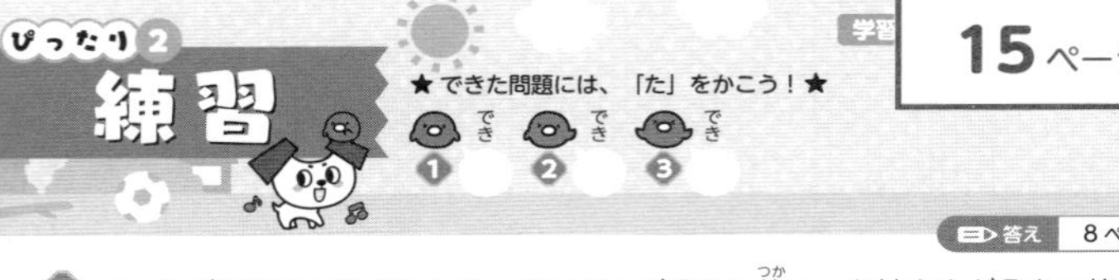

ぴったり2 練習

★できた問題には、「た」をかこう！★ ① ② ③

答え 8ページ

1 ノートが何さつかありました。まいさんが9さつ使い、お姉さんが5さつ使ったので、のこりは14さつになりました。はじめにノートは何さつありましたか。

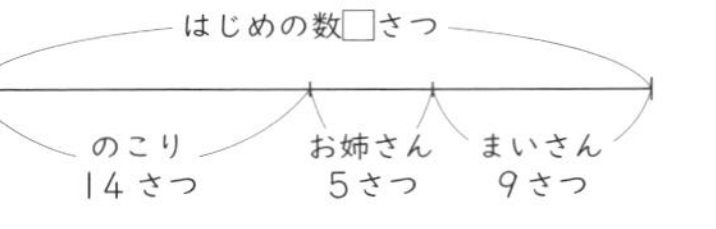

式 14+5+9=28　答え（ 28さつ ）

2 赤いリボンがありました。妹が3m、姉が24m使ったので、のこりは16mになりました。はじめにリボンは何mありましたか。

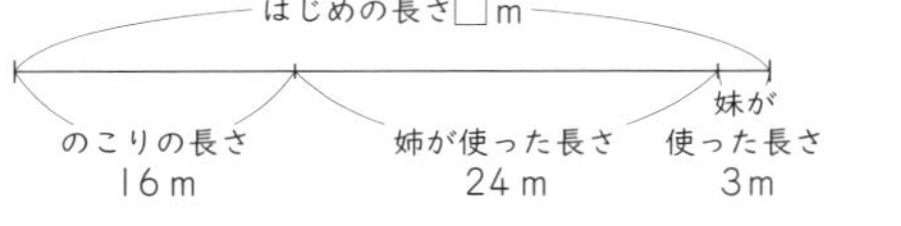

式 16+24+3=43　答え（ 43m ）

3 箱にトマトが11こあります。これは、サラダに3こ使い、ジュースに9こ使ったあとのあまりです。はじめにトマトは何こありましたか。図をかいて考えましょう。

図

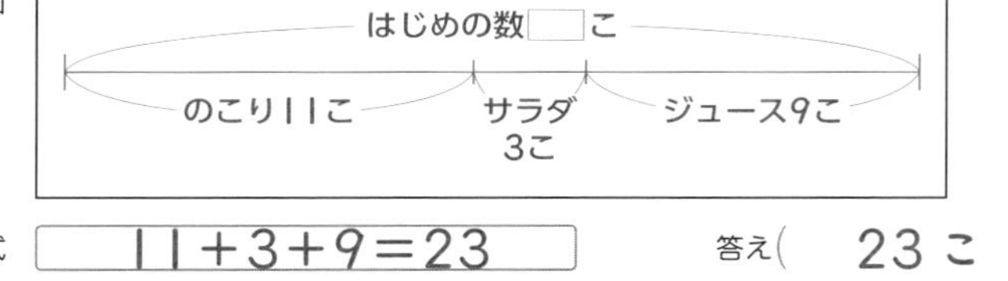

式 11+3+9=23　答え（ 23こ ）

ヒント 3 のこったトマトの数に使ったトマトの数をたしてもとめるよ。

おうちのかたへ
3つ以上の数の関係も、2つの数の関係と同様に、図に表すことができます。2つの関係に比べて図をかくのが面倒ですが、図をかいて関係を理解できるように、サポートしてあげてください。

14ページ

1 のこりのいちごのこ数と、くみさんが食べたいちごのこ数と、みのるさんが食べたいちごのこ数をあわせると、はじめのいちごのこ数になります。

15ページ

1「はじめは何さつ」ですので、たし算になります。のこりのノートのさっ数と、お姉さんが使ったノートのさっ数と、まいさんが使ったノートのさっ数をあわせると、はじめのノートのさっ数になります。

2「はじめは何m」ですので、たし算になります。

3 ①図を正しくかけるようにしましょう。はじめのトマトのこ数が11こではないことに気をつけましょう。
②のこりのトマトのこ数と、サラダに使ったトマトのこ数と、ジュースに使ったトマトのこ数をあわせると、はじめのトマトのこ数になります。

16ページ

8 図を使って考えよう④

答え 9ページ

数の大きさを線の長さで表した図

・3年生の1組の人数は29人、2組の人数は32人です。3組の人数もあわせると91人になります。3組の人数は何人ですか。

①1組と2組の人数　（1組 29人、2組 32人）

②3組の人数　（1組 29人、2組 32人、3組 □人）

③全部で91人　（1組 29人、2組 32人、3組 □人、全部91人）

1 赤い風船が21こ、白い風船が17こあります。さらに、青い風船をつくると、全部で51こになりました。青い風船は何こつくりましたか。

図をかきましょう。

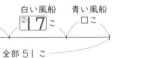

式と答えをかきましょう。

式 51−21−17=③13

答え ④13 こ

先に赤い風船と白い風船の数をもとめてから、全部の数からひいてもいいね。
21+17=38
51−38=13

ヒント **1** 青い風船の数をもとめるには、全部の数から赤と白の風船の数をひけばよいね。

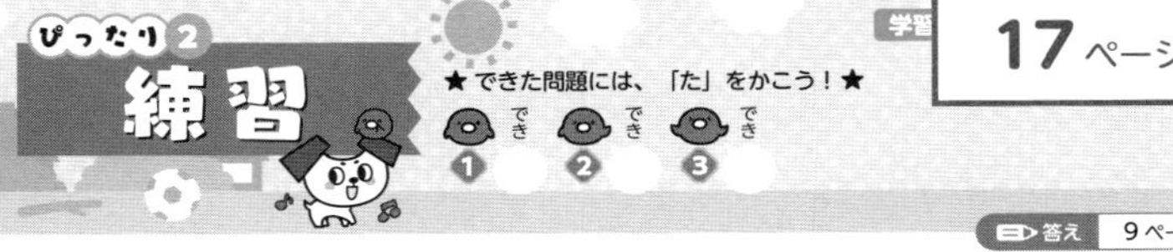

17ページ

★できた問題には、「た」をかこう！★　1　2　3

答え 9ページ

1 50円のえん筆と40円の消しゴムを買いました。さらにボールペンも買ったところ、全部で170円になりました。ボールペンは何円でしたか。

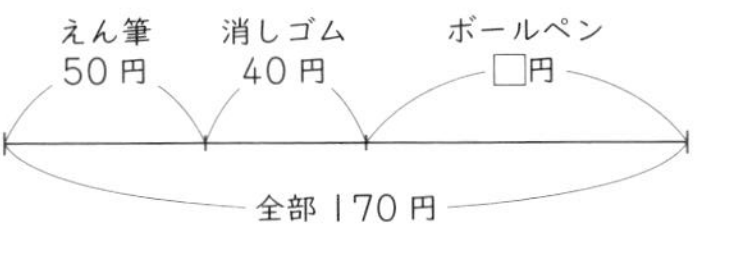

式 170−50−40=80　　答え（80円）

2 運動場で、男の子が18人と女の子が7人遊んでいました。そこへ、友だちが何人か来たので、全部で39人になりました。友だちは何人来ましたか。

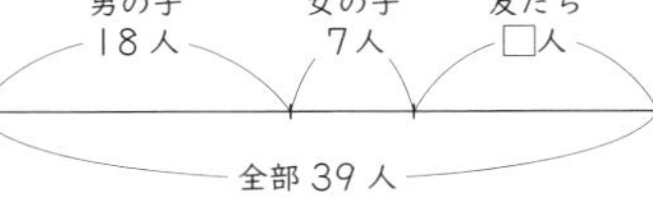

式 39−18−7=14　　答え（14人）

3 赤い色紙を21まい、青い色紙を15まい持っていました。黄色い色紙を何まいかもらったので、色紙は全部で59まいになりました。黄色い色紙を何まいもらいましたか。

（赤い色紙 □まい、青い色紙 □まい、黄色い色紙 □まい、全部 □まい）

式 59−21−15=23　　答え（23まい）

ヒント **3** 全部のまい数から、赤い色紙と青い色紙のまい数をひいてもとめるよ。

16ページ

1 赤い風船のこ数と白い風船のこ数と青い風船のこ数をあわせると、全部の風船のこ数になります。

17ページ

1 えん筆のお金と消しゴムのお金とボールペンのお金をあわせると、全部のお金になります。

2 男の子と女の子の人数を先にもとめて、全体の人数からひいてもよいです。そのときの計算は、18+7=25、39−25=14となります。

3 全部のまい数から、赤い色紙と青い色紙のまい数をひいて、黄色い色紙のまい数をもとめます。赤い色紙のまい数と、青い色紙のまい数と、黄色い色紙のまい数をあわせると、全部のまい数になります。

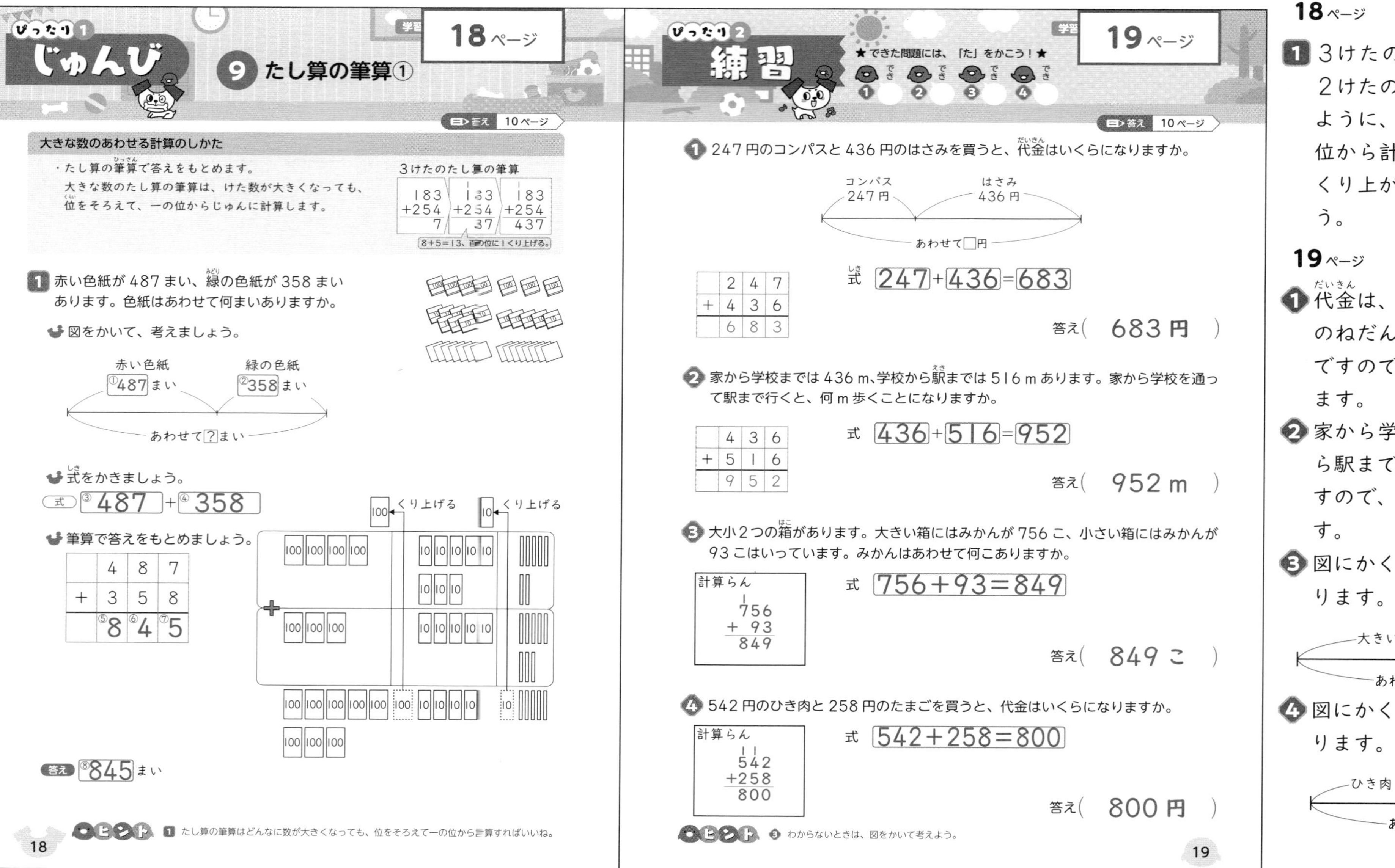

ぴったり1 じゅんび

9 たし算の筆算①

学習日 18ページ

答え 10ページ

大きな数のあわせる計算のしかた

・たし算の筆算で答えをもとめます。
大きな数のたし算の筆算は、けた数が大きくなっても、位をそろえて、一の位からじゅんに計算します。

3けたのたし算の筆算

183 +254 7 → 183 +254 37 → 183 +254 437

8+5=13、百の位に1くり上げる。

1 赤い色紙が487まい、緑の色紙が358まいあります。色紙はあわせて何まいありますか。

図をかいて、考えましょう。

赤い色紙 ①487まい　緑の色紙 ②358まい　あわせて?まい

式をかきましょう。

式 ③487 + ④358

筆算で答えをもとめましょう。

	4	8	7
+	3	5	8
	⑤8	⑥4	⑦5

くり上げる　くり上げる

答え ⑧845まい

ヒント 1 たし算の筆算はどんなに数が大きくなっても、位をそろえて一の位から計算すればいいね。

18

ぴったり2 練習

★できた問題には、「た」をかこう！★

学習日 19ページ

答え 10ページ

1 247円のコンパスと436円のはさみを買うと、代金はいくらになりますか。

コンパス 247円　はさみ 436円　あわせて□円

	2	4	7
+	4	3	6
	6	8	3

式 247+436=683

答え（ 683円 ）

2 家から学校までは436m、学校から駅までは516mあります。家から学校を通って駅まで行くと、何m歩くことになりますか。

	4	3	6
+	5	1	6
	9	5	2

式 436+516=952

答え（ 952m ）

3 大小2つの箱があります。大きい箱にはみかんが756こ、小さい箱にはみかんが93こはいっています。みかんはあわせて何こありますか。

計算らん 756 + 93 = 849

式 756+93=849

答え（ 849こ ）

4 542円のひき肉と258円のたまごを買うと、代金はいくらになりますか。

計算らん 542 +258 = 800

式 542+258=800

答え（ 800円 ）

ヒント 3 わからないときは、図をかいて考えよう。

19

18ページ

1 3けたのたし算の筆算は、2けたの筆算のときと同じように、位をそろえて一の位から計算します。筆算のくり上がりに注意しましょう。

19ページ

1 代金は、買った2つのもののねだんをあわせた金がくですので、たし算でもとめます。

2 家から学校までと、学校から駅までをあわせた長さですので、たし算でもとめます。

3 図にかくと、次のようになります。

4 図にかくと、次のようになります。

おうちのかたへ

たし算の筆算では、位をそろえてかき、くり上がりに注意させましょう。

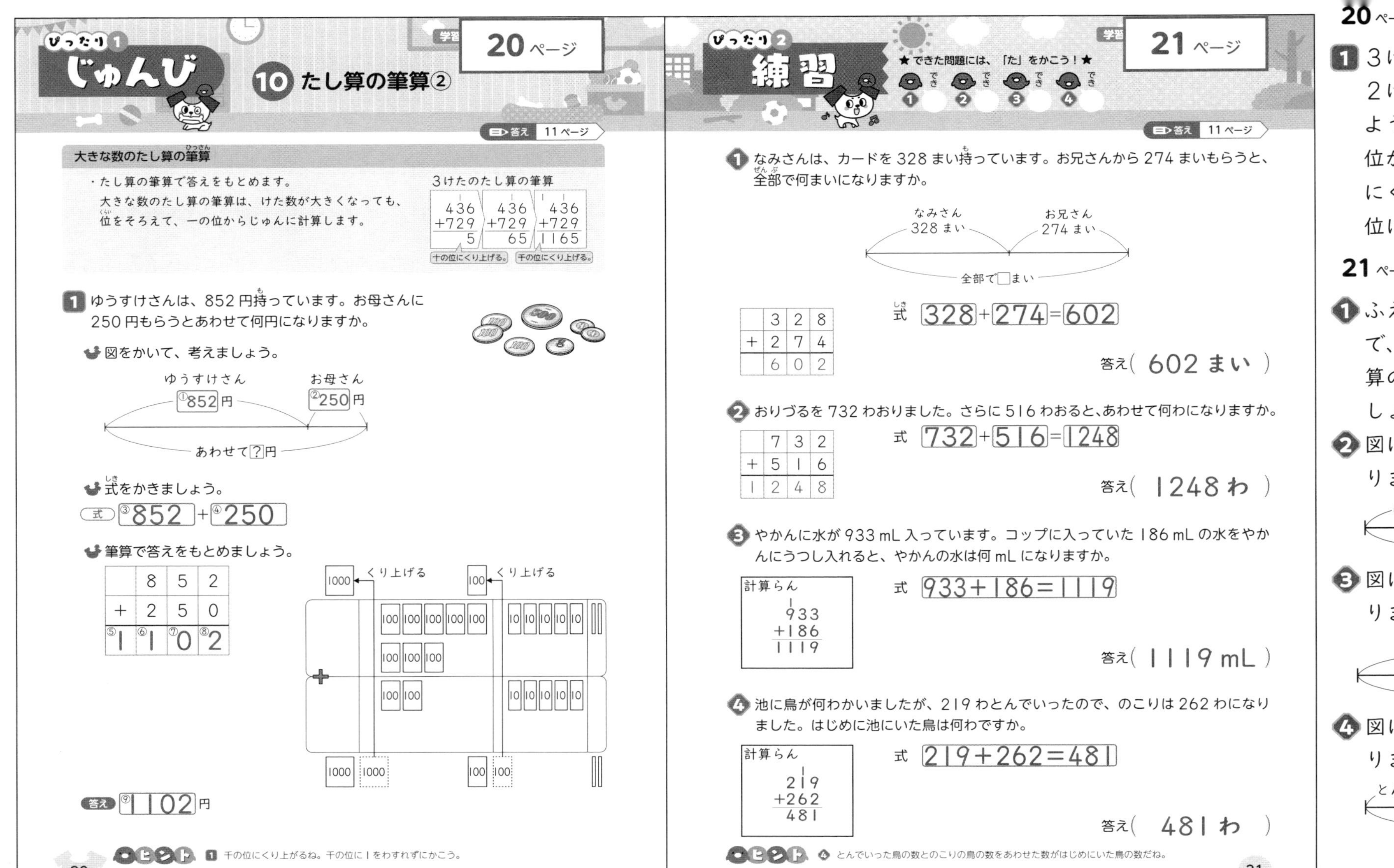

10 たし算の筆算②

ぴったり1 じゅんび　20ページ

答え 11ページ

大きな数のたし算の筆算

・たし算の筆算で答えをもとめます。
大きな数のたし算の筆算は、けた数が大きくなっても、位をそろえて、一の位からじゅんに計算します。

3けたのたし算の筆算

436+729=5（十の位にくり上げる。）→65（千の位にくり上げる。）→1165

1 ゆうすけさんは、852円持っています。お母さんに250円もらうとあわせて何円になりますか。

図をかいて、考えましょう。

ゆうすけさん ①852円　お母さん ②250円　あわせて?円

式をかきましょう。

式 ③852＋④250

筆算で答えをもとめましょう。

	8	5	2
+	2	5	0
⑤1	⑥1	⑦0	⑧2

くり上げる　くり上げる

答え ⑨1102円

ヒント 1 千の位にくり上がるね。千の位に1をわすれずにかこう。

ぴったり2 練習　21ページ

★できた問題には、「た」をかこう！★

答え 11ページ

1 なみさんは、カードを328まい持っています。お兄さんから274まいもらうと、全部で何まいになりますか。

なみさん 328まい　お兄さん 274まい　全部で□まい

	3	2	8
+	2	7	4
	6	0	2

式 328＋274＝602

答え（602まい）

2 おりづるを732わおりました。さらに516わおると、あわせて何わになりますか。

	7	3	2
+	5	1	6
1	2	4	8

式 732＋516＝1248

答え（1248わ）

3 やかんに水が933mL入っています。コップに入っていた186mLの水をやかんにうつし入れると、やかんの水は何mLになりますか。

計算らん　933＋186＝1119

式 933＋186＝1119

答え（1119mL）

4 池に鳥が何わかいましたが、219わとんでいったので、のこりは262わになりました。はじめに池にいた鳥は何わですか。

計算らん　219＋262＝481

式 219＋262＝481

答え（481わ）

ヒント 4 とんでいった鳥の数とのこりの鳥の数をあわせた数がはじめにいた鳥の数だね。

20　21

20ページ

1 3けたのたし算の筆算は、2けたの筆算のときと同じように、位をそろえて一の位から計算します。千の位にくり上がるときは、千の位に1をかきます。

21ページ

1 ふえた後の数をもとめるので、たし算になります。筆算のくり上がりに注意しましょう。

2 図にかくと、次のようになります。

3 図にかくと、次のようになります。

4 図にかくと、次のようになります。

ぴったり1 じゅんび

学習 22ページ

11 ひき算の筆算①

答え 12ページ

大きな数ののこりの計算のしかた

・ひき算の筆算で答えをもとめます。
　大きな数のひき算の筆算は、けた数が大きくなっても、位をそろえて、一の位からじゅんに計算します。

3けたのひき算の筆算

373	373	373
−126	−126	−126
7	47	247

一の位が3−6でひけないから、十の位からくり下げます。

1 ふたばさんは437円持っています。ノートを1さつ買うのに162円使うと、のこりは何円になりますか。

図をかいて、考えましょう。

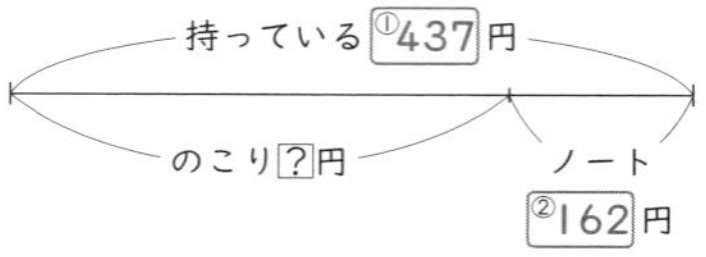

持っている ①437 円
のこり ? 円
ノート ②162 円

式をかきましょう。

式 ③437 − ④162

筆算で、答えをもとめましょう。

	4	3	7
−	1	6	2
	⑤2	⑥7	⑦5

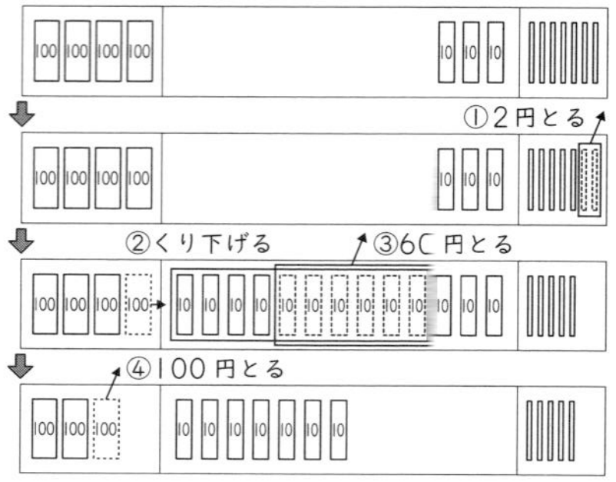

①2円とる
②くり下げる　③6C円とる
④100円とる

答え ⑧275 円

ヒント 1 3けたのひき算の筆算は、位をそろえて、一の位からじゅんに計算するよ。

ぴったり2 練習

学習 23ページ

★できた問題には、「た」をかこう！★ ①でき ②でき ③でき ④でき

答え 12ページ

1 627 cm のロープがあります。232 cm 切り取りました。のこりは何 cm ですか。

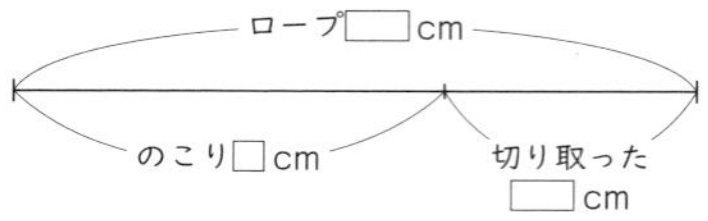

ロープ □ cm
のこり □ cm
切り取った □ cm

	6	2	7
−	2	3	2
	3	9	5

式 627 − 232 = 395

答え（ 395 cm ）

2 水とうにお茶が920 mL 入っています。そのうち470 mL 飲むと、水とうにのこっているお茶は何 mL ですか。

	9	2	0
−	4	7	0
	4	5	0

式 920 − 470 = 450

答え（ 450 mL ）

3 705円持っています。618円使うと、のこりは何円ですか。

計算らん
$$\begin{array}{r} 705 \\ -618 \\ \hline 87 \end{array}$$

式 705−618=87

答え（ 87円 ）

4 おり紙が623まいありました。そのうち491まい使いました。おり紙は何まいのこっていますか。

計算らん
$$\begin{array}{r} 623 \\ -491 \\ \hline 132 \end{array}$$

式 623−491=132

答え（ 132まい ）

ヒント 4 のこったおり紙は、はじめにあったおり紙から、使ったおり紙をひいてもとめるよ。

22ページ

1 3けたのひき算の筆算は、2けたの筆算のときと同じように、位をそろえて一の位から計算します。くり下がりに気をつけましょう。

23ページ

1 切り取ったあとの長さなので、ひき算になります。

2 図をかくと、次のようになります。

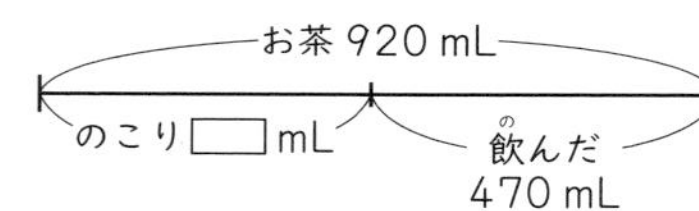

3 図をかくと、次のようになります。

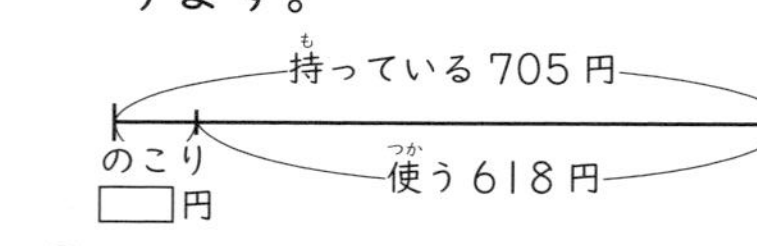

4 図をかくと、次のようになります。

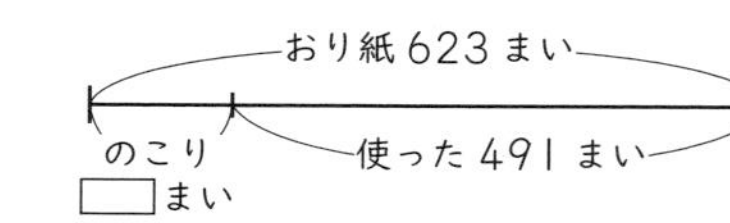

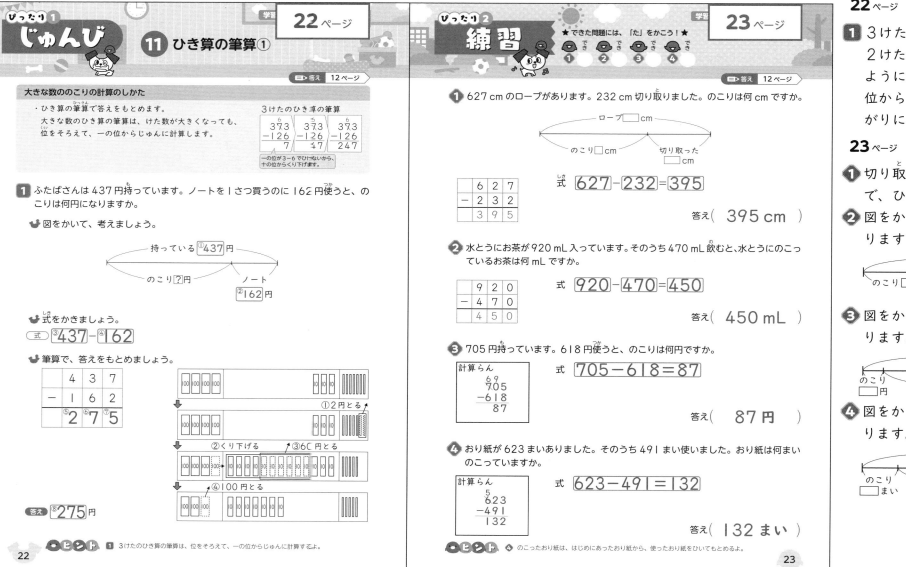

おうちのかたへ
ひき算の筆算では、位をそろえてかき、くり下がりに注意させましょう。

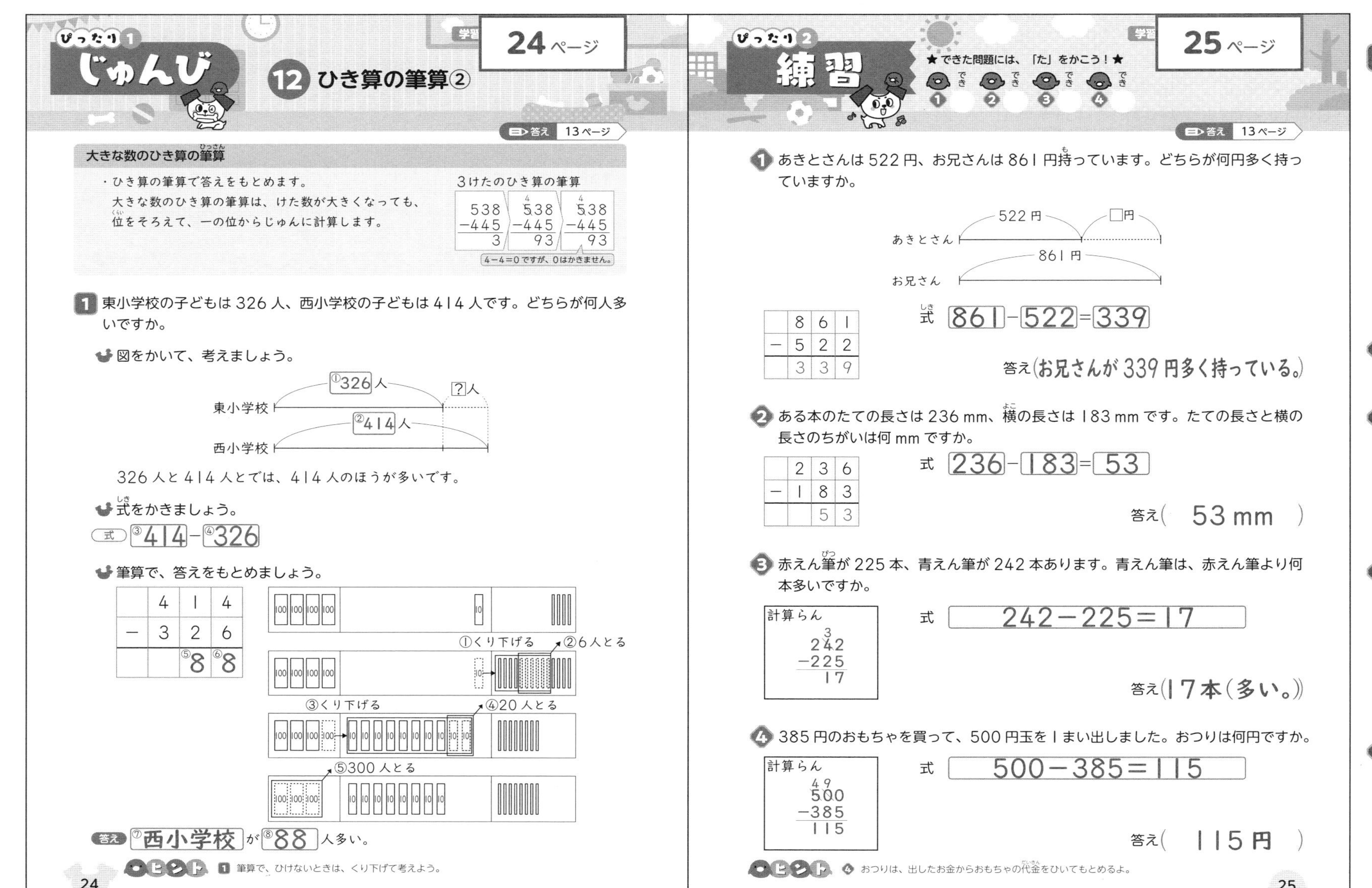

ぴったり1 じゅんび

12 ひき算の筆算②

24ページ

答え 13ページ

大きな数のひき算の筆算

・ひき算の筆算で答えをもとめます。
大きな数のひき算の筆算は、けた数が大きくなっても、位をそろえて、一の位からじゅんに計算します。

3けたのひき算の筆算

538 −445 = 3 → 538 −445 = 93 → 538 −445 = 93

4−4=0 ですが、0はかきません。

1 東小学校の子どもは 326 人、西小学校の子どもは 414 人です。どちらが何人多いですか。

図をかいて、考えましょう。

東小学校 ①326人 ?人
西小学校 ②414人

326 人と 414 人とでは、414 人のほうが多いです。

式をかきましょう。

式 ③414−④326

筆算で、答えをもとめましょう。

	4	1	4
−	3	2	6
		⑤8	⑥8

①くり下げる ②6人とる ③くり下げる ④20人とる ⑤300人とる

答え ⑦西小学校が⑧88人多い。

ヒント 1 筆算で、ひけないときは、くり下げて考えよう。

24

ぴったり2 練習

25ページ

★できた問題には、「た」をかこう！★ 1 2 3 4

答え 13ページ

1 あきとさんは 522 円、お兄さんは 861 円持っています。どちらが何円多く持っていますか。

あきとさん 522円 □円
お兄さん 861円

	8	6	1
−	5	2	2
	3	3	9

式 861−522=339

答え（お兄さんが 339 円多く持っている。）

2 ある本のたての長さは 236 mm、横の長さは 183 mm です。たての長さと横の長さのちがいは何 mm ですか。

	2	3	6
−	1	8	3
		5	3

式 236−183=53

答え（ 53 mm ）

3 赤えん筆が 225 本、青えん筆が 242 本あります。青えん筆は、赤えん筆より何本多いですか。

計算らん 242 −225 = 17

式 242−225=17

答え（17本（多い。））

4 385 円のおもちゃを買って、500 円玉を 1 まい出しました。おつりは何円ですか。

計算らん 500 −385 = 115

式 500−385=115

答え（ 115円 ）

ヒント 4 おつりは、出したお金からおもちゃの代金をひいてもとめるよ。

25

24ページ

1 3けたのひき算の筆算は、2けたの筆算のときと同じように、位をそろえて一の位から計算します。百の位が0になるときは、0はかきません。筆算のくり下がりに注意しましょう。

25ページ

1 ちがいなので、ひき算でもとめます。

2 図をかくと、次のようになります。

たて 236 mm
横 183 mm　ちがい □mm

3 図をかくと、次のようになります。

赤えん筆 225 本
青えん筆 242 本　ちがい □本

4 図をかくと、次のようになります。

はじめ 500 円
おもちゃ385 円　おつり □円

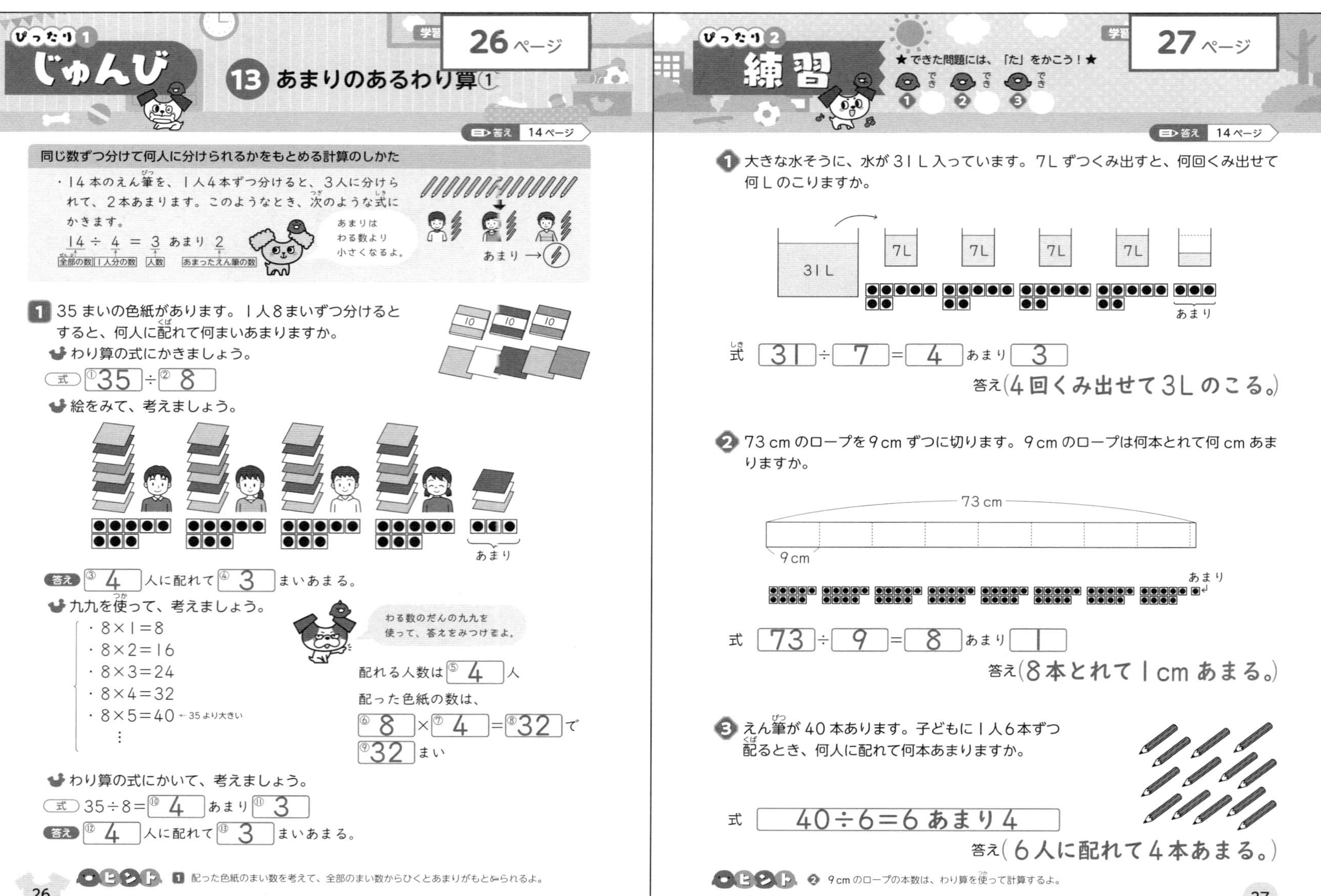

ぴったり1 じゅんび

13 あまりのあるわり算①

学習 26ページ

答え 14ページ

同じ数ずつ分けて何人に分けられるかをもとめる計算のしかた

・14本のえん筆を、1人4本ずつ分けると、3人に分けられて、2本あまります。このようなとき、次のような式にかきます。

14 ÷ 4 = 3 あまり 2
全部の数　1人分の数　人数　あまったえん筆の数

あまりは わる数より 小さくなるよ。

あまり →

1 35まいの色紙があります。1人8まいずつ分けるとすると、何人に配れて何まいあまりますか。

わり算の式にかきましょう。

式 ①35 ÷ ②8

絵をみて、考えましょう。

あまり

答え ③4 人に配れて ④3 まいあまる。

九九を使って、考えましょう。

・8×1=8
・8×2=16
・8×3=24
・8×4=32
・8×5=40 ←35より大きい
⋮

わる数のだんの九九を使って、答えをみつけるよ。

配れる人数は ⑤4 人

配った色紙の数は、

⑥8 × ⑦4 = ⑧32 で ⑨32 まい

わり算の式にかいて、考えましょう。

式 35÷8= ⑩4 あまり ⑪3

答え ⑫4 人に配れて ⑬3 まいあまる。

ヒント 1 配った色紙のまい数を考えて、全部のまい数からひくとあまりがもとめられるよ。

26

ぴったり2 練習

学習 27ページ

★できた問題には、「た」をかこう！★

できた 1　できた 2　できた 3

答え 14ページ

1 大きな水そうに、水が31L入っています。7Lずつくみ出すと、何回くみ出せて何Lのこりますか。

31L　7L　7L　7L　7L

あまり

式 31 ÷ 7 = 4 あまり 3

答え（4回くみ出せて3Lのこる。）

2 73cmのロープを9cmずつに切ります。9cmのロープは何本とれて何cmあまりますか。

73cm

9cm

あまり

式 73 ÷ 9 = 8 あまり 1

答え（8本とれて1cmあまる。）

3 えん筆が40本あります。子どもに1人6本ずつ配るとき、何人に配れて何本あまりますか。

式 40÷6=6あまり4

答え（6人に配れて4本あまる。）

ヒント 2 9cmのロープの本数は、わり算を使って計算するよ。

27

おうちのかたへ

あまりのないわり算と同じように、わる数の段の九九を使って、答えをみつけます。あまりがわる数よりも小さくなるように注意させましょう。

26ページ

1 同じ数ずつ分けますので、わり算でもとめます。あまった色紙のまい数は、全部のまい数から配った色紙のまい数をひくともとめられます。

27ページ

1 同じ数ずつくみ出すので、わり算でもとめます。7×4=28、7×5=35ですので、くみ出せるのは4回です。5回くみ出すことはできません。

2 同じ長さずつ切るので、わり算でもとめます。

9×8=72、9×9=81ですので、8本とることができます。あまりの長さは、73cmから72cmをひくともとめられます。

3 図をかくと、次のようになります。

あまり

あまったえん筆の本数は、40本から配った36本をひくともとめられます。

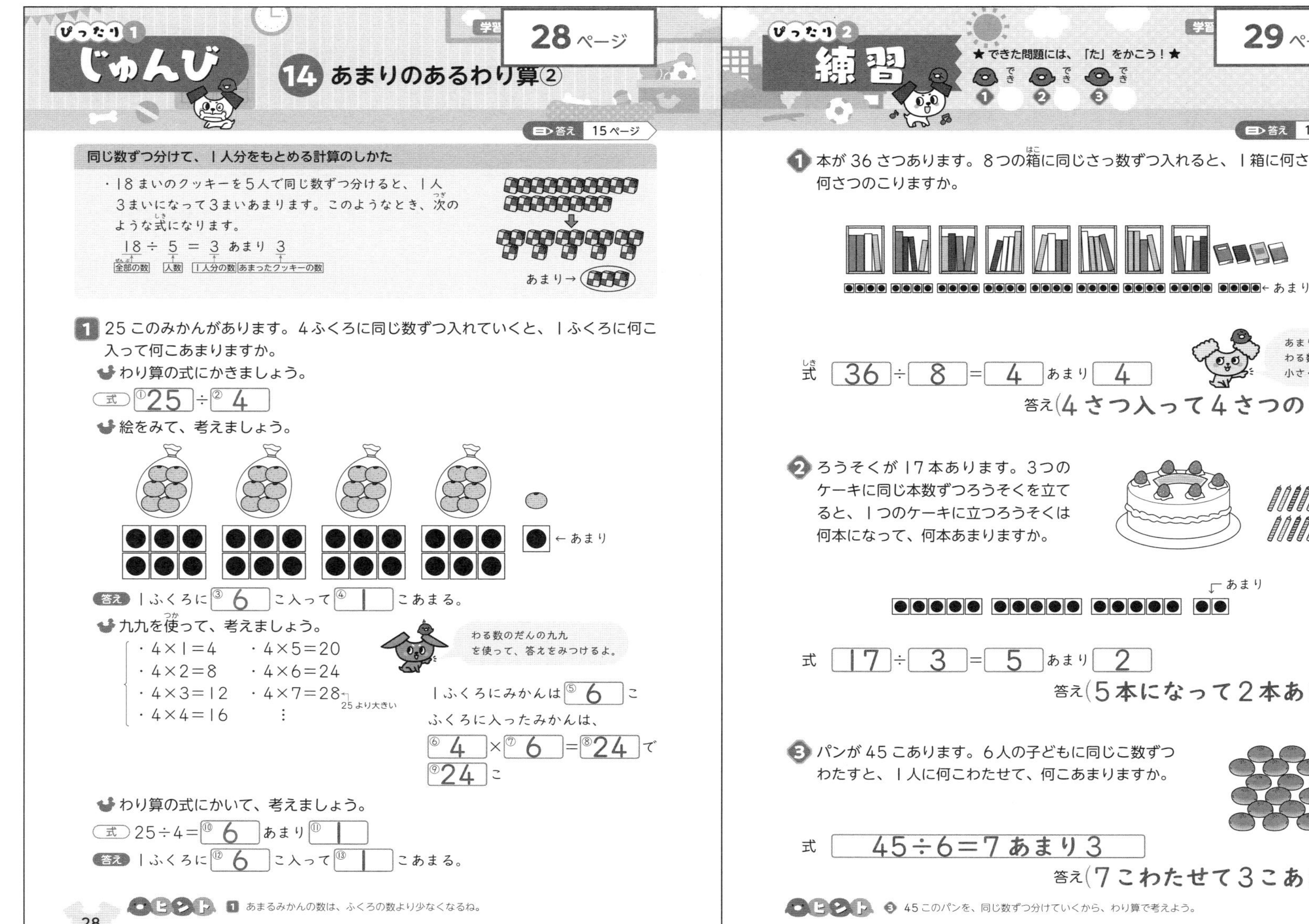

ぴったり1 じゅんび

28ページ

14 あまりのあるわり算②

答え 15ページ

同じ数ずつ分けて、１人分をもとめる計算のしかた

・18まいのクッキーを5人で同じ数ずつ分けると、１人3まいになって3まいあまります。このようなとき、次のような式になります。

18 ÷ 5 = 3 あまり 3

全部の数　人数　１人分の数　あまったクッキーの数

あまり→

1 25このみかんがあります。4ふくろに同じ数ずつ入れていくと、１ふくろに何こ入って何こあまりますか。

わり算の式にかきましょう。

式 ①25 ÷ ②4

絵をみて、考えましょう。

←あまり

答え １ふくろに ③6 こ入って ④1 こあまる。

九九を使って、考えましょう。

・4×1=4　・4×5=20
・4×2=8　・4×6=24
・4×3=12　・4×7=28（25より大きい）
・4×4=16　⋮

わる数のだんの九九を使って、答えをみつけるよ。

１ふくろにみかんは ⑤6 こ
ふくろに入ったみかんは、
⑥4 × ⑦6 = ⑧24 で ⑨24 こ

わり算の式にかいて、考えましょう。

式 25÷4= ⑩6 あまり ⑪1

答え １ふくろに ⑫6 こ入って ⑬1 こあまる。

ヒント **1** あまるみかんの数は、ふくろの数より少なくなるね。

28

ぴったり2 練習

29ページ

★できた問題には、「た」をかこう！★ ①でき ②でき ③でき

答え 15ページ

1 本が36さつあります。8つの箱に同じさっ数ずつ入れると、１箱に何さつ入って何さつのこりますか。

←あまり

式 36 ÷ 8 = 4 あまり 4

あまりはわる数より小さくなるよ。

答え（4さつ入って4さつのこる。）

2 ろうそくが17本あります。3つのケーキに同じ本数ずつろうそくを立てると、１つのケーキに立つろうそくは何本になって、何本あまりますか。

あまり

式 17 ÷ 3 = 5 あまり 2

答え（5本になって2本あまる。）

3 パンが45こあります。6人の子どもに同じこ数ずつわたすと、１人に何こわたせて、何こあまりますか。

式 45÷6=7 あまり 3

答え（7こわたせて3こあまる。）

ヒント **3** 45このパンを、同じ数ずつ分けていくから、わり算で考えよう。

29

28ページ

1 １つ分をもとめる計算には、わり算を使います。あまったこ数は、全部のこ数からふくろに入れたこ数をひくともとめられます。

29ページ

1 36を8つに分けたらいくつずつになるかですので、わり算でもとめます。
4×8=32、5×8=40
ですので、入るのは4さつずつとわかります。

2 17を3つに分けたらいくつずつになるかですので、わり算でもとめます。
5×3=15、6×3=18
ですので、立てるのは5本ずつとわかります。

3 図をかくと、次のようになります。

□□□□□□□　□□□□□□□　□□□□□□□
□□□□□□□　□□□□□□□　□□□□□□□
□□□

１人分の数をもとめる計算には、わり算を使います。あまったパンのこ数は45からわたした42こをひくともとめられます。

15 あまりのあるわり算③

答え 16ページ

わり算のあまりの意味

・わり算のあまりについて考えてみましょう。
[れい] 11人の子どもが3人ずつ いすにすわります。
みんなすわるには、いすは何きゃくいりますか。
[式] 11÷3=3 あまり 2
3人ずつすわったいすが3きゃくあって、2人のこる。
のこりの2人がすわるには、もう1きゃくいるから、
4きゃく

1 18このシュークリームをお皿にのせます。1つのお皿に4こずつのせます。全部のせるには、お皿は何まいひつようですか。

絵をみて、考えましょう。

●●●● ●●●● ●●●● ●●●● ●●

4こ のったお皿は ① 4 まい。　のこりの ② 2 こにも お皿が1まいひつよう。

答え ③ 5 まい

わり算の式にかいて、考えましょう。

式 18÷4= ④ 4 あまり ⑤ 2

答え ⑥ 5 まい

ヒント 1 あまりのシュークリームをのせるのにもお皿がひつようだね。

ぴったり2
練習
★できた問題には、「た」をかこう！★
でき 1 でき 2 でき 3

答え 16ページ

1 トラックで荷物を運びます。1台のトラックにのせられる荷物は7こまでです。荷物が25こあるとき、全部運ぶのにトラックは何台ひつようですか。

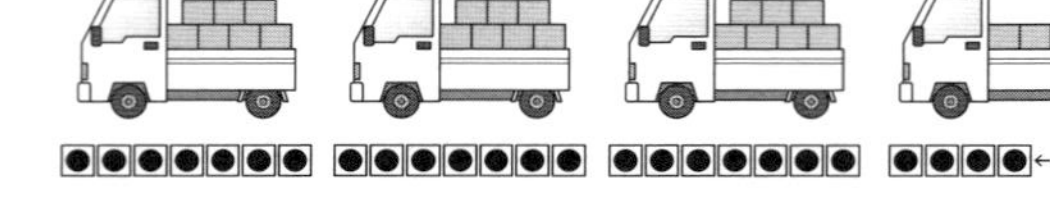

●●●●●●● ●●●●●●● ●●●●●●● ●●●●← あまり

25÷7=3 あまり 4
あまった4この荷物を運ぶトラックがもう1台ひつようだね。

式 25 ÷ 7 = 3 あまり 4

答え（ 4台 ）

2 テニスボールが43こあります。箱に5こずつ入れていくと、全部入れるためには箱は何箱いりますか。

●●●●● ●●●●● ●●●●● ●●●●● ●●●●●
●●●●● ●●●●● ●●●●● ●●●← あまり

式 43 ÷ 5 = 8 あまり 3

答え（ 9箱 ）

3 85ページの本があります。ふみこさんは、この本を1日9ページずつよむことにしました。全部よみ終わるのに何日かかりますか。

式 85÷9=9 あまり 4

答え（ 10日 ）

ヒント 3 あまりの数が、さいごの日によむページ数になります。

30ページ

1 同じ数ずつ分けますので、わり算でもとめます。あまりは2こになりますが、あまったシュークリーム2こをのせるお皿がもう1まいひつようですので、全部のせるにはお皿は5まいひつようです。

31ページ

1 25この荷物を7こずつのせますので、わり算でもとめます。あまった荷物4こをのせるトラックがもう1台ひつようです。

2 43このテニスボールを5こずつ箱に入れますので、わり算でもとめます。あまった3このボールを入れる箱がもう1箱ひつようです。

3 85ページの本を9ページずつよみますので、わり算でもとめます。あまった4ページをよむのに、もう1日ひつようです。

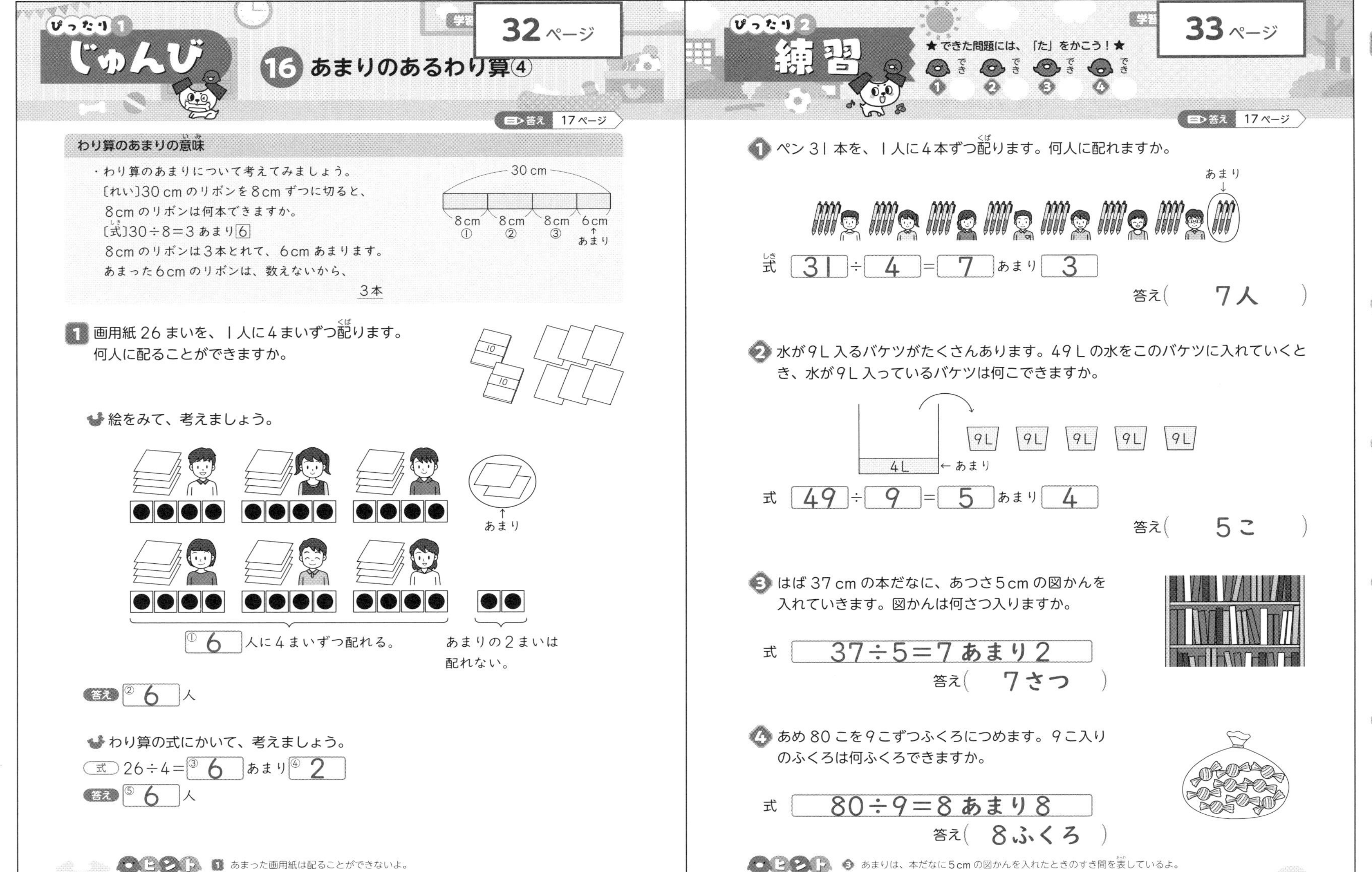

ぴったり1 じゅんび
16 あまりのあるわり算④
32ページ
答え 17ページ
わり算のあまりの意味
・わり算のあまりについて考えてみましょう。
〔れい〕30 cm のリボンを 8 cm ずつに切ると、8 cm のリボンは何本できますか。
〔式〕30÷8=3 あまり 6
8 cm のリボンは 3 本とれて、6 cm あまります。
あまった 6 cm のリボンは、数えないから、
3本
30 cm
8cm ① 8cm ② 8cm ③ 6cm あまり
1 画用紙 26 まいを、1 人に 4 まいずつ配ります。何人に配ることができますか。
絵をみて、考えましょう。
あまり
① 6 人に 4 まいずつ配れる。
あまりの 2 まいは配れない。
答え ② 6 人
わり算の式にかいて、考えましょう。
式 26÷4=③ 6 あまり ④ 2
答え ⑤ 6 人
ヒント 1 あまった画用紙は配ることができないよ。
32
ぴったり2 練習
★できた問題には、「た」をかこう！★
33ページ
答え 17ページ
1 ペン 31 本を、1 人に 4 本ずつ配ります。何人に配れますか。
あまり
式 31 ÷ 4 = 7 あまり 3
答え（ 7人 ）
2 水が 9 L 入るバケツがたくさんあります。49 L の水をこのバケツに入れていくと、水が 9 L 入っているバケツは何こできますか。
9L 9L 9L 9L 9L
4L ←あまり
式 49 ÷ 9 = 5 あまり 4
答え（ 5こ ）
3 はば 37 cm の本だなに、あつさ 5 cm の図かんを入れていきます。図かんは何さつ入りますか。
式 37÷5=7 あまり 2
答え（ 7さつ ）
4 あめ 80 こを 9 こずつふくろにつめます。9 こ入りのふくろは何ふくろできますか。
式 80÷9=8 あまり 8
答え（ 8ふくろ ）
ヒント 3 あまりは、本だなに 5 cm の図かんを入れたときのすき間を表しているよ。
33

32ページ

1 同じ数ずつ分けますので、わり算でもとめます。あまりは2まいになりますが、あまった画用紙2まいは配れませんので、6人が答えになります。

33ページ

1 31本を4本ずつに分けますので、わり算でもとめます。あまった3本は配れません。

2 49Lを9Lずつに分けますので、わり算でもとめます。あまった4Lはもとめるこ数に入れません。

3 37cmの中に5cmはいくつあるか考えます。あまった2cmにあつさ5cmの図かんは入りません。

4 図をかくと、次のようになります。

あまった8こは数に入れません。

おうちのかたへ
あまりの分をどうすればよいか、状況によってどう扱うかを考えさせるようにしましょう。

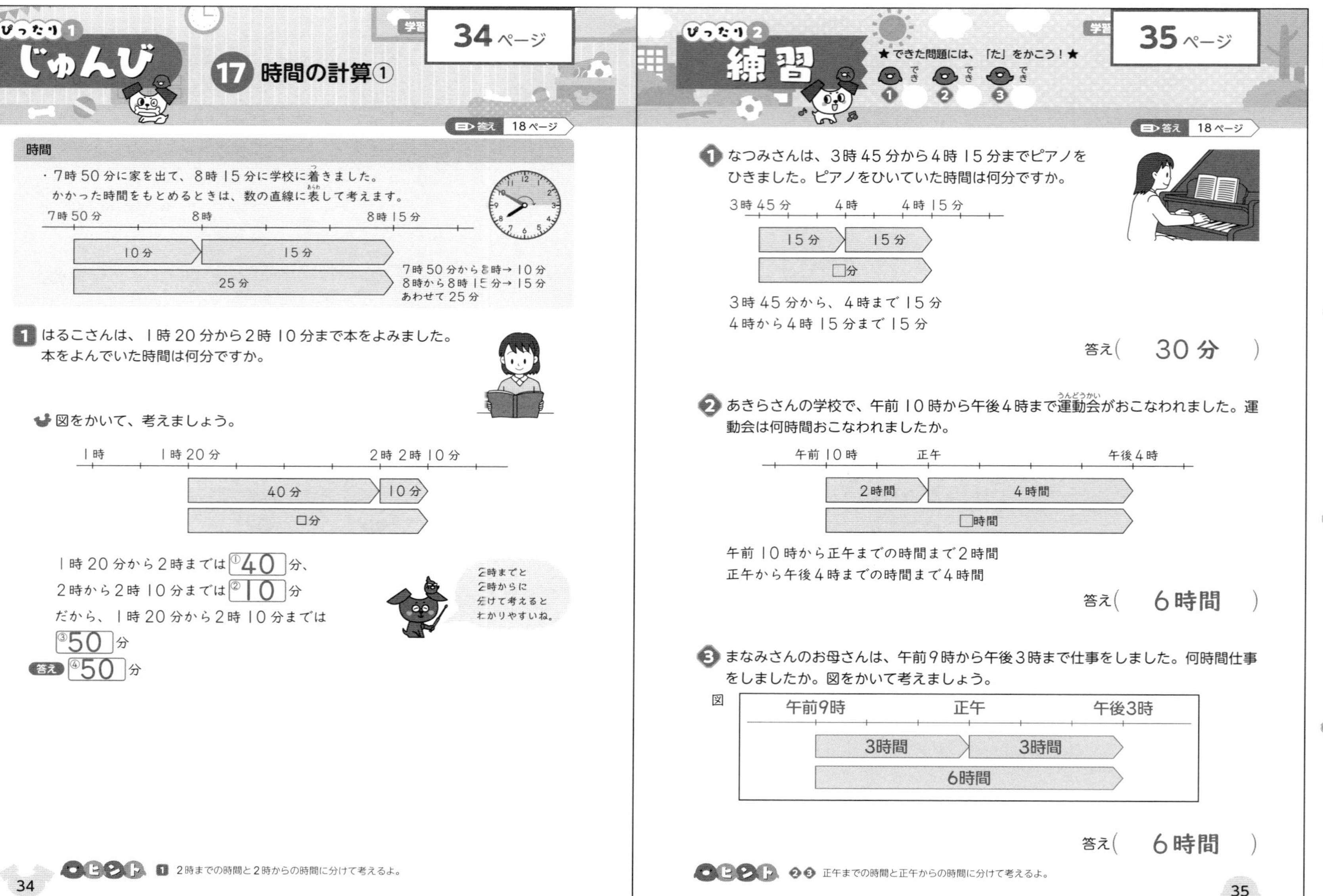

ぴったり1 じゅんび

17 時間の計算①

学習 34ページ

答え 18ページ

時間

・7時50分に家を出て、8時15分に学校に着きました。
かかった時間をもとめるときは、数の直線に表して考えます。

7時50分　8時　8時15分

10分　15分

25分

7時50分から8時→10分
8時から8時15分→15分
あわせて25分

1 はるこさんは、1時20分から2時10分まで本をよみました。本をよんでいた時間は何分ですか。

図をかいて、考えましょう。

1時　1時20分　2時　2時10分

40分　10分

□分

1時20分から2時までは ①40 分、
2時から2時10分までは ②10 分
だから、1時20分から2時10分までは
③50 分

答え ④50 分

ヒント **1** 2時までの時間と2時からの時間に分けて考えるよ。

34

ぴったり2 練習

★できた問題には、「た」をかこう！★

学習 35ページ

答え 18ページ

1 なつみさんは、3時45分から4時15分までピアノをひきました。ピアノをひいていた時間は何分ですか。

3時45分　4時　4時15分

15分　15分

□分

3時45分から、4時まで15分
4時から4時15分まで15分

答え（　30分　）

2 あきらさんの学校で、午前10時から午後4時まで運動会がおこなわれました。運動会は何時間おこなわれましたか。

午前10時　正午　午後4時

2時間　4時間

□時間

午前10時から正午までの時間まで2時間
正午から午後4時までの時間まで4時間

答え（　6時間　）

3 まなみさんのお母さんは、午前9時から午後3時まで仕事をしました。何時間仕事をしましたか。図をかいて考えましょう。

図

午前9時　正午　午後3時

3時間　3時間

6時間

答え（　6時間　）

ヒント **2** **3** 正午までの時間と正午からの時間に分けて考えるよ。

35

34ページ

1 2時までと2時からで分けて考えます。1時20分から2時までは40分、2時から2時10分までは10分、あわせると50分になります。

35ページ

1 4時までと4時からで分けて考えます。3時45分から4時までは15分、4時から4時15分までも15分ですので、あわせて30分です。

2 正午までと正午からで分けて考えます。午前10時から正午までは2時間、正午から午後4時までは4時間ですので、あわせて6時間になります。

3 正午までと正午からで分けて考えます。午前9時から正午までは3時間、正午から午後3時までは3時間ですので、あわせて6時間になります。

おうちのかたへ
時間の計算は苦手になりやすい内容です。1時、2時など、区切りのよい時間で分けて考えていくことで理解が進みます。また、実際に時計を動かすなどして確かめさせてもよいです。

ぴったり1 じゅんび

18 時間の計算②

学習 36ページ

答え 19ページ

時間

・家に着いた時こくをもとめるときも、数の直線に表して考えます。
・学校を4時45分に出て、家に帰るまでに40分かかりました。

学校を出た時こく → 40分 → 家に着いた時こく

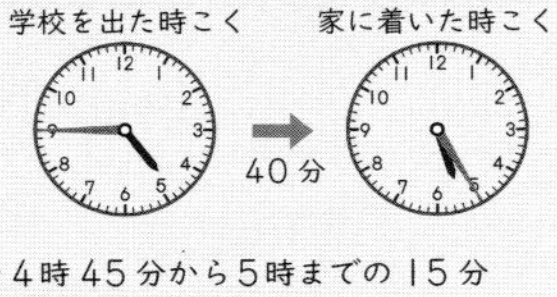

4時45分　5時　5時25分
15分　25分
40分

40分を4時45分から5時までの15分と5時から5時25分までの25分に分けて考えます。

1 じろうさんは2時30分から50分間べんきょうしました。べんきょうが終わったのは、何時何分でしたか。

図をかいて、考えましょう。

2時30分　3時　□　3時30分
30分　20分
50分

2時30分から3時までは、①30分だから、
3時から②20分後の時こく。
答え ③3時④20分

3時までと3時からに分けて考えるとわかりやすいね。

ヒント **1** 時こくは○時△分のように表すよ。

36

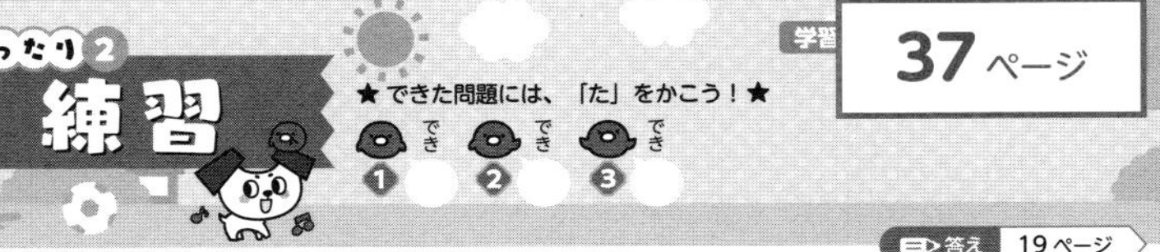

ぴったり2 練習

学習 37ページ

★できた問題には、「た」をかこう！★ でき1 でき2 でき3

答え 19ページ

1 たろうさんは宿題を終わらせるのに25分かかりました。終わった時こくが4時5分のとき、たろうさんは宿題を何時何分からやり始めましたか。

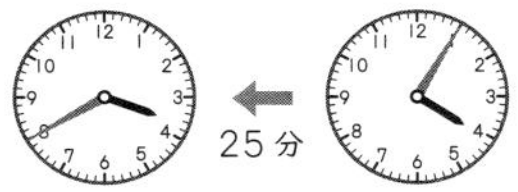

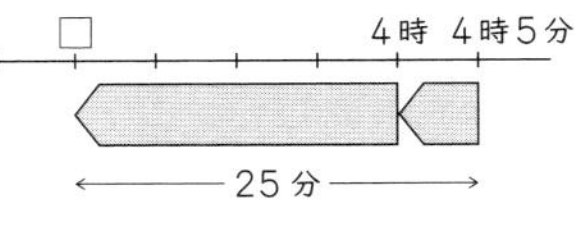

□　4時　4時5分
25分

答え（3時40分）

2 ひろこさんは毎日35分家のそうじをしています。11時50分からそうじを始めると、何時何分に終わりますか。

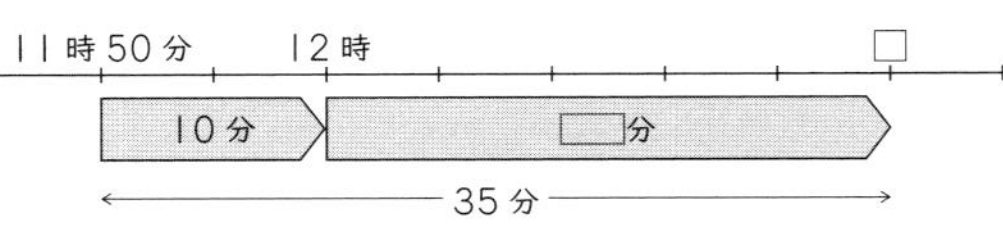

答え（12時25分）

3 かずやさんは公園で55分遊びました。遊び終えたのが2時35分のとき、遊び始めたのは何時何分ですか。図をかいて考えましょう。

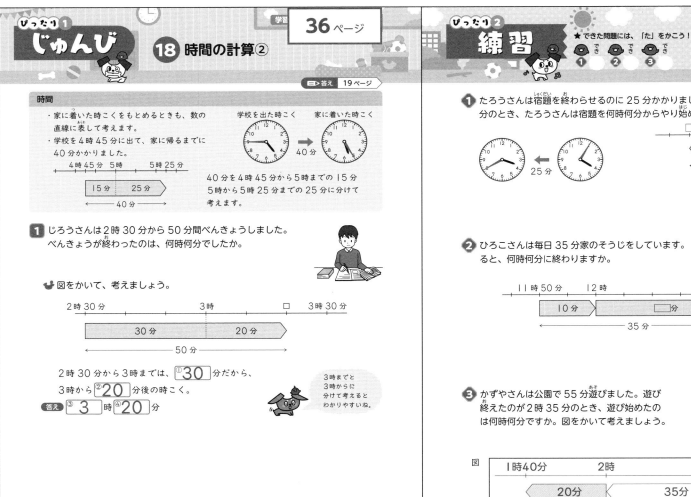

図

1時40分　2時　2時35分
20分　35分
55分

答え（1時40分）

ヒント **3** 2時までの時間と2時からの時間に分けてもとめよう。

37

36ページ

1 3時で分けて考えます。2時30分から3時までは30分ですから、50−30=20より、3時から20分後の3時20分が答えになります。

37ページ

1 4時で分けて考えます。4時から4時5分までは5分ですから、25−5=20より、4時の20分前の3時40分が答えになります。

2 12時で分けて考えます。11時50分から12時までは10分ですから、35−10=25より、12時から25分後の12時25分が答えになります。

3 2時で分けて考えます。2時から2時35分までは35分ですから、55−35=20より、2時の20分前の1時40分が答えになります。

おうちのかたへ
終わった時間が分かっていて、始める時間を求めるときも、1時、2時など、区切りのよい時間で分けて考えていくことで理解が進みます。また、実際に時計を動かすなどして確かめてみてもよいです。

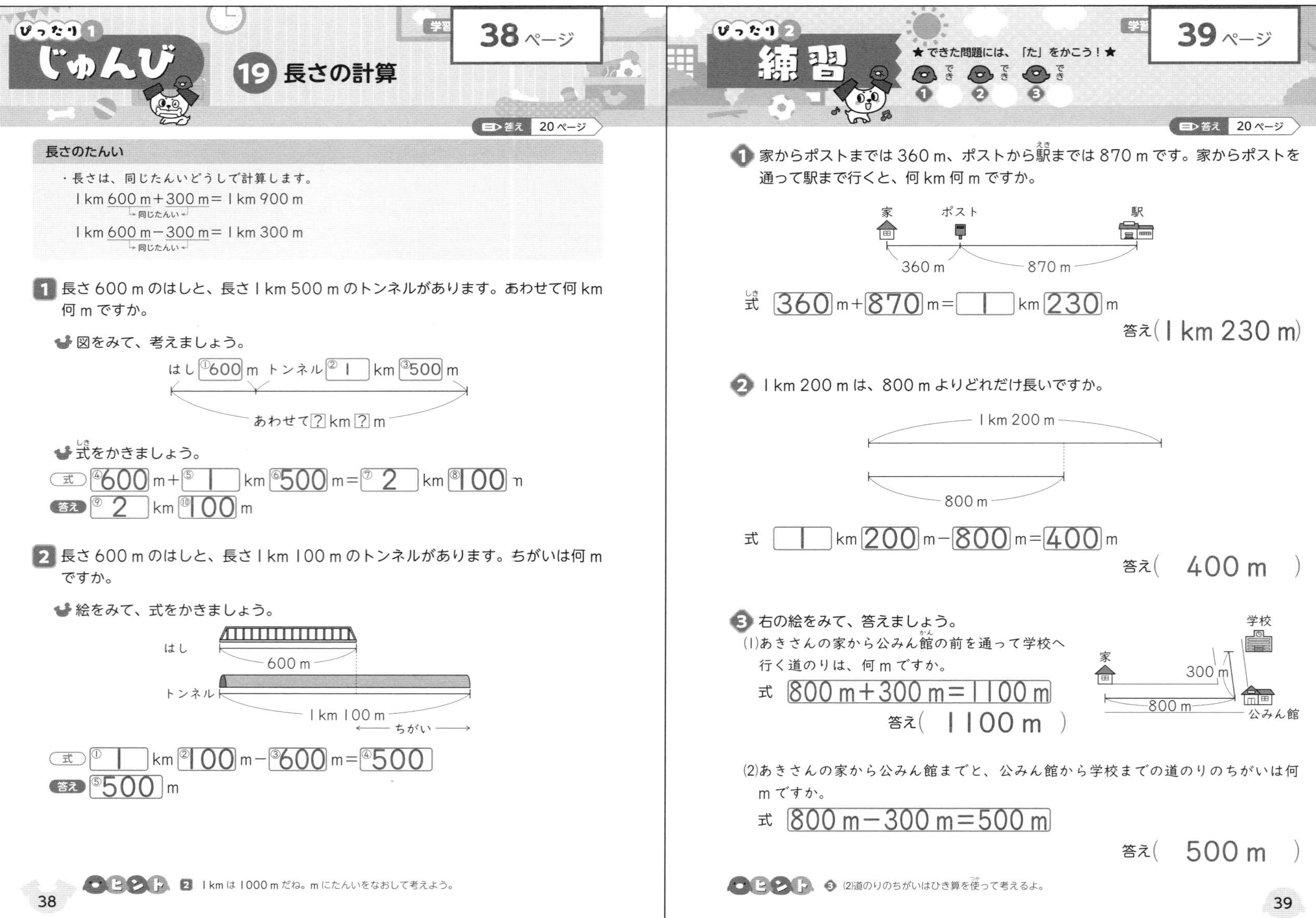

ぴったり1 じゅんび

19 長さの計算

学習 38ページ

答え 20ページ

長さのたんい

・長さは、同じたんいどうしで計算します。

1 km 600 m＋300 m＝1 km 900 m（同じたんい）

1 km 600 m－300 m＝1 km 300 m（同じたんい）

1 長さ 600 m のはしと、長さ 1 km 500 m のトンネルがあります。あわせて何 km 何 m ですか。

図をみて、考えましょう。

はし ①600 m　トンネル ②1 km ③500 m

あわせて ? km ? m

式をかきましょう。

式 ④600 m＋⑤1 km ⑥500 m＝⑦2 km ⑧100 m

答え ⑨2 km ⑩100 m

2 長さ 600 m のはしと、長さ 1 km 100 m のトンネルがあります。ちがいは何 m ですか。

絵をみて、式をかきましょう。

はし　600 m

トンネル　1 km 100 m　ちがい

式 ①1 km ②100 m－③600 m＝④500

答え ⑤500 m

ヒント **2** 1 km は 1000 m だね。m にたんいをなおして考えよう。

38

ぴったり2 練習

★できた問題には、「た」をかこう！★ ①でき ②でき ③でき

学習 39ページ

答え 20ページ

1 家からポストまでは 360 m、ポストから駅(えき)までは 870 m です。家からポストを通って駅まで行くと、何 km 何 m ですか。

家　ポスト　駅

360 m　870 m

式(しき) 360 m＋870 m＝1 km 230 m

答え（1 km 230 m）

2 1 km 200 m は、800 m よりどれだけ長いですか。

1 km 200 m

800 m

式 1 km 200 m－800 m＝400 m

答え（400 m）

3 右の絵をみて、答えましょう。

(1)あきさんの家から公みん館(かん)の前を通って学校へ行く道のりは、何 m ですか。

式 800 m＋300 m＝1100 m

答え（1100 m）

学校　家　300 m　800 m　公みん館

(2)あきさんの家から公みん館までと、公みん館から学校までの道のりのちがいは何 m ですか。

式 800 m－300 m＝500 m

答え（500 m）

ヒント **3** (2)道のりのちがいはひき算を使(つか)って考えるよ。

39

38ページ

1 1 km＝1000 m です。同じたんいどうしで計算します。600 m と 500 m をあわせると、1 km 100 m になります。

2 100 m から 600 m はひけませんので、1 km 100 m を 1100 m になおして計算します。

39ページ

1 あわせた長さですので、たし算でもとめます。何 km 何 m かをとわれていますので、たんいをなおします。

2 ちがいはひき算でもとめます。1 km 200 m を 1200 m として、たんいをそろえてから計算します。

3 (1)m で答えますので、km にはなおしません。

(2)ちがいはひき算でもとめます。長い道のりから短(みじか)い道のりをひきます。

おうちのかたへ

答えの単位がどうなっているかに注意させましょう。

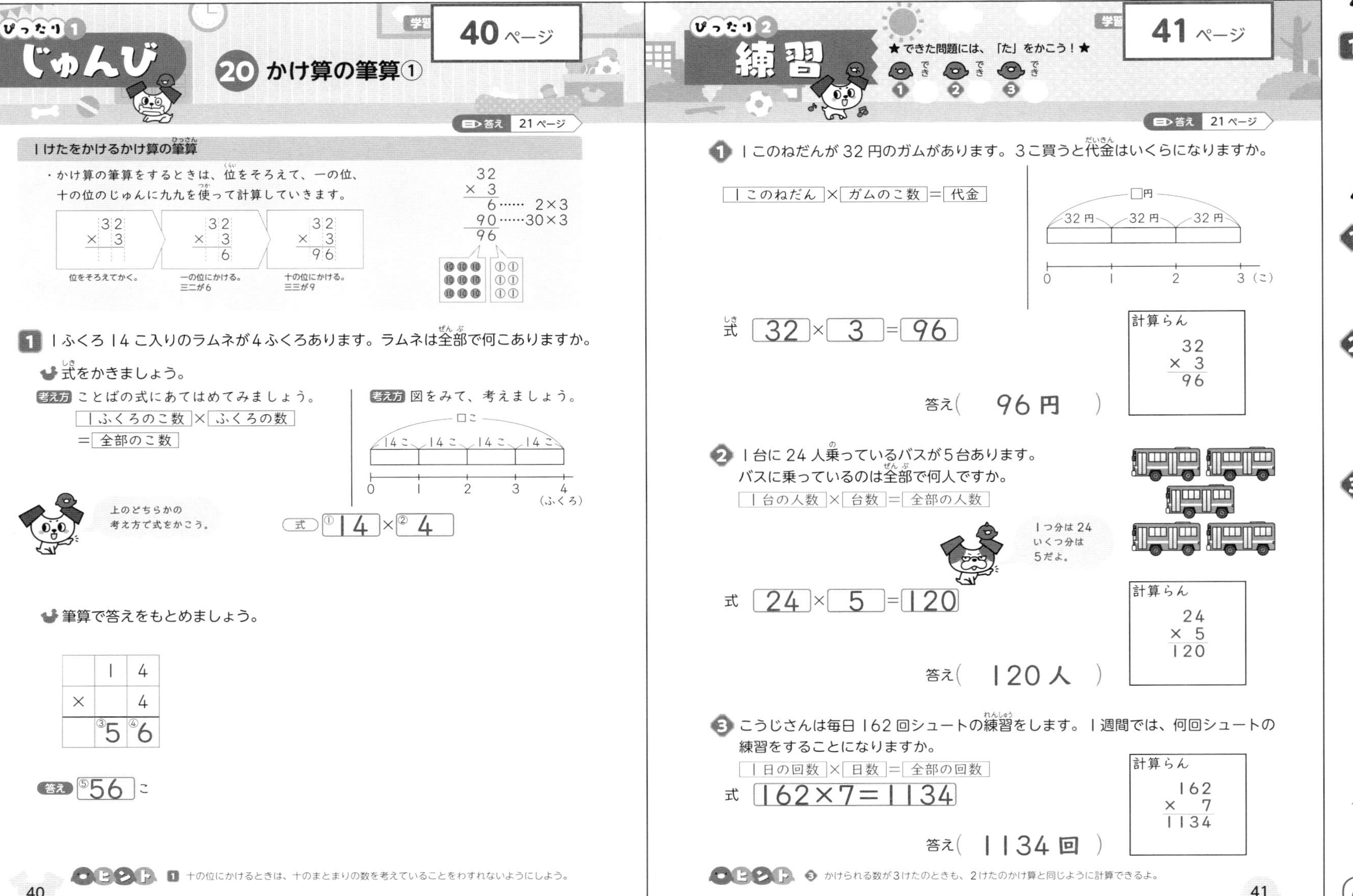

ぴったり1 じゅんび　20 かけ算の筆算①　40ページ

答え 21ページ

1けたをかけるかけ算の筆算

・かけ算の筆算をするときは、位をそろえて、一の位、十の位のじゅんに九九を使って計算していきます。

位をそろえてかく。　一の位にかける。三二が6　十の位にかける。三三が9

32 × 3：6……2×3、90……30×3、96

1 1ふくろ14こ入りのラムネが4ふくろあります。ラムネは全部で何こありますか。

式をかきましょう。

考え方 ことばの式にあてはめてみましょう。
1ふくろのこ数 × ふくろの数 ＝ 全部のこ数

考え方 図をみて、考えましょう。

上のどちらかの考え方で式をかこう。

式 ①14 × ②4

筆算で答えをもとめましょう。

	1	4
×		4
	③5	④6

答え ⑤56 こ

ヒント 1 十の位にかけるときは、十のまとまりの数を考えていることをわすれないようにしよう。

40

ぴったり2 練習　41ページ

★できた問題には、「た」をかこう！★

答え 21ページ

1 1このねだんが32円のガムがあります。3こ買うと代金はいくらになりますか。

1このねだん × ガムのこ数 ＝ 代金

式 32 × 3 ＝ 96

計算らん 32 × 3 ＝ 96

答え（ 96円 ）

2 1台に24人乗っているバスが5台あります。バスに乗っているのは全部で何人ですか。

1台の人数 × 台数 ＝ 全部の人数

1つ分は24 いくつ分は5だよ。

式 24 × 5 ＝ 120

計算らん 24 × 5 ＝ 120

答え（ 120人 ）

3 こうじさんは毎日162回シュートの練習をします。1週間では、何回シュートの練習をすることになりますか。

1日の回数 × 日数 ＝ 全部の回数

式 162×7＝1134

計算らん 162 × 7 ＝ 1134

答え（ 1134回 ）

ヒント 3 かけられる数が3けたのときも、2けたのかけ算と同じように計算できるよ。

41

40ページ

1 かけ算の筆算をするときは、一の位、十の位のじゅんに計算します。くり上がりに気をつけましょう。

41ページ

1 同じねだんのものが3つありますので、かけ算の式になります。

2 24人ずつ5台に乗っていますので、かけ算の式になります。筆算ではくり上がりに気をつけましょう。

3 1週間は7日間ですので、1日162回のシュート練習をすることになります。（3けた）×（1けた）のかけ算の筆算も、一の位、十の位、百の位とじゅんに計算します。くり上がりに気をつけましょう。

162 × 7 ＝ 1134（くり上がり 4, 1）

2×7＝14
60×7＝420 → 1134
100×7＝700

おうちのかたへ
かけ算の筆算はこれからよく使いますので、確実にできるように練習させましょう。また、筆算では位をそろえて書き、くり上がりにも気をつけさせましょう。

21 かけ算の筆算②

答え 22ページ

1けたをかけるかけ算の筆算

・かけ算の筆算をするときは、位をそろえて、一の位、十の位のじゅんに九九を使って計算していきます。

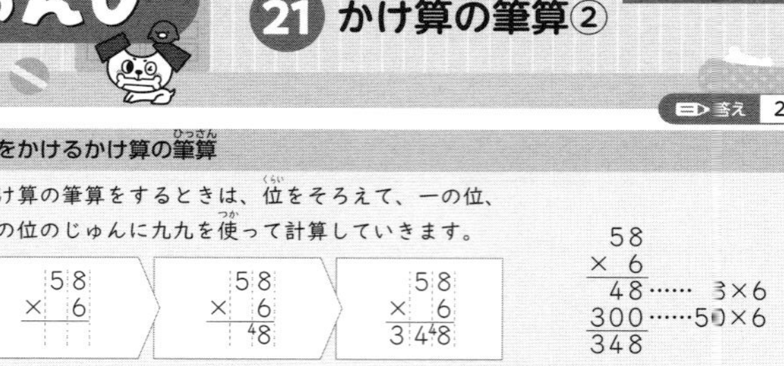

58
× 6
48 …… 8×6
300 …… 50×6
348

1 4このコップに 308 mL ずつジュースを入れます。ジュースは何 mL あればよいですか。

式をかきましょう。

考え方 ことばの式にあてはめてみましょう。

1ぱいのジュースのかさ
× コップの数
= 全部のかさ

考え方 図をみて、考えましょう。

□mL
308 mL 308 mL 308 mL 308 mL
0 1 2 3 4 (こ)

式 ①308 × ②4

上のどちらかの考え方で式をかこう。

筆算で答えをもとめましょう。

	3	0	8
×			4
③1	④2	⑤3	⑥2

答え ⑦1232 mL

ヒント **1** 一の位をかけて2けたになったときは、答えの十の位の数に気をつけよう。

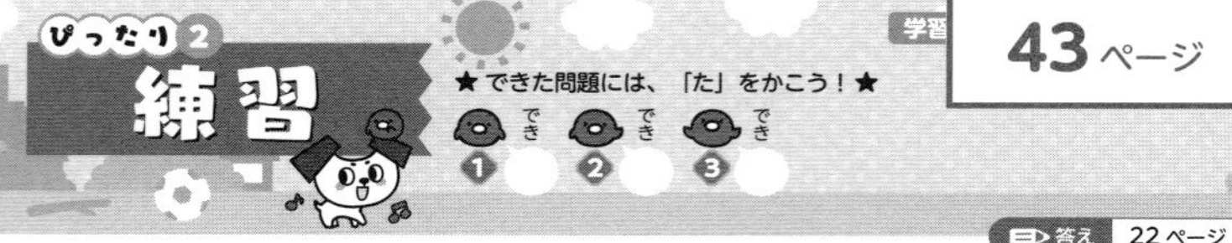

★できた問題には、「た」をかこう！★ ① ② ③

答え 22ページ

1 子どもが6人います。1人 46 まいずつ色紙を持っています。色紙は全部で何まいありますか。

1人の色紙のまい数 × 子どもの人数
= 全部のまい数

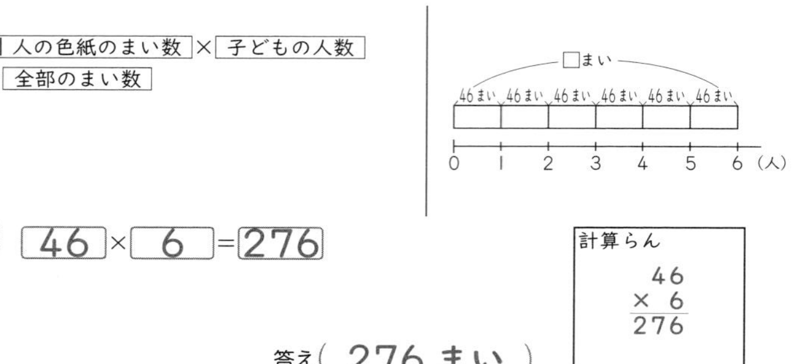

式 46 × 6 = 276

計算らん
46
× 6
276

答え（ 276 まい ）

2 クッキーの箱が5箱あります。1箱には 32 まいのクッキーが入っています。クッキーは全部で何まいありますか。

1箱のクッキーのまい数 × 箱の数 = 全部のまい数

式 32 × 5 = 160

計算らん
32
× 5
160

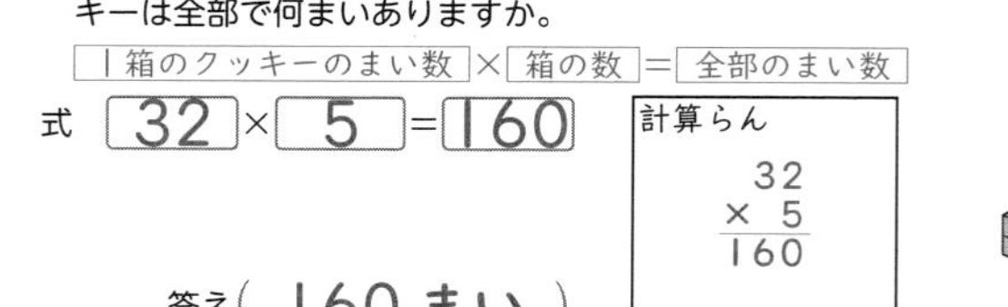

答え（ 160 まい ）

3 8人で水ぞく館に行きました。入場りょうは1人680円でした。全員分の入場りょうは何円になりますか。

1人の入場りょう × 人数 = 全員分の入場りょう

式 680×8=5440

計算らん
680
× 8
5440

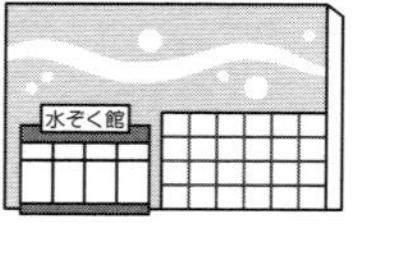

答え（ 5440 円 ）

ヒント **3** 何が、いくつあるのかな。文をよくよんで考えよう。

42ページ

1 かけ算の筆算をするときは、一の位、十の位、百の位のじゅんに計算します。くり上がりに気をつけましょう。

43ページ

1 46 まいが6つありますので、かけ算でもとめます。

2 32 まいが5つありますので、かけ算でもとめます。

32
× 5
160

2×5=10
30×5=150 → 160

3 680 円の8つ分ですので、かけ算でもとめます。

680
× 8
5440

80×8=640
600×8=4800 → 5440

筆算ではくり上がりに気をつけましょう。

おうちのかたへ
文章題の解き方としては、文章を読んで式をかくことと、式から答えを求めることの大きく2つに分けることができます。つまずいた箇所に応じて、学び直すことが大切です。

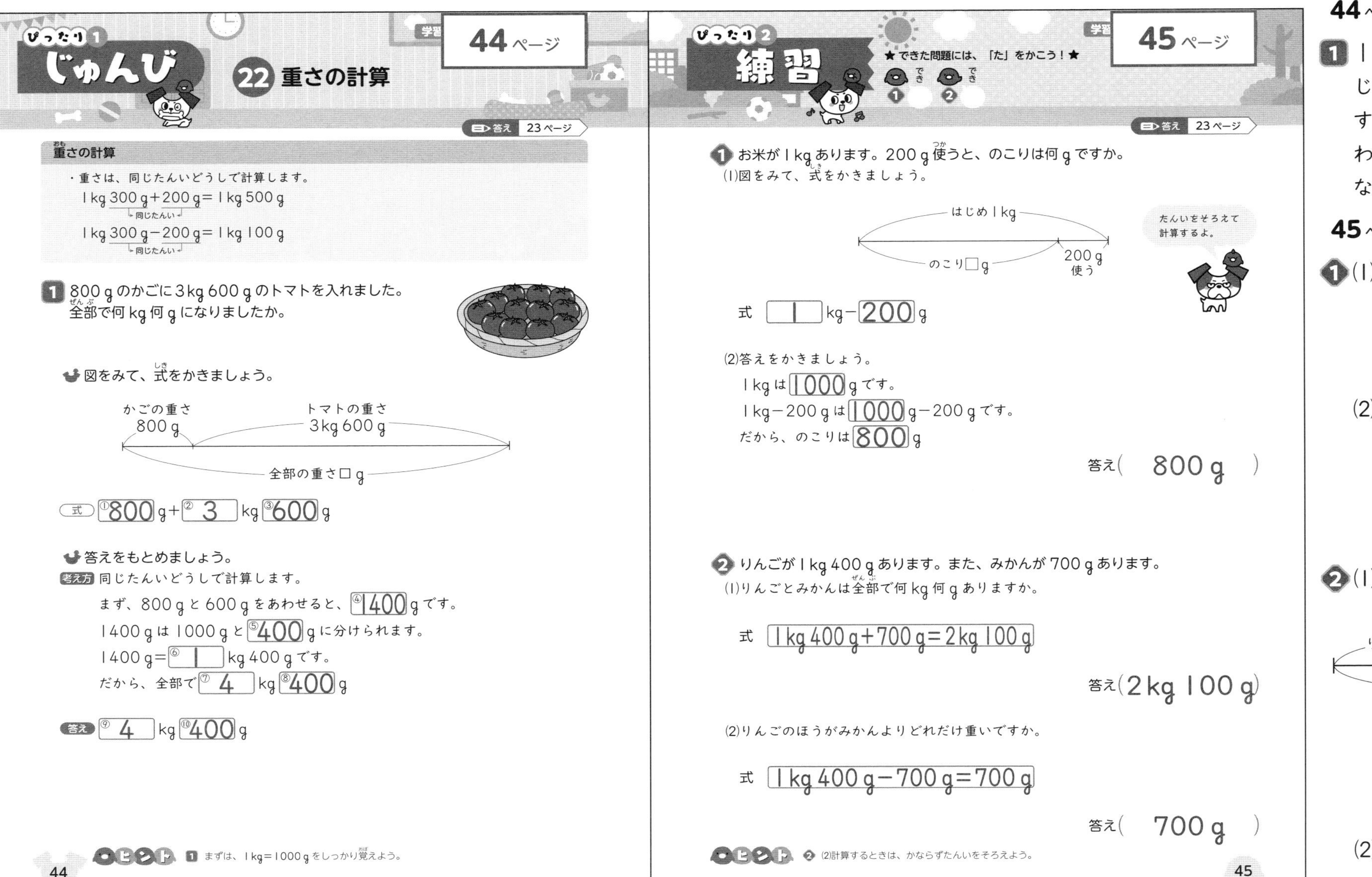

44 ページ

ぴったり1 じゅんび

22 重さの計算

答え 23ページ

重さの計算

・重さは、同じたんいどうしで計算します。

1kg 300g＋200g＝1kg 500g（同じたんい）

1kg 300g−200g＝1kg 100g（同じたんい）

1 800gのかごに3kg 600gのトマトを入れました。全部で何kg何gになりましたか。

図をみて、式をかきましょう。

かごの重さ 800g　トマトの重さ 3kg 600g　全部の重さ□g

式 ①800 g＋② 3 kg ③600 g

答えをもとめましょう。

考え方 同じたんいどうしで計算します。

まず、800gと600gをあわせると、④1400 gです。

1400gは1000gと⑤400 gに分けられます。

1400g＝⑥ 1 kg 400gです。

だから、全部で⑦ 4 kg ⑧400 g

答え ⑨ 4 kg ⑩400 g

ヒント 1 まずは、1kg＝1000gをしっかり覚えよう。

44

45 ページ

ぴったり2 練習

★できた問題には、「た」をかこう！★

答え 23ページ

1 お米が1kgあります。200g使うと、のこりは何gですか。

(1)図をみて、式をかきましょう。

はじめ1kg　のこり□g　200g使う

たんいをそろえて計算するよ。

式 1 kg−200 g

(2)答えをかきましょう。

1kgは 1000 gです。

1kg−200gは 1000 g−200gです。

だから、のこりは 800 g

答え（ 800g ）

2 りんごが1kg 400gあります。また、みかんが700gあります。

(1)りんごとみかんは全部で何kg何gありますか。

式 1kg 400g＋700g＝2kg 100g

答え（2kg 100g）

(2)りんごのほうがみかんよりどれだけ重いですか。

式 1kg 400g−700g＝700g

答え（ 700g ）

ヒント 2 (2)計算するときは、かならずたんいをそろえよう。

45

44 ページ

1 1kg＝1000gです。同じたんいどうしで計算します。800gと600gをあわせると、1kg 400gになります。

45 ページ

1 (1)使ったお米の重さと、のこったお米の重さをあわせると、はじめにあったお米の重さになります。

(2)へったあとののこりを考えていますので、ひき算でもとめます。たんいをgにそろえて計算しましょう。

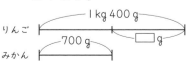

2 (1)図をかくと、次のようになります。

同じたんいどうしで計算します。400gと700gをあわせると、1kg 100gになります。

(2)図をかくと、次のようになります。

ちがいはひき算でもとめます。

ぴったり1 じゅんび

学習 46ページ

23 小数①

答え 24ページ

小数のあわせる計算のしかた

・小数のたし算で答えをもとめます。0.1 が何こになるかを考えたり、筆算をしたりして、答えをもとめることができます。

①位をそろえてかく。
②整数のたし算と同じように計算する。
③上の小数点にそろえて答えの小数点をうつ。

```
  2.5
+ 0.8
  3.3
```

1 水とうに水が 1.4 L、やかんに水が 2.7 L 入っています。あわせて何 L ですか。

図をかいて、考えましょう。

水とう ①1.4 L　やかん ②2.7 L
あわせて ? L

式をかきましょう。

式 ③1.4 + ④2.7

答えをもとめましょう。

考え方 0.1 が何こになるかを考えましょう。
1.4 は 0.1 が ⑤14 こ、
2.7 は 0.1 が ⑥27 こ、
あわせて、0.1 が(14+27)こ。

考え方 筆算で考えましょう。

	1	. 4
+	2	. 7
	⑦4	. ⑧1

答え ⑨4.1 L

ヒント **1** まずは、1 を 10 こに分けた大きさの 0.1 がいくつあるかを考えよう。

ぴったり2 練習

学習 47ページ

★できた問題には、「た」をかこう！★ 1 2 3

答え 24ページ

1 ペットボトルに 1.8 L、かんに 0.5 L ジュースが入っています。ジュースはあわせて何 L ありますか。

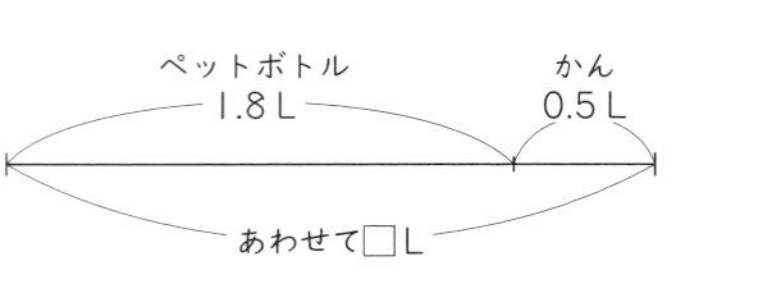

ペットボトル 1.8 L　かん 0.5 L
あわせて □ L

式 1.8 + 0.5 = 2.3

	1	. 8
+	0	. 5
	2	. 3

答え（ 2.3 L ）

2 A駅からB駅までは、3.4 km あります。また、B駅からC駅までは、4.8 km あります。A駅からB駅を通ってC駅まで行く道のりは、何 km ですか。

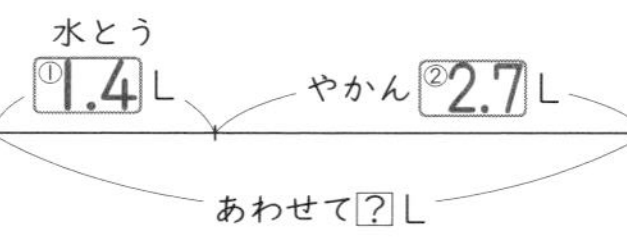

A駅　3.4 km　B駅　4.8 km　C駅
道のり □ km

式 3.4 + 4.8 = 8.2

計算らん

```
  3.4
+ 4.8
  8.2
```

答え（ 8.2 km ）

3 牛にゅうを、朝 2.8 dL、夜 3.2 dL 飲みました。あわせて何 dL 飲みましたか。

式 2.8+3.2=6

計算らん

```
  2.8
+ 3.2
  6.0
```

答え（ 6 dL ）

ヒント **1** あわせると、0.1 がいくつになるかな。

46ページ

1 小数のたし算の筆算では、位をそろえてかき、整数のたし算の筆算と同じように計算します。答えの小数点は上にそろえてうちます。

47ページ

1 あわせたかさはたし算でもとめます。

2 あわせた道のりはたし算でもとめます。筆算ではくり上がりに気をつけましょう。

3 あわせたかさはたし算でもとめます。

```
  2.8
+ 3.2
  6.0
```

←小数点より右の位では、右はしの0はかかない。

おうちのかたへ
小数のたし算の筆算は位をそろえてかかせ、答えの小数点も忘れずにつけさせましょう。また、くり上がりにも気をつけさせましょう。

24 小数②

答え 25ページ

小数のふえるときの計算のしかた

・小数のたし算で答えをもとめます。0.1 が何こになるかを考えたり、筆算(ひっさん)をしたりして、答えをもとめることができます。
①位(くらい)をそろえてかく。
②整数(せいすう)のたし算と同じように計算する。
③上の小数点にそろえて答えの小数点をうつ。

$$\begin{array}{r} 3.6 \\ +1.8 \\ \hline 5.4 \end{array}$$

1 パンジーの花がいくつかあったので、道にそって植(う)えたら、8.4 m になりました。次(つぎ)の日もパンジーの花をいくつかもらったので、道にそって植えたら、2.7 m ふえました。道に植えられたパンジーは、全部(ぜんぶ)で何 m になりましたか。

絵や図をみて、考えましょう。

8.4 m　2.7 m

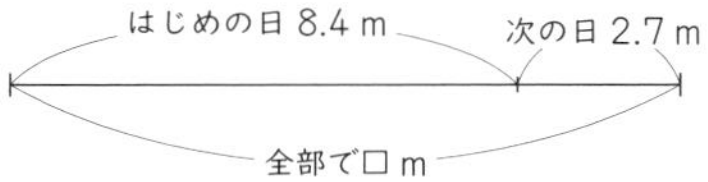

はじめの日 8.4 m　次の日 2.7 m　全部で□ m

0.1 m が 84 こと 27 こ
→ ① 111 こ
答え ② 11.1 m

式(しき)をかいて、筆算で計算しましょう。

式 8.4＋2.7＝⑥ 11.1
答え ⑦ 11.1 m

	8	. 4
＋	2	. 7
③ 1	④ 1	. ⑤ 1

ヒント **1** 文しょう題に出てくる数が整数であっても小数であっても、もとの数からふえるときはたし算でもとめるよ。

★できた問題には、「た」をかこう！★　でき ①　でき ②　でき ③

答え 25ページ

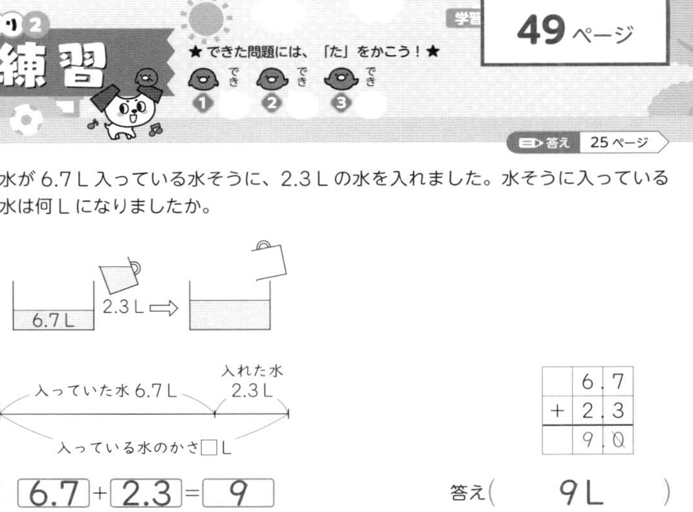

1 水が 6.7 L 入っている水そうに、2.3 L の水を入れました。水そうに入っている水は何 L になりましたか。

6.7 L　2.3 L ⇨

入っていた水 6.7 L　入れた水 2.3 L　入っている水のかさ□L

式 6.7＋2.3＝9

	6	. 7
＋	2	. 3
	9	. 0

答え（ 9 L ）

2 水そうに水が 8.6 L 入っています。さらに、水を 14.9 L 入れました。水そうに入っている水は全部(ぜんぶ)で何 L ですか。

式 8.6＋14.9＝23.5

計算らん

$$\begin{array}{r} 8.6 \\ +14.9 \\ \hline 23.5 \end{array}$$

答え（ 23.5 L ）

3 さちさんの持(も)っているロープは、こうきさんの持っている 0.7 m のロープより、0.5 m 長いそうです。さちさんの持っているロープは何 m ですか。

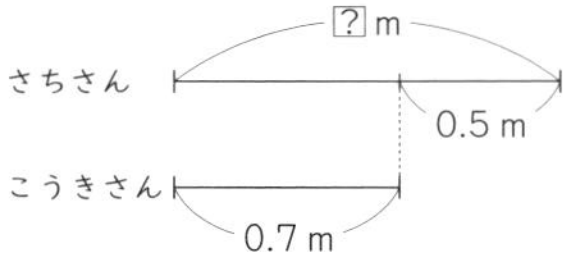

さちさん　?m　0.5 m
こうきさん　0.7 m

式 0.7＋0.5＝1.2

計算らん

$$\begin{array}{r} 0.7 \\ +0.5 \\ \hline 1.2 \end{array}$$

答え（ 1.2 m ）

ヒント **2** 小数点をそろえて筆算(ひっさん)しよう。

48ページ

1 全部(ぜんぶ)で何 m かをもとめますので、たし算です。小数のたし算の筆算(ひっさん)では、位(くらい)をそろえてかき、整数(せいすう)のたし算の筆算と同じように計算します。答えの小数点は上にそろえてうちます。

49ページ

1 ふえたあとのかさをもとめますので、たし算です。小数点より右の位では、右はしの0はかきません。

2 図をかくと、次(つぎ)のようになります。

水そう 8.6 L　14.9 L 入れた　全部(ぜんぶ)□L

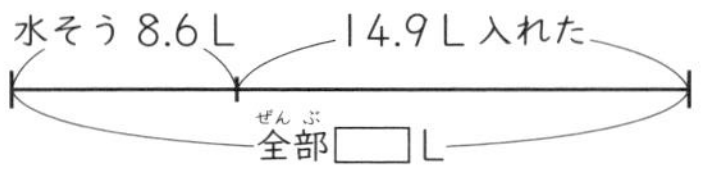

3 0.7 m より 0.5 m 長い長さをもとめればよいですので、たし算です。2つのものをくらべる問題(もんだい)では、まずどちらのほうが大きいのかを考えてみましょう。

25 小数③

学習 50ページ

答え 26ページ

小数ののこりの計算のしかた

・小数のひき算で答えをもとめます。0.1 が何こになるかを考えたり、筆算したりして、答えをもとめることができます。
①位をそろえてかく。
②整数のひき算と同じように計算する。
③上の小数点にそろえて答えの小数点をうつ。

$$\begin{array}{r} 4.7 \\ -0.3 \\ \hline 4.4 \end{array}$$

1 6.2 L のペンキのうち、5.8 L 使いました。のこりは何 L ですか。

図をかいて、考えましょう。

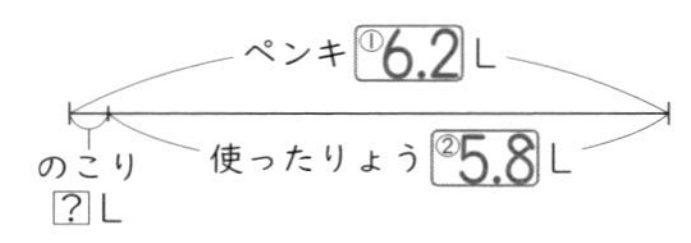

式をかきましょう。

式 ③6.2 − ④5.8

答えをもとめましょう。

考え方 0.1 が何こになるかを考えましょう。
6.2 は 0.1 が ⑤62 こ、
5.8 は 0.1 が ⑥58 こ、
のこりは、0.1 が (62−58) こ。

考え方 筆算で考えましょう。

0をわすれずにかこう。

	6	2
−	5	8
	⑦0	⑧4

答え ⑨0.4 L

ヒント **1** 小数の筆算は、整数のひき算と同じように考えよう。

ぴったり2

練習

★できた問題には、「た」をかこう！★ ① ② ③

学習 51ページ

答え 26ページ

1 2.3 m のテープのうち、1.6 m 使いました。テープは何 m のこっていますか。

式 2.3−1.6=0.7

計算らん

$$\begin{array}{r} 2.3 \\ -1.6 \\ \hline 0.7 \end{array}$$

答え（ 0.7 m ）

2 長さが 2.7 cm のろうそくがあります。このろうそくに火をつけて、しばらくしてから火を消して長さを調べると、1.8 cm 短くなっていました。ろうそくは何 cm になりましたか。

はじめの長さ 2.7 cm
のこりの長さ □cm　へった長さ 1.8 cm

式 2.7 − 1.8 = 0.9

	2	7
−	1	8
	0	9

答え（ 0.9 cm ）

3 お茶が 2 L あります。0.3 L 飲んだら、のこりは何 L ですか。

2L
のこり□L　飲んだりょう 0.3 L

式 2 − 0.3 = 1.7

2を2.0と考えて計算しよう。

計算らん

$$\begin{array}{r} 2.0 \\ -0.3 \\ \hline 1.7 \end{array}$$

答え（ 1.7 L ）

ヒント **3** 計算する前に、どちらが大きい数かをかくにんしよう。

50ページ

1 のこりは何 L かをもとめますので、ひき算です。小数のひき算の筆算では、位をそろえてかき、整数のひき算の筆算と同じように計算します。答えの小数点は上にそろえてうちます。

51ページ

1 図をかくと、次のようになります。

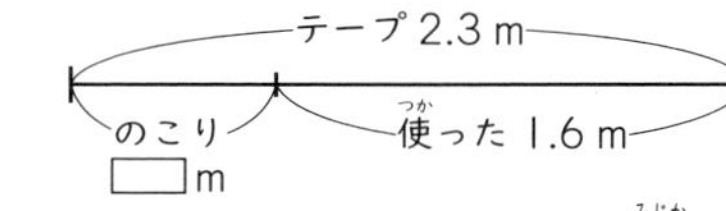

2 2.7 cm から 1.8 cm 短くなった長さをもとめますので、ひき算です。筆算ではくり下がりに気をつけましょう。

3 2 L から 0.3 L へったあとのかさをもとめますので、ひき算です。筆算では 2 を 2.0 として計算しましょう。

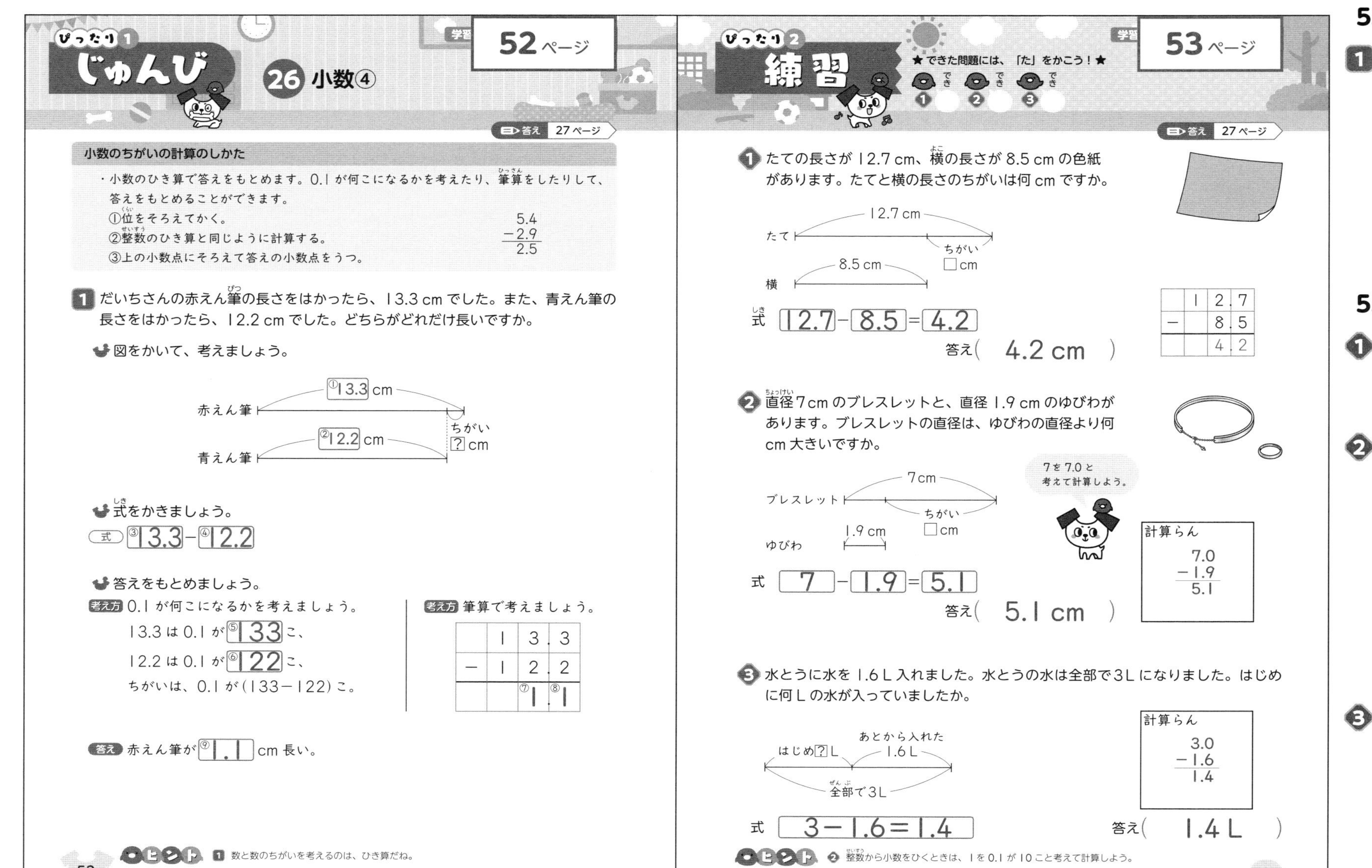

ぴったり1 じゅんび 26 小数④

52ページ

答え 27ページ

小数のちがいの計算のしかた

・小数のひき算で答えをもとめます。0.1 が何こになるかを考えたり、筆算をしたりして、答えをもとめることができます。
①位をそろえてかく。
②整数のひき算と同じように計算する。
③上の小数点にそろえて答えの小数点をうつ。

$$\begin{array}{r} 5.4 \\ -2.9 \\ \hline 2.5 \end{array}$$

1 だいちさんの赤えん筆の長さをはかったら、13.3 cm でした。また、青えん筆の長さをはかったら、12.2 cm でした。どちらがどれだけ長いですか。

図をかいて、考えましょう。

式をかきましょう。

式 ③13.3－④12.2

答えをもとめましょう。

考え方 0.1 が何こになるかを考えましょう。
13.3 は 0.1 が⑤133こ、
12.2 は 0.1 が⑥122こ、
ちがいは、0.1 が（133－122）こ。

考え方 筆算で考えましょう。

	1	3	.3
－	1	2	.2
		⑦1	.⑧1

答え 赤えん筆が⑨1.1 cm 長い。

ヒント 1 数と数のちがいを考えるのは、ひき算だね。

52

ぴったり2 練習

53ページ

★できた問題には、「た」をかこう！★ 1 2 3

答え 27ページ

1 たての長さが 12.7 cm、横の長さが 8.5 cm の色紙があります。たてと横の長さのちがいは何 cm ですか。

式 12.7－8.5＝4.2

答え（ 4.2 cm ）

	1	2	.7
－		8	.5
		4	.2

2 直径7cm のブレスレットと、直径 1.9 cm のゆびわがあります。ブレスレットの直径は、ゆびわの直径より何 cm 大きいですか。

式 7－1.9＝5.1

答え（ 5.1 cm ）

計算らん

$$\begin{array}{r} 7.0 \\ -1.9 \\ \hline 5.1 \end{array}$$

3 水とうに水を 1.6 L 入れました。水とうの水は全部で3L になりました。はじめに何 L の水が入っていましたか。

計算らん

$$\begin{array}{r} 3.0 \\ -1.6 \\ \hline 1.4 \end{array}$$

式 3－1.6＝1.4

答え（ 1.4 L ）

ヒント 2 整数から小数をひくときは、1 を 0.1 が 10 こと考えて計算しよう。

53

52ページ

1 ちがいをもとめますので、ひき算です。小数のひき算の筆算では、位をそろえてかき、整数のひき算の筆算と同じように計算します。答えの小数点は上にそろえてうちます。

53ページ

1 たての長さと横の長さのちがいをもとめますので、ひき算です。

2 7cm と 1.9 cm のちがいをもとめますので、ひき算です。7cm のほうが、1.9 cm よりも長いことに注意しましょう。筆算では、7を 7.0 として計算します。くり下がりに気をつけましょう。

3 はじめの水と、あとから入れた水をあわせて3L です。筆算では3を 3.0 として計算します。

27 分数のたし算①

答え 28ページ

分数のあわせる計算のしかた

・分数のたし算で答えをもとめます。分母が同じ分数は分母はそのままにして、分子だけをたします。　〔れい〕 $\frac{1}{4}+\frac{2}{4}=\frac{3}{4}$

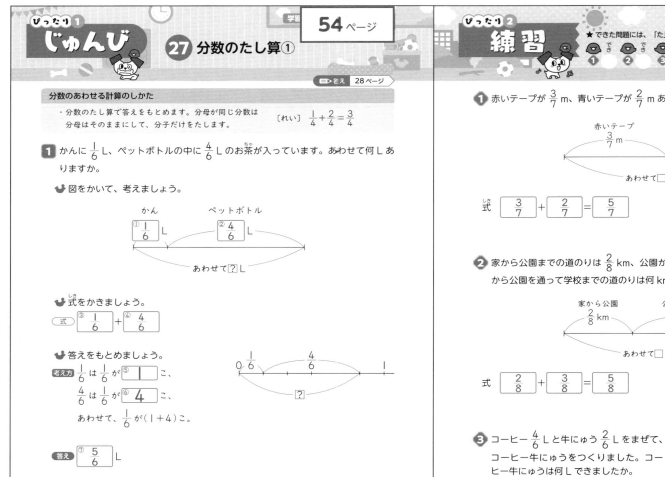

1 かんに $\frac{1}{6}$ L、ペットボトルの中に $\frac{4}{6}$ Lのお茶(ちゃ)が入っています。あわせて何Lありますか。

図をかいて、考えましょう。

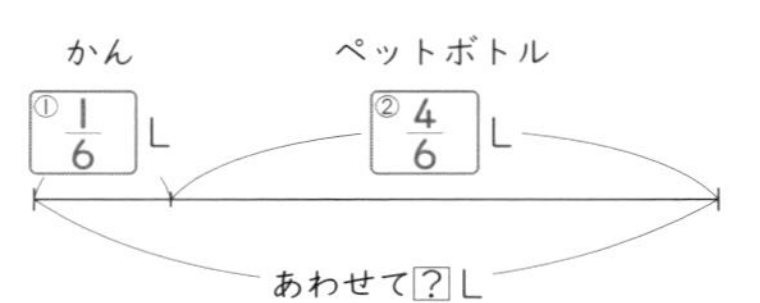

式(しき)をかきましょう。

式 ③ $\frac{1}{6}$ + ④ $\frac{4}{6}$

答えをもとめましょう。

考え方 $\frac{1}{6}$ は $\frac{1}{6}$ が ⑤ 1 こ、

$\frac{4}{6}$ は $\frac{1}{6}$ が ⑥ 4 こ、

あわせて、$\frac{1}{6}$ が(1＋4)こ。

0　$\frac{1}{6}$　$\frac{4}{6}$　1　?

答え ⑦ $\frac{5}{6}$ L

ヒント **1** $\frac{1}{6}$ が何こになるかを考えよう。

答え 28ページ

1 赤いテープが $\frac{3}{7}$ m、青いテープが $\frac{2}{7}$ mあります。あわせて何mですか。

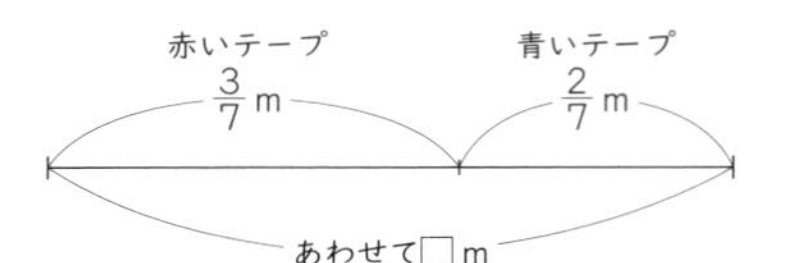

式(しき) $\frac{3}{7}+\frac{2}{7}=\frac{5}{7}$　　答え（ $\frac{5}{7}$ m ）

2 家から公園までの道のりは $\frac{2}{8}$ km、公園から学校までの道のりは $\frac{3}{8}$ kmです。家から公園を通って学校までの道のりは何kmですか。

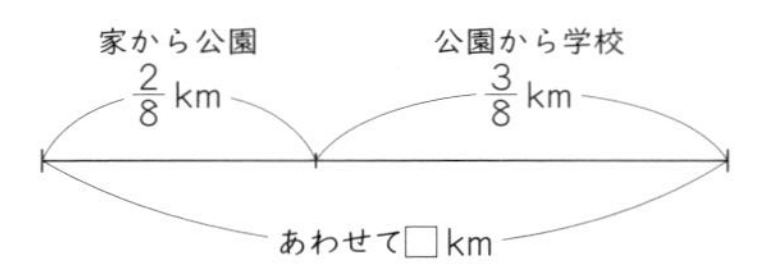

式 $\frac{2}{8}+\frac{3}{8}=\frac{5}{8}$　　答え（ $\frac{5}{8}$ km ）

3 コーヒー $\frac{4}{6}$ Lと牛にゅう $\frac{2}{6}$ Lをまぜて、コーヒー牛にゅうをつくりました。コーヒー牛にゅうは何Lできましたか。

式 $\frac{4}{6}+\frac{2}{6}=\frac{6}{6}=1$　　答え（ 1 L ）

ヒント **3** 文しょう題に出てくる数が分数であっても、2つの数をあわせるときはたし算でもとめるよ。

54ページ

1 あわせて何Lかをもとめますので、たし算です。分母が同じ分数のたし算は、分子だけをたします。

55ページ

1 あわせた長さをもとめますので、たし算です。

2 家から公園までの道のりと、公園から学校までの道のりをあわせた道のりですから、たし算です。

3 図をかくと、次(つぎ)のようになります。

コーヒー $\frac{4}{6}$ L　牛にゅう $\frac{2}{6}$ L
あわせて□L

おうちのかたへ
分数は苦手になりやすい内容の一つです。分母が同じ数字の分数のたし算は分子だけをたすことを理解させましょう。

28 分数のたし算②

56ページ

答え 29ページ

分数のふえる計算のしかた

・分数のたし算で答えをもとめます。

1 $\frac{3}{5}$ L の水が入ったバケツに、$\frac{1}{5}$ L の水を入れました。水は何 L になりましたか。

図をかいて、考えましょう。

はじめ ① $\frac{3}{5}$ L　② $\frac{1}{5}$ L 入れた　全部で ? L

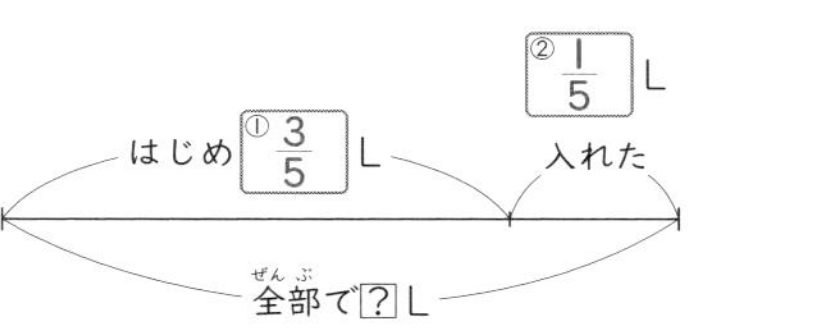

「ふえるといくつ」の図で考えてみよう。

式をかきましょう。

式 ③ $\frac{3}{5}$ + ④ $\frac{1}{5}$

答えをもとめましょう。

$\frac{3}{5}$ は $\frac{1}{5}$ が ⑤ 3 こ、

$\frac{1}{5}$ は $\frac{1}{5}$ が ⑥ 1 こ、

あわせて、$\frac{1}{5}$ が(3+1)こ。

0　$\frac{3}{5}$　$\frac{1}{5}$　1　?

答え ⑦ $\frac{4}{5}$ L

ヒント **1** もとの数からふえるときは、たし算でもとめるよ。

57ページ

★できた問題には、「た」をかこう！★ ① ② ③ ④

答え 29ページ

1 みずきさんの水とうに $\frac{7}{11}$ L のお茶が入っています。お兄さんから $\frac{2}{11}$ L のお茶をもらうと、みずきさんの水とうには全部で何 L のお茶が入っていますか。

はじめ $\frac{7}{11}$ L　$\frac{2}{11}$ L もらった　全部で□L

式 $\frac{7}{11}$ + $\frac{2}{11}$ = $\frac{9}{11}$　　答え（ $\frac{9}{11}$ L ）

2 きかいの中に $\frac{3}{8}$ L のガソリンが入っています。ここに $\frac{4}{8}$ L つぎたしました。きかいの中のガソリンは何 L になりましたか。

はじめ $\frac{3}{8}$ L　$\frac{4}{8}$ L つぎたした　全部で□L

式 $\frac{3}{8}$ + $\frac{4}{8}$ = $\frac{7}{8}$　　答え（ $\frac{7}{8}$ L ）

3 ゆいさんは $\frac{4}{9}$ m のリボンを持っています。お姉さんから $\frac{2}{9}$ m のリボンをもらうと、ゆいさんが持っているリボンは何 m になりますか。

式 $\frac{4}{9}+\frac{2}{9}=\frac{6}{9}$　　答え（ $\frac{6}{9}$ m ）

4 ジュースがペットボトルに $\frac{4}{7}$ L 入っています。さらに、$\frac{3}{7}$ L のジュースを入れると、ペットボトルには、全部で何 L のジュースが入っていますか。

式 $\frac{4}{7}+\frac{3}{7}=\frac{7}{7}=1$　　答え（ 1 L ）

ヒント **4** たし算の答えの分母と分子が同じ数になったときは、「1」にして答えよう。

56ページ

1 ふえるといくつをもとめますので、たし算です。分母が同じ分数のたし算は、分子だけをたします。

57ページ

1 ふえたあとのかさをもとめますので、たし算です。

2 $\frac{3}{8}$ L から $\frac{4}{8}$ L ふえていますので、たし算でもとめます。

3 図をかくと、次のようになります。

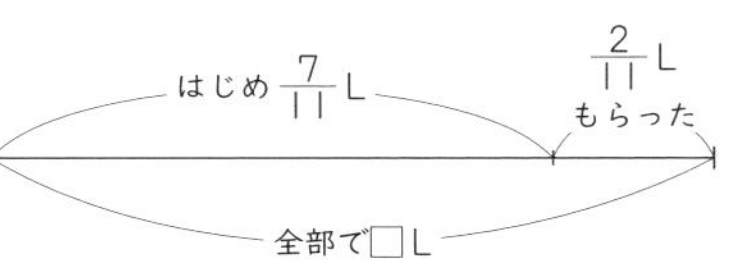

4 図をかくと、次のようになります。

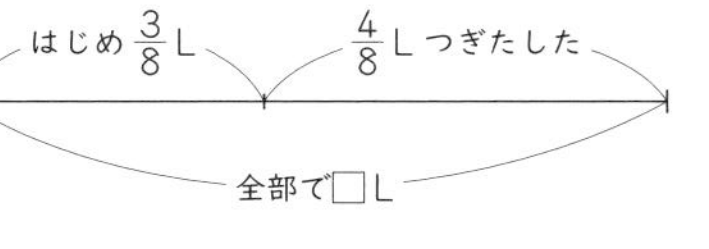

答えの分母と分子が同じ数になったときは、1と答えます。

おうちのかたへ
約分は5年で学習します。この段階では約分せずに答えます。

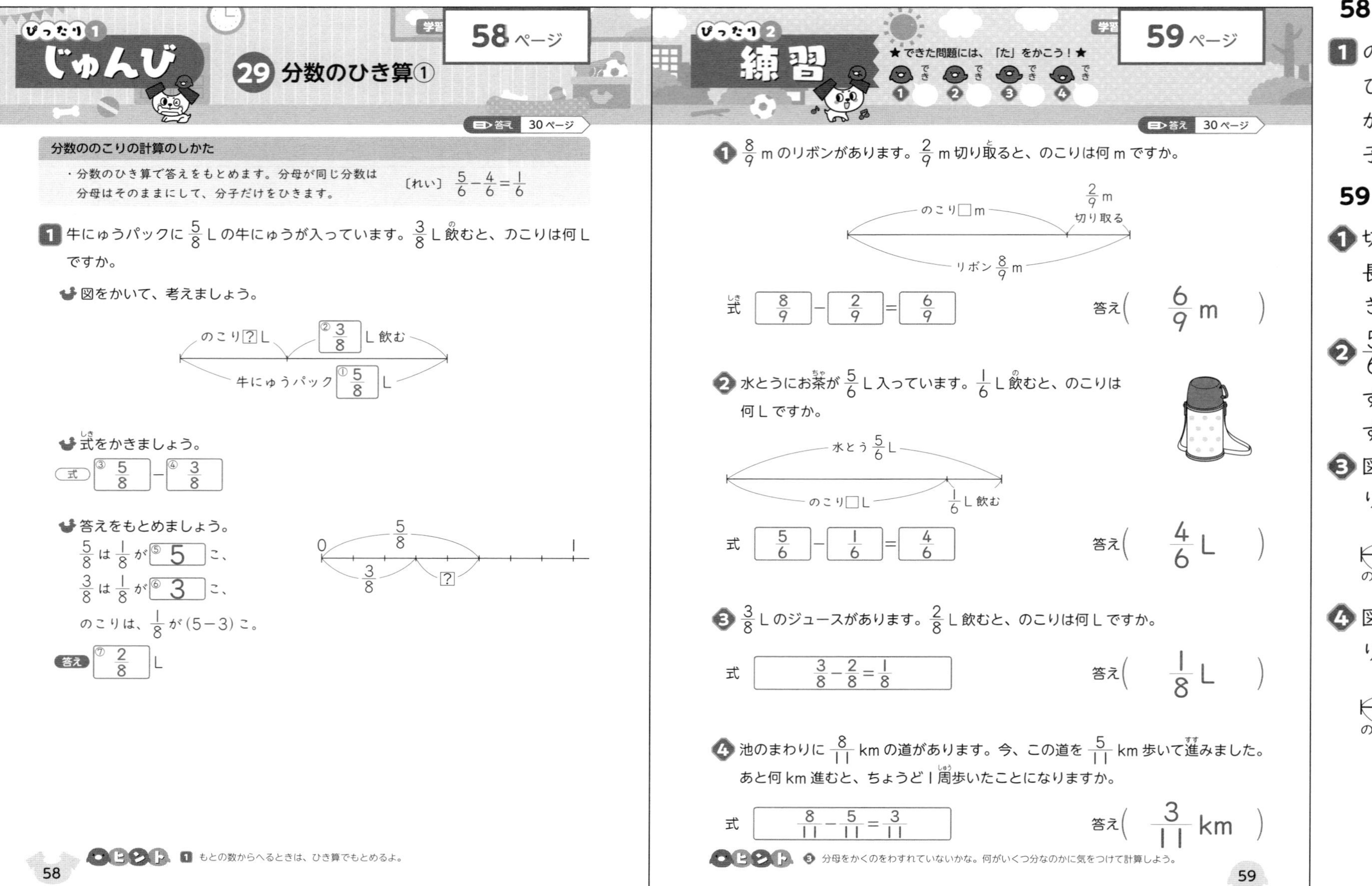

ぴったり1 じゅんび

29 分数のひき算①

学習 58ページ

答え 30ページ

分数ののこりの計算のしかた

・分数のひき算で答えをもとめます。分母が同じ分数は分母はそのままにして、分子だけをひきます。　〔れい〕 $\frac{5}{6}-\frac{4}{6}=\frac{1}{6}$

1 牛にゅうパックに $\frac{5}{8}$ L の牛にゅうが入っています。$\frac{3}{8}$ L 飲むと、のこりは何 L ですか。

図をかいて、考えましょう。

式をかきましょう。

式 ③ $\frac{5}{8}$ − ④ $\frac{3}{8}$

答えをもとめましょう。

$\frac{5}{8}$ は $\frac{1}{8}$ が ⑤ 5 こ、

$\frac{3}{8}$ は $\frac{1}{8}$ が ⑥ 3 こ、

のこりは、$\frac{1}{8}$ が (5−3) こ。

答え ⑦ $\frac{2}{8}$ L

ヒント **1** もとの数からへるときは、ひき算でもとめるよ。

ぴったり2 練習

学習 59ページ

★できた問題には、「た」をかこう！★　1 2 3 4

答え 30ページ

1 $\frac{8}{9}$ m のリボンがあります。$\frac{2}{9}$ m 切り取ると、のこりは何 m ですか。

式 $\frac{8}{9}$ − $\frac{2}{9}$ = $\frac{6}{9}$　　答え（ $\frac{6}{9}$ m ）

2 水とうにお茶が $\frac{5}{6}$ L 入っています。$\frac{1}{6}$ L 飲むと、のこりは何 L ですか。

式 $\frac{5}{6}$ − $\frac{1}{6}$ = $\frac{4}{6}$　　答え（ $\frac{4}{6}$ L ）

3 $\frac{3}{8}$ L のジュースがあります。$\frac{2}{8}$ L 飲むと、のこりは何 L ですか。

式 $\frac{3}{8}-\frac{2}{8}=\frac{1}{8}$　　答え（ $\frac{1}{8}$ L ）

4 池のまわりに $\frac{8}{11}$ km の道があります。今、この道を $\frac{5}{11}$ km 歩いて進みました。あと何 km 進むと、ちょうど 1 周歩いたことになりますか。

式 $\frac{8}{11}-\frac{5}{11}=\frac{3}{11}$　　答え（ $\frac{3}{11}$ km ）

ヒント **3** 分母をかくのをわすれていないかな。何がいくつ分なのかに気をつけて計算しよう。

58ページ

1 のこりをもとめるときは、ひき算をつかいます。分母が同じ分数のひき算は、分子だけをひきます。

59ページ

1 切り取ったあとのリボンの長さをもとめますので、ひき算です。

2 $\frac{5}{6}$ L から $\frac{1}{6}$ L へっていますので、ひき算でもとめます。

3 図をかくと、次のようになります。

4 図をかくと、次のようになります。

おうちのかたへ

分数のたし算と同じく、分母が同じ数字の分数のひき算は分子だけをひくことを理解させましょう。

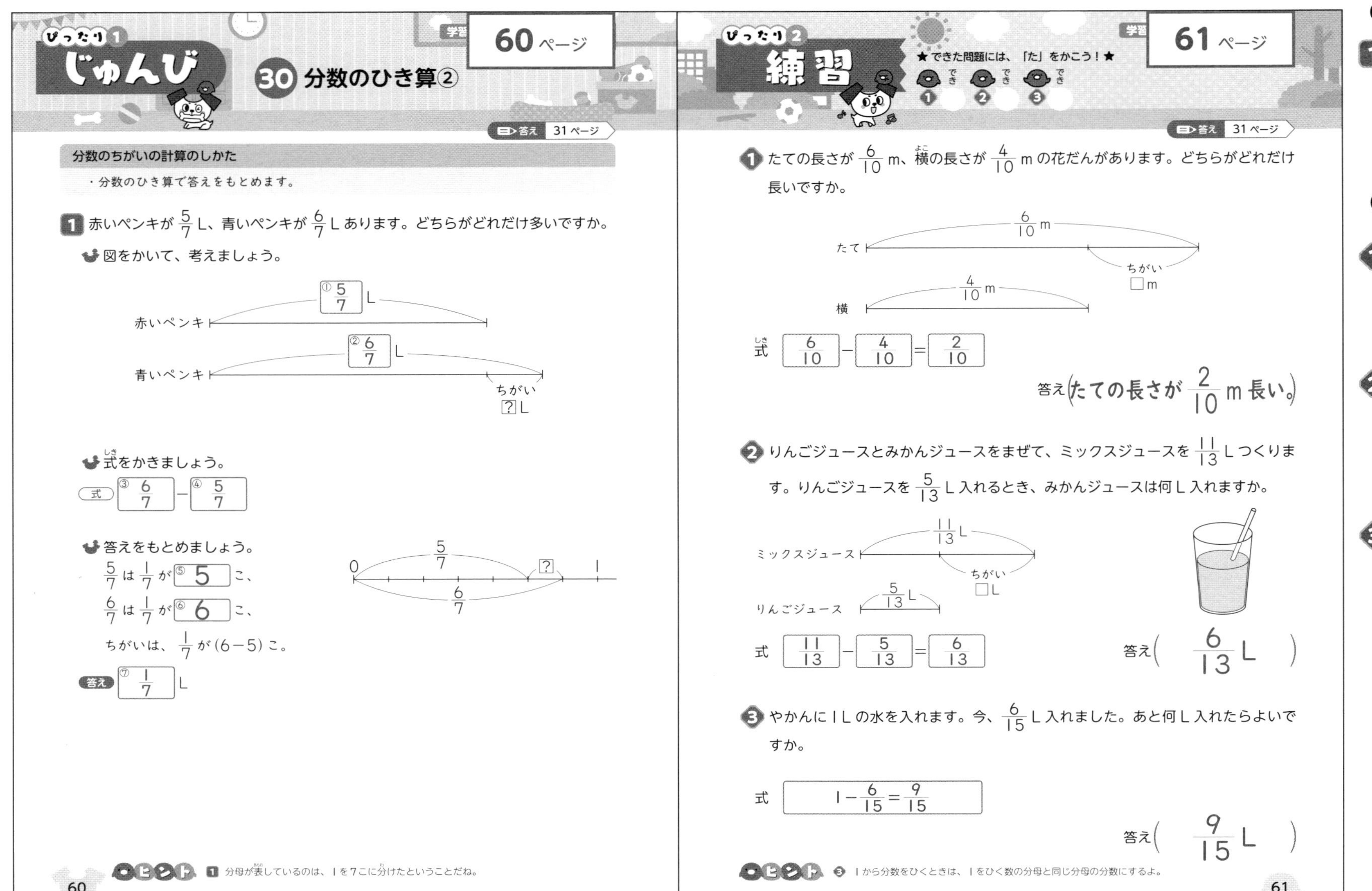

ぴったり1 じゅんび

30 分数のひき算②

学習 60ページ　答え 31ページ

分数のちがいの計算のしかた

・分数のひき算で答えをもとめます。

1 赤いペンキが $\frac{5}{7}$ L、青いペンキが $\frac{6}{7}$ L あります。どちらがどれだけ多いですか。

図をかいて、考えましょう。

赤いペンキ ①$\frac{5}{7}$ L

青いペンキ ②$\frac{6}{7}$ L　ちがい ? L

式をかきましょう。

式 ③$\frac{6}{7}$ − ④$\frac{5}{7}$

答えをもとめましょう。

$\frac{5}{7}$ は $\frac{1}{7}$ が ⑤ 5 こ、

$\frac{6}{7}$ は $\frac{1}{7}$ が ⑥ 6 こ、

ちがいは、$\frac{1}{7}$ が (6−5) こ。

答え ⑦$\frac{1}{7}$ L

ヒント 1 分母が表しているのは、1 を 7 こに分けたということだね。

60

ぴったり2 練習

学習 61ページ　答え 31ページ

★できた問題には、「た」をかこう！★

1 たての長さが $\frac{6}{10}$ m、横の長さが $\frac{4}{10}$ m の花だんがあります。どちらがどれだけ長いですか。

たて $\frac{6}{10}$ m　ちがい □ m

横 $\frac{4}{10}$ m

式 $\frac{6}{10}$ − $\frac{4}{10}$ = $\frac{2}{10}$

答え（たての長さが $\frac{2}{10}$ m 長い。）

2 りんごジュースとみかんジュースをまぜて、ミックスジュースを $\frac{11}{13}$ L つくります。りんごジュースを $\frac{5}{13}$ L 入れるとき、みかんジュースは何 L 入れますか。

ミックスジュース $\frac{11}{13}$ L　ちがい □ L

りんごジュース $\frac{5}{13}$ L

式 $\frac{11}{13}$ − $\frac{5}{13}$ = $\frac{6}{13}$

答え（ $\frac{6}{13}$ L ）

3 やかんに 1 L の水を入れます。今、$\frac{6}{15}$ L 入れました。あと何 L 入れたらよいですか。

式 $1-\frac{6}{15}=\frac{9}{15}$

答え（ $\frac{9}{15}$ L ）

ヒント 3 1 から分数をひくときは、1 をひく数の分母と同じ分母の分数にするよ。

61

60ページ

1 ちがいをもとめるときは、ひき算をつかいます。分母が同じ分数のひき算は、分子だけをひきます。

61ページ

1 $\frac{6}{10}$ m と $\frac{4}{10}$ m のちがいをもとめますので、ひき算です。

2 $\frac{11}{13}$ L と $\frac{5}{13}$ L のちがいがみかんジュースのかさですので、ひき算でもとめます。

3 図をかくと、次のようになります。

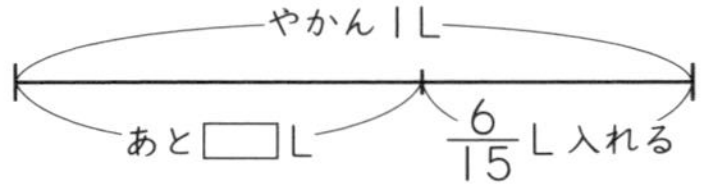

やかん 1 L

あと □ L　$\frac{6}{15}$ L 入れる

計算するときは、1 をひく数の分母の数 15 と同じ数にします。$1=\frac{15}{15}$ としてひき算をしましょう。

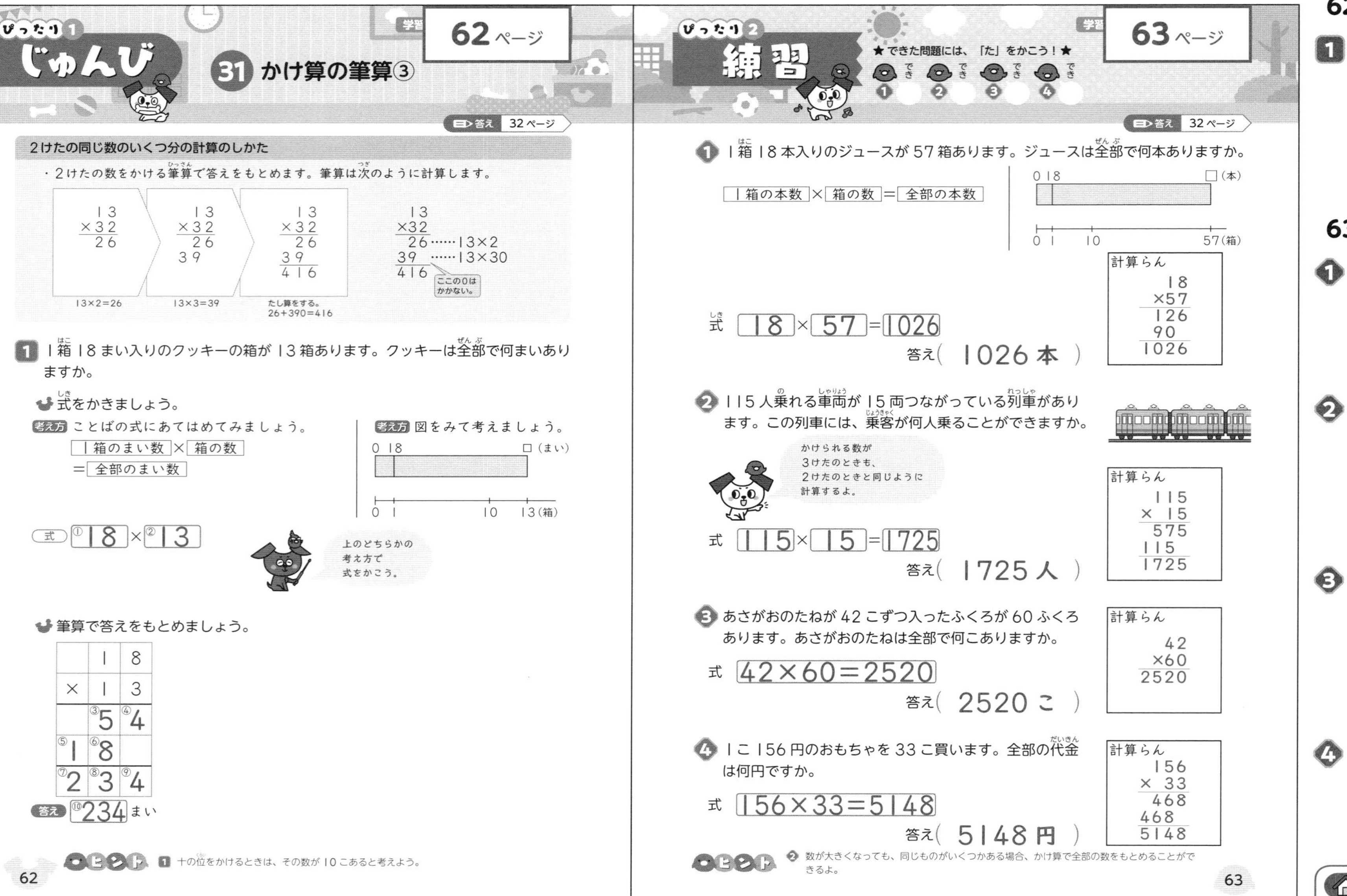

ぴったり1 じゅんび
31 かけ算の筆算③
62ページ
答え 32ページ
2けたの同じ数のいくつ分の計算のしかた
・2けたの数をかける筆算で答えをもとめます。筆算は次のように計算します。
13×2=26
13×3=39
たし算をする。26+390=416
26……13×2
39……13×30
ここの0はかかない。
1 1箱18まい入りのクッキーの箱が13箱あります。クッキーは全部で何まいありますか。
式をかきましょう。
考え方 ことばの式にあてはめてみましょう。
1箱のまい数 × 箱の数 = 全部のまい数
考え方 図をみて考えましょう。
式 18 × 13
上のどちらかの考え方で式をかこう。
筆算で答えをもとめましょう。
答え 234 まい
ヒント 1 十の位をかけるときは、その数が10こあると考えよう。
62
ぴったり2 練習
★できた問題には、「た」をかこう！★
63ページ
答え 32ページ
1 1箱18本入りのジュースが57箱あります。ジュースは全部で何本ありますか。
1箱の本数 × 箱の数 = 全部の本数
式 18 × 57 = 1026
答え（ 1026本 ）
2 115人乗れる車両が15両つながっている列車があります。この列車には、乗客が何人乗ることができますか。
かけられる数が3けたのときも、2けたのときと同じように計算するよ。
式 115 × 15 = 1725
答え（ 1725人 ）
3 あさがおのたねが42こずつ入ったふくろが60ふくろあります。あさがおのたねは全部で何こありますか。
式 42×60=2520
答え（ 2520こ ）
4 1こ156円のおもちゃを33こ買います。全部の代金は何円ですか。
式 156×33=5148
答え（ 5148円 ）
計算らん
ヒント 2 数が大きくなっても、同じものがいくつかある場合、かけ算で全部の数をもとめることができるよ。
63

62ページ

1 かける数が2けたのときのかけ算の筆算をするときは、
18×3=54、
18×10=180と計算して、たし算をします。

63ページ

1 18本が57箱ありますので、かけ算でもとめます。筆算ではくり上がりに気をつけましょう。

2 115人が15両ありますので、かけ算でもとめます。かけられる数が3けたのときも2けたのときと同じように計算します。

3 42こが60ふくろありますので、かけ算でもとめます。答えの一の位の0をかきわすれないようにしましょう。

4 156円を33こ買うので、かけ算でもとめます。

おうちのかたへ
2けたの数をかける筆算です。1けたをかける筆算に比べて計算間違いが多くなりますので、一つ一つ確実に計算させましょう。十の位をかけたときの答えを書く場所に注意させましょう。

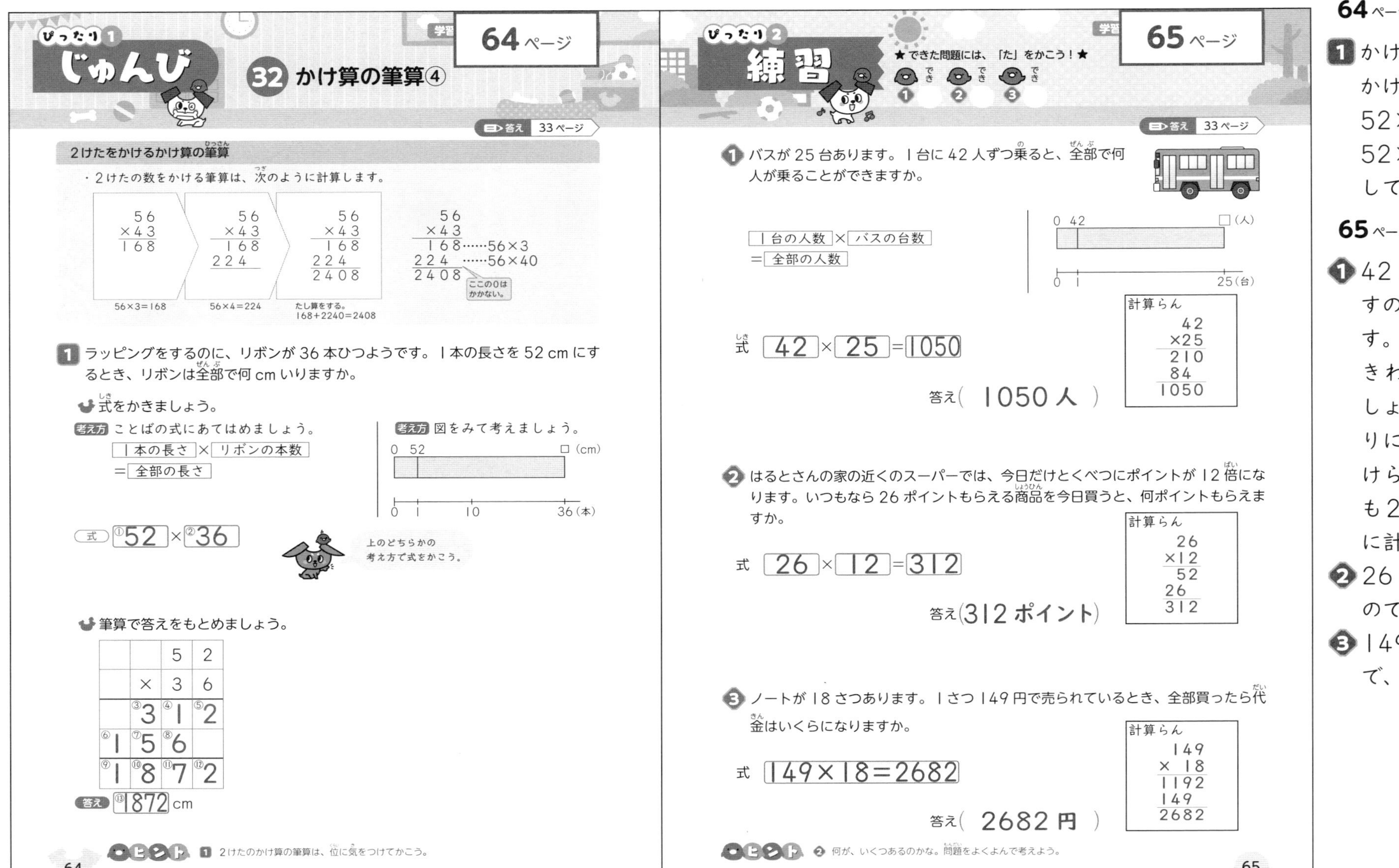

ぴったり1 じゅんび

64ページ

32 かけ算の筆算④

答え 33ページ

2けたをかけるかけ算の筆算

・2けたの数をかける筆算は、次のように計算します。

56×3=168　56×4=224　たし算をする。168+2240=2408

56×43：168……56×3、224……56×40（ここの0はかかない。）、2408

1 ラッピングをするのに、リボンが36本ひつようです。1本の長さを52cmにするとき、リボンは全部で何cmいりますか。

式をかきましょう。

考え方 ことばの式にあてはめましょう。

1本の長さ×リボンの本数＝全部の長さ

考え方 図をみて考えましょう。

式 ①52×②36

上のどちらかの考え方で式をかこう。

筆算で答えをもとめましょう。

		5	2
	×	3	6
	③3	④1	⑤2
⑥1	⑦5	⑧6	
⑨1	⑩8	⑪7	⑫2

答え ⑬1872 cm

ヒント 1 2けたのかけ算の筆算は、位に気をつけてかこう。

64

ぴったり2 練習

65ページ

★できた問題には、「た」をかこう！★

答え 33ページ

1 バスが25台あります。1台に42人ずつ乗ると、全部で何人が乗ることができますか。

1台の人数×バスの台数＝全部の人数

式 42×25＝1050

計算らん 42×25：210、84、1050

答え（1050人）

2 はるとさんの家の近くのスーパーでは、今日だけとくべつにポイントが12倍になります。いつもなら26ポイントもらえる商品を今日買うと、何ポイントもらえますか。

式 26×12＝312

計算らん 26×12：52、26、312

答え（312ポイント）

3 ノートが18さつあります。1さつ149円で売られているとき、全部買ったら代金はいくらになりますか。

式 149×18＝2682

計算らん 149×18：1192、149、2682

答え（2682円）

ヒント 2 何が、いくつあるのかな。問題をよくよんで考えよう。

65

64ページ

1 かける数が2けたのときのかけ算の筆算をするときは、

52×6＝312、

52×30＝1560と計算して、たし算をします。

65ページ

1 42人ずつ25台に乗りますので、かけ算でもとめます。答えの一の位の0をかきわすれないようにしましょう。筆算ではくり上がりに気をつけましょう。かけられる数が3けたのときも2けたのときと同じように計算します。

2 26ポイントの12倍ですので、かけ算でもとめます。

3 149円を18さつ買うので、かけ算でもとめます。

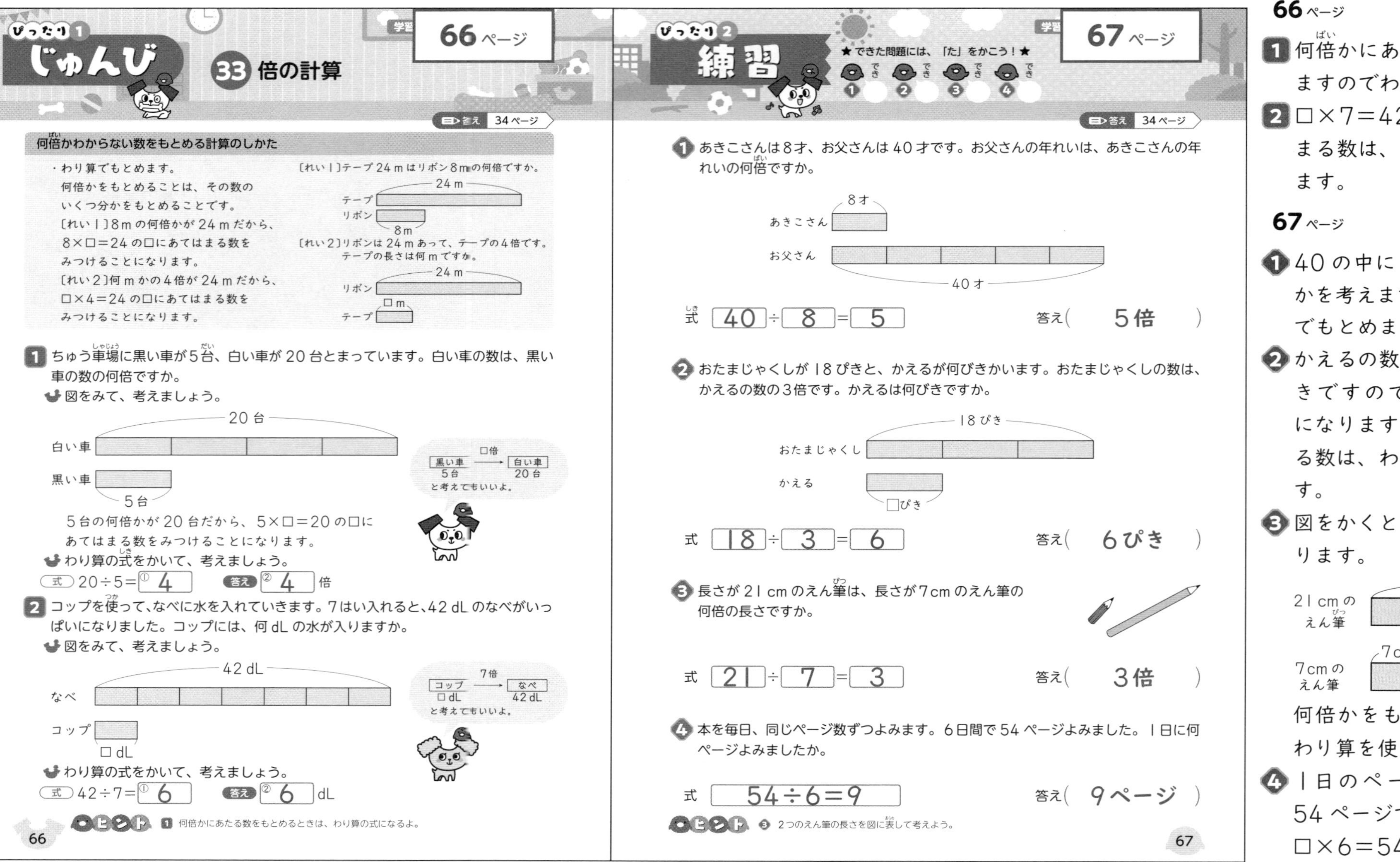

ぴったり1 じゅんび

33 倍の計算

学習 66ページ

答え 34ページ

何倍かわからない数をもとめる計算のしかた

・わり算でもとめます。
何倍かをもとめることは、その数の
いくつ分かをもとめることです。
〔れい1〕8mの何倍かが24mだから、
8×□=24の□にあてはまる数を
みつけることになります。
〔れい2〕何mかの4倍が24mだから、
□×4=24の□にあてはまる数を
みつけることになります。

〔れい1〕テープ24mはリボン8mの何倍ですか。

〔れい2〕リボンは24mあって、テープの4倍です。テープの長さは何mですか。

1 ちゅう車場に黒い車が5台、白い車が20台とまっています。白い車の数は、黒い車の数の何倍ですか。

図をみて、考えましょう。

白い車 20台
黒い車 5台

黒い車 5台 □倍→ 白い車 20台 と考えてもいいよ。

5台の何倍かが20台だから、5×□=20の□にあてはまる数をみつけることになります。

わり算の式をかいて、考えましょう。

式 20÷5=① 4　答え ② 4 倍

2 コップを使って、なべに水を入れていきます。7はい入れると、42 dLのなべがいっぱいになりました。コップには、何dLの水が入りますか。

図をみて、考えましょう。

なべ 42 dL
コップ □dL

コップ □dL 7倍→ なべ 42 dL と考えてもいいよ。

わり算の式をかいて、考えましょう。

式 42÷7=① 6　答え ② 6 dL

ヒント 1 何倍かにあたる数をもとめるときは、わり算の式になるよ。

66

ぴったり2 練習

学習 67ページ

★できた問題には、「た」をかこう！★ 1 2 3 4

答え 34ページ

1 あきこさんは8才、お父さんは40才です。お父さんの年れいは、あきこさんの年れいの何倍ですか。

あきこさん 8才
お父さん 40才

式 40÷8=5　答え（5倍）

2 おたまじゃくしが18ぴきと、かえるが何びきかいます。おたまじゃくしの数は、かえるの数の3倍です。かえるは何びきですか。

おたまじゃくし 18ぴき
かえる □ぴき

式 18÷3=6　答え（6ぴき）

3 長さが21 cmのえん筆は、長さが7cmのえん筆の何倍の長さですか。

式 21÷7=3　答え（3倍）

4 本を毎日、同じページ数ずつよみます。6日間で54ページよみました。1日に何ページよみましたか。

式 54÷6=9　答え（9ページ）

ヒント 3 2つのえん筆の長さを図に表して考えよう。

67

66ページ

1 何倍かにあたる数をもとめますのでわり算を使います。

2 □×7=42の□にあてはまる数は、わり算でもとめます。

67ページ

1 40の中に8がいくつあるかを考えますので、40÷8でもとめます。

2 かえるの数の3倍が18ぴきですので、□×3=18になります。□にあてはまる数は、わり算でもとめます。

3 図をかくと、次のようになります。

21 cmのえん筆 21 cm
7cmのえん筆 7cm

何倍かをもとめますので、わり算を使います。

4 1日のページ数の6倍が54ページですので、□×6=54になります。□にあてはまる数は、わり算でもとめます。

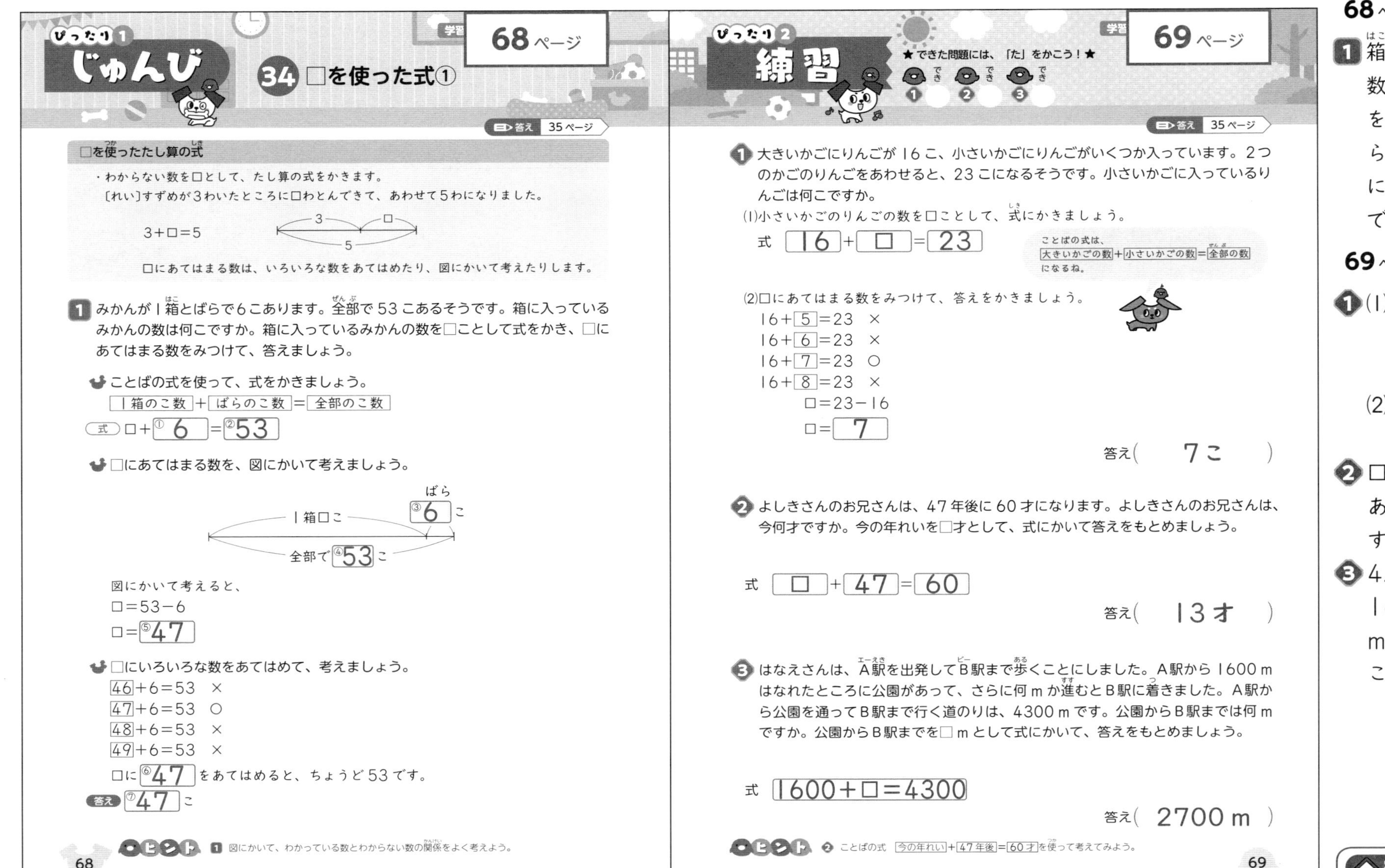

ぴったり1 じゅんび
34 □を使った式①
68ページ
答え 35ページ
□を使ったたし算の式
・わからない数を□として、たし算の式をかきます。
〔れい〕すずめが3わいたところに□わとんできて、あわせて5わになりました。
3+□=5
3
□
5
□にあてはまる数は、いろいろな数をあてはめたり、図にかいて考えたりします。
1 みかんが1箱とばらで6こあります。全部で53こあるそうです。箱に入っているみかんの数は何こですか。箱に入っているみかんの数を□ことして式をかき、□にあてはまる数をみつけて、答えましょう。
ことばの式を使って、式をかきましょう。
1箱のこ数 + ばらのこ数 = 全部のこ数
式 □+①6=②53
□にあてはまる数を、図にかいて考えましょう。
ばら
③6こ
1箱□こ
全部で④53こ
図にかいて考えると、
□=53−6
□=⑤47
□にいろいろな数をあてはめて、考えましょう。
46+6=53 ×
47+6=53 ○
48+6=53 ×
49+6=53 ×
□に⑥47をあてはめると、ちょうど53です。
答え ⑦47こ
ヒント 1 図にかいて、わかっている数とわからない数の関係をよく考えよう。
68
ぴったり2 練習
★できた問題には、「た」をかこう！★
69ページ
答え 35ページ
1 大きいかごにりんごが16こ、小さいかごにりんごがいくつか入っています。2つのかごのりんごをあわせると、23こになるそうです。小さいかごに入っているりんごは何こですか。
(1)小さいかごのりんごの数を□こととして、式にかきましょう。
式 16+□=23
ことばの式は、大きいかごの数+小さいかごの数=全部の数になるね。
(2)□にあてはまる数をみつけて、答えをかきましょう。
16+5=23 ×
16+6=23 ×
16+7=23 ○
16+8=23 ×
□=23−16
□=7
答え（ 7こ ）
2 よしきさんのお兄さんは、47年後に60才になります。よしきさんのお兄さんは、今何才ですか。今の年れいを□才として、式にかいて答えをもとめましょう。
式 □+47=60
答え（ 13才 ）
3 はなえさんは、A駅を出発してB駅まで歩くことにしました。A駅から1600mはなれたところに公園があって、さらに何m か進むとB駅に着きました。A駅から公園を通ってB駅まで行く道のりは、4300mです。公園からB駅までは何mですか。公園からB駅までを□mとして式にかいて、答えをもとめましょう。
式 1600+□=4300
答え（ 2700m ）
ヒント 2 ことばの式 今の年れい+47年後=60才を使って考えてみよう。
69

68ページ

1 箱に入っているみかんのこ数と、ばらのみかんのこ数をあわせると53こですから、□+6=53です。□にあてはまる数は、ひき算で計算します。

69ページ

1 (1)16こと□こをあわせると23こになることから式をつくります。

(2)□にあてはまる数は、ひき算で計算します。

2 □才の47年後が60才であることから式をつくります。

3 4.3km=4300mです。1600m進んでさらに□m行くと4300mであることから式をつくります。

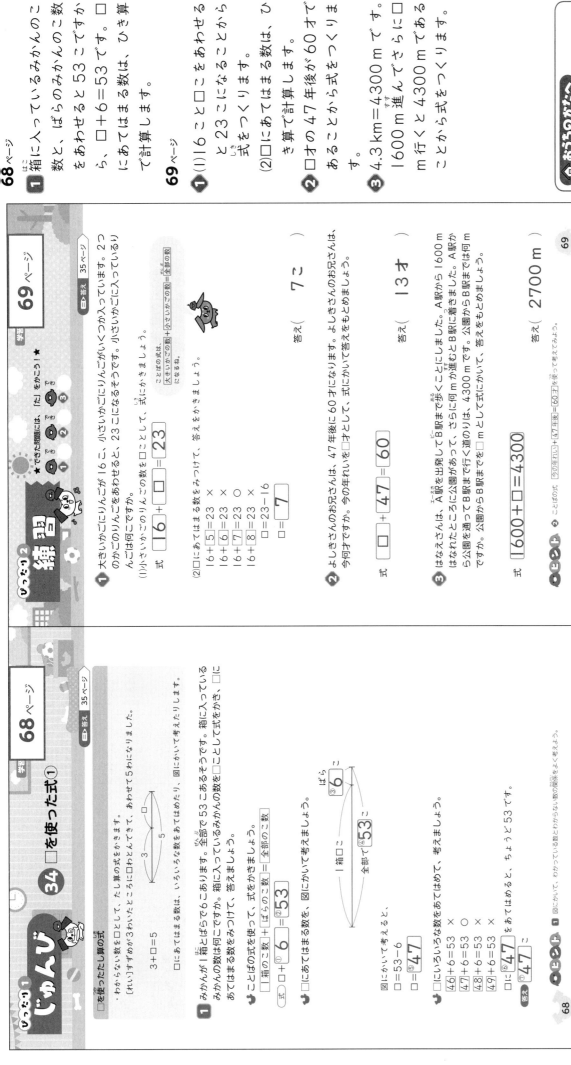

おうちのかたへ

□の計算は、これからよくでてきます。3年では、解き方の1つとして、□に数をあてはめるなどで答えを求めます。逆算にして答えを求めるしかたについては、4年で学習します。

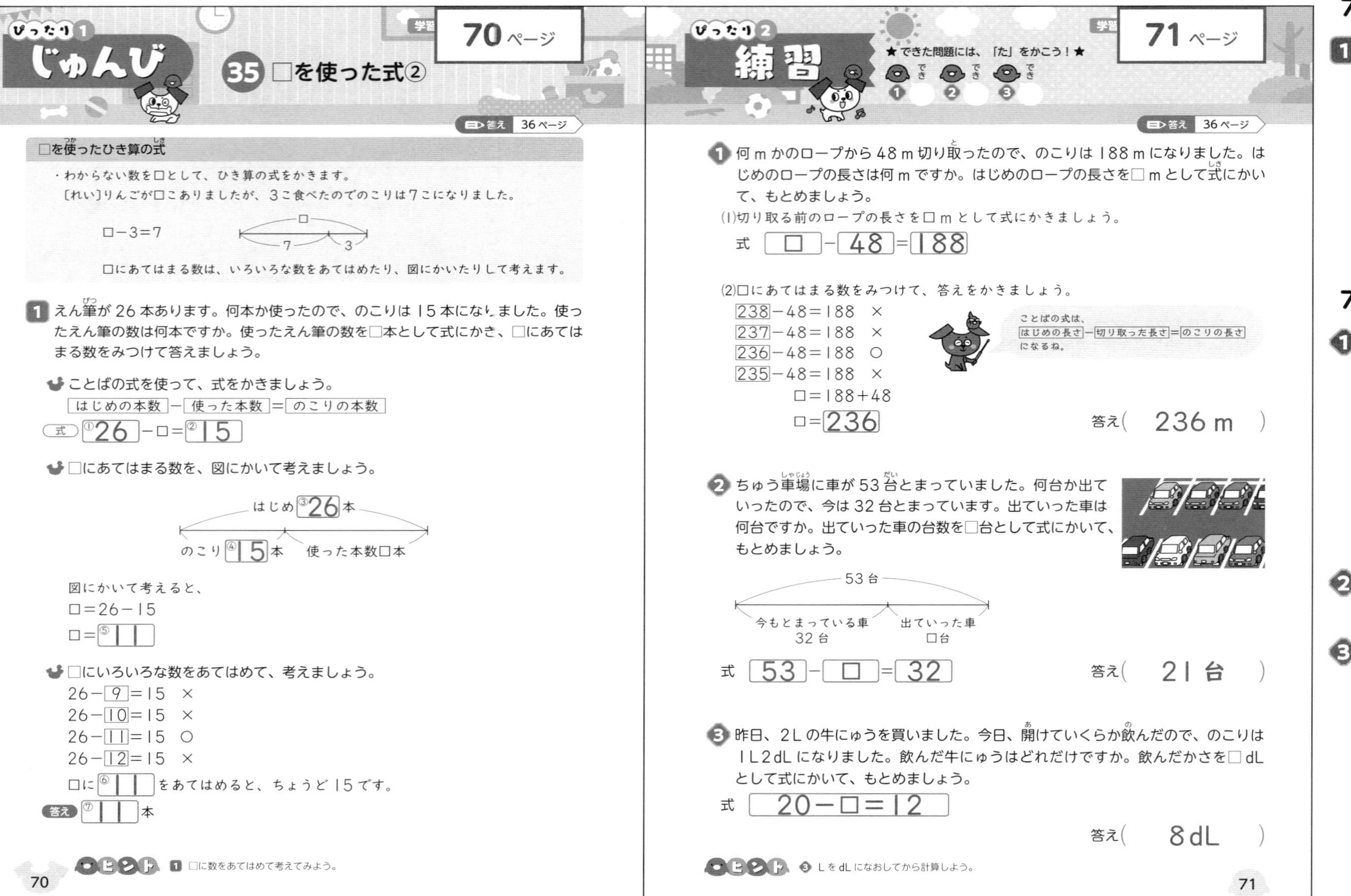

ぴったり1 じゅんび

35 □を使った式②

学習 70 ページ

答え 36ページ

□を使ったひき算の式

・わからない数を□として、ひき算の式をかきます。

［れい］りんごが□こありましたが、3こ食べたのでのこりは7こになりました。

□−3=7

□にあてはまる数は、いろいろな数をあてはめたり、図にかいたりして考えます。

1 えん筆が 26 本あります。何本か使ったので、のこりは 15 本になりました。使ったえん筆の数は何本ですか。使ったえん筆の数を□本として式にかき、□にあてはまる数をみつけて答えましょう。

ことばの式を使って、式をかきましょう。

はじめの本数 − 使った本数 = のこりの本数

式 ①26 − □ = ②15

□にあてはまる数を、図にかいて考えましょう。

図にかいて考えると、

□=26−15

□=⑤11

□にいろいろな数をあてはめて、考えましょう。

26−9=15 ×
26−10=15 ×
26−11=15 ○
26−12=15 ×

□に⑥11 をあてはめると、ちょうど 15 です。

答え ⑦11 本

ヒント 1 □に数をあてはめて考えてみよう。

70

ぴったり2 練習

★できた問題には、「た」をかこう！★

学習 71 ページ

答え 36ページ

1 何 m かのロープから 48 m 切り取ったので、のこりは 188 m になりました。はじめのロープの長さは何 m ですか。はじめのロープの長さを□ m として式にかいて、もとめましょう。

(1)切り取る前のロープの長さを□ m として式にかきましょう。

式 □ − 48 = 188

(2)□にあてはまる数をみつけて、答えをかきましょう。

238−48=188 ×
237−48=188 ×
236−48=188 ○
235−48=188 ×

□=188+48

□=236

ことばの式は、
はじめの長さ − 切り取った長さ = のこりの長さ
になるね。

答え（ 236 m ）

2 ちゅう車場に車が 53 台とまっていました。何台か出ていったので、今は 32 台とまっています。出ていった車は何台ですか。出ていった車の台数を□台として式にかいて、もとめましょう。

式 53 − □ = 32

答え（ 21 台 ）

3 昨日、2L の牛にゅうを買いました。今日、開けていくらか飲んだので、のこりは 1L2dL になりました。飲んだ牛にゅうはどれだけですか。飲んだかさを□ dL として式にかいて、もとめましょう。

式 20−□=12

答え（ 8dL ）

ヒント 3 L を dL になおしてから計算しよう。

71

70 ページ

1 はじめにあったえん筆の本数から、使ったえん筆の本数をひくと、のこりのえん筆の本数になりますから、26−□=15 になります。□にあてはまる数は、ひき算で計算します。

71 ページ

1 (1)はじめのロープの長さから切り取ったロープの長さをひくと、のこりのロープの長さになることから、式をつくります。

(2)□にあてはまる数は、たし算で計算します。

2 53 台から□台へった台数が 32 台です。

3 2L=20 dL、1L2dL=12 dL です。20 dL から□ dL へったかさが 12 dL になることから式をつくります。

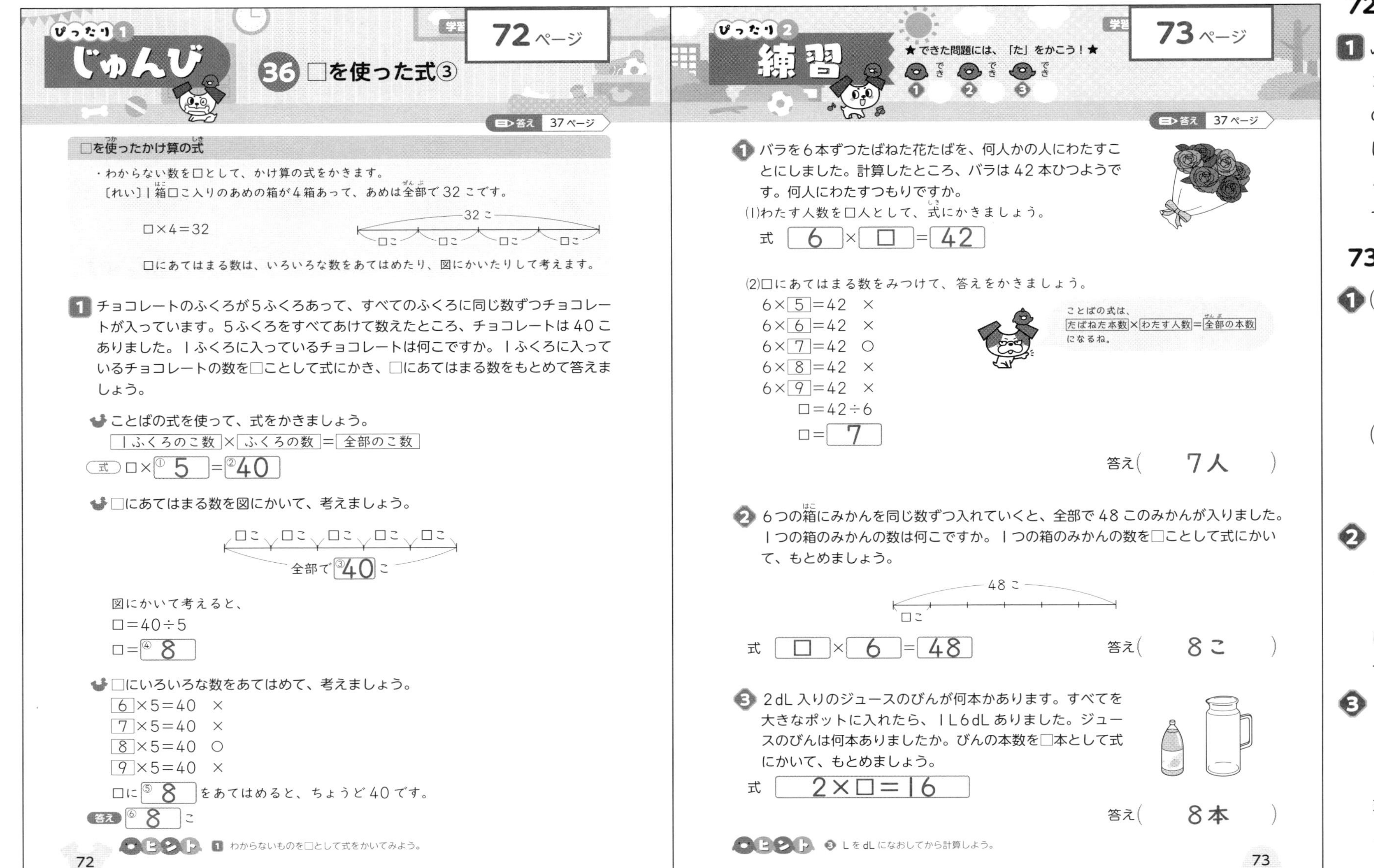

ぴったり1 じゅんび

72ページ

36 □を使った式③

答え 37ページ

□を使ったかけ算の式

・わからない数を□として、かけ算の式をかきます。
〔れい〕1箱□こ入りのあめの箱が4箱あって、あめは全部で32こです。

□×4=32

32こ / □こ □こ □こ □こ

□にあてはまる数は、いろいろな数をあてはめたり、図にかいたりして考えます。

1 チョコレートのふくろが5ふくろあって、すべてのふくろに同じ数ずつチョコレートが入っています。5ふくろをすべてあけて数えたところ、チョコレートは40こありました。1ふくろに入っているチョコレートは何こですか。1ふくろに入っているチョコレートの数を□ことして式にかき、□にあてはまる数をもとめて答えましょう。

ことばの式を使って、式をかきましょう。

1ふくろのこ数 × ふくろの数 = 全部のこ数

式 □×①5=②40

□にあてはまる数を図にかいて、考えましょう。

□こ □こ □こ □こ □こ / 全部で③40こ

図にかいて考えると、
□=40÷5
□=④8

□にいろいろな数をあてはめて、考えましょう。

6×5=40 ×
7×5=40 ×
8×5=40 ○
9×5=40 ×

□に⑤8をあてはめると、ちょうど40です。

答え ⑥8こ

ヒント 1 わからないものを□として式をかいてみよう。

72

ぴったり2 練習

73ページ

★できた問題には、「た」をかこう！★ でき 1 でき 2 でき 3

答え 37ページ

1 バラを6本ずつたばねた花たばを、何人かの人にわたすことにしました。計算したところ、バラは42本ひつようです。何人にわたすつもりですか。

(1)わたす人数を□人として、式にかきましょう。

式 6×□=42

(2)□にあてはまる数をみつけて、答えをかきましょう。

6×5=42 ×
6×6=42 ×
6×7=42 ○
6×8=42 ×
6×9=42 ×
□=42÷6
□=7

ことばの式は、たばねた本数×わたす人数=全部の本数になるね。

答え（ 7人 ）

2 6つの箱にみかんを同じ数ずつ入れていくと、全部で48このみかんが入りました。1つの箱のみかんの数は何こですか。1つの箱のみかんの数を□ことして式にかいて、もとめましょう。

48こ / □こ

式 □×6=48

答え（ 8こ ）

3 2dL入りのジュースのびんが何本かあります。すべてを大きなポットに入れたら、1L6dLありました。ジュースのびんは何本ありましたか。びんの本数を□本として式にかいて、もとめましょう。

式 2×□=16

答え（ 8本 ）

ヒント 3 LをdLになおしてから計算しよう。

73

72ページ

1 ふくろの数が5まい、チョコレートが40こありますので、式は、□×5=40になります。□にあてはまる数は、わり算でもとめます。

73ページ

1 (1)バラを6本ずつ□人にわたすと、42本ひつようなことから、式をつくります。

(2)6のだんの九九で考えて、□にあてはまる数をみつけます。

2 1つの箱のみかんの数が□こで、6箱で48こになることから式をかきます。□にあてはまる数は、48÷6でもとめます。

3 1L6dL=16dLです。2dLのびんが□本で16dLになったことから式をつくります。図で考えると、次のようになります。

16dL / 2dL 2dL 2dL ……… 2dL

□にあてはまる数は、16÷2でもとめます。

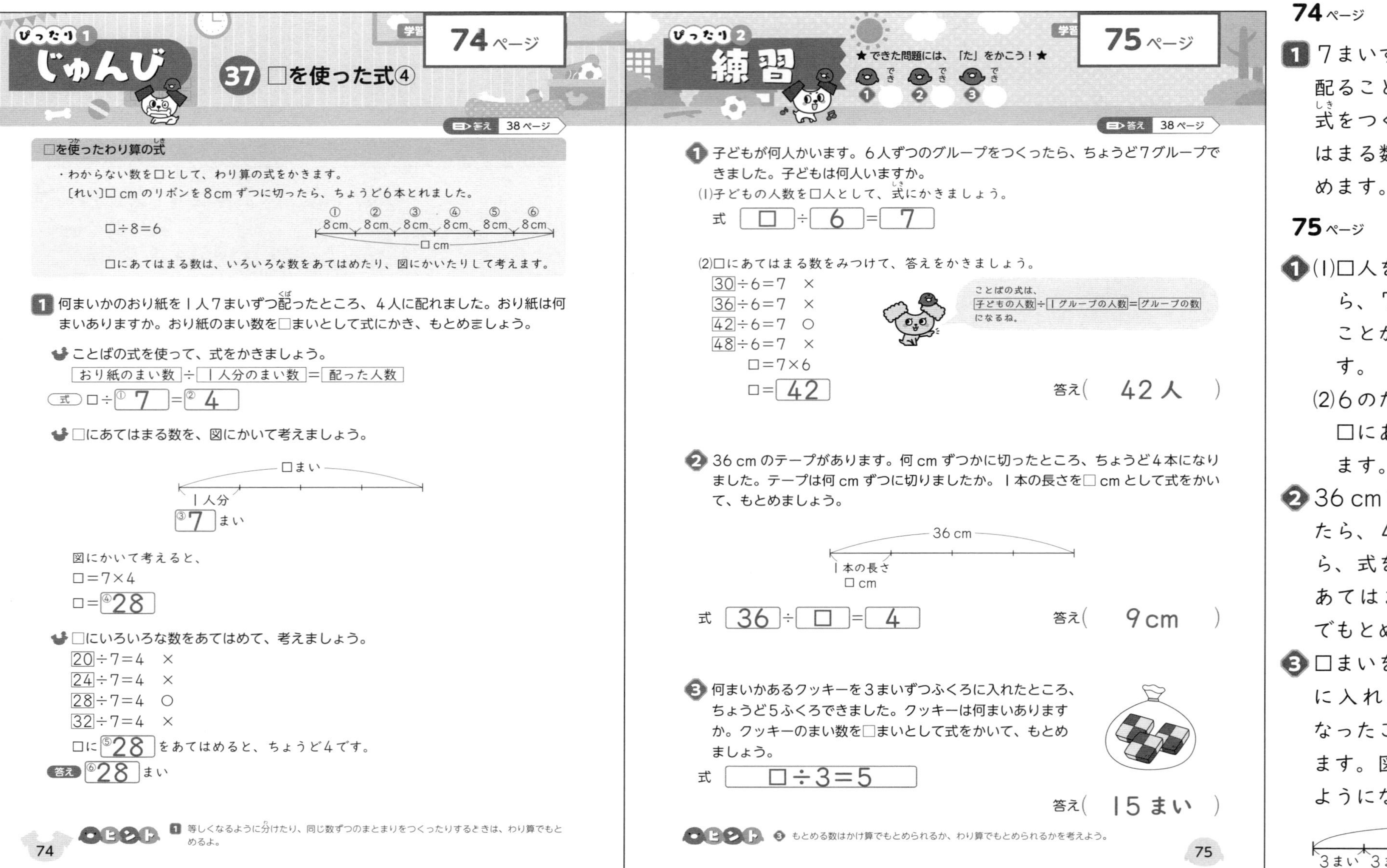
ぴったり1 じゅんび

37 □を使った式④

学習 74ページ

答え 38ページ

□を使ったわり算の式

・わからない数を□として、わり算の式をかきます。

［れい］□ cm のリボンを 8 cm ずつに切ったら、ちょうど6本とれました。

□÷8＝6

① ② ③ ④ ⑤ ⑥ 8cm 8cm 8cm 8cm 8cm 8cm □ cm

□にあてはまる数は、いろいろな数をあてはめたり、図にかいたりして考えます。

1 何まいかのおり紙を1人7まいずつ配ったところ、4人に配れました。おり紙は何まいありますか。おり紙のまい数を□まいとして式にかき、もとめましょう。

ことばの式を使って、式をかきましょう。

おり紙のまい数 ÷ 1人分のまい数 ＝ 配った人数

式 □÷①7＝②4

□にあてはまる数を、図にかいて考えましょう。

□まい　1人分　③7まい

図にかいて考えると、

□＝7×4

□＝④28

□にいろいろな数をあてはめて、考えましょう。

20÷7＝4　×

24÷7＝4　×

28÷7＝4　○

32÷7＝4　×

□に⑤28をあてはめると、ちょうど4です。

答え ⑥28 まい

ヒント 1 等しくなるように分けたり、同じ数ずつのまとまりをつくったりするときは、わり算でもとめるよ。

74

ぴったり2 練習

★できた問題には、「た」をかこう！★ でき 1 でき 2 でき 3

学習 75ページ

答え 38ページ

1 子どもが何人かいます。6人ずつのグループをつくったら、ちょうど7グループできました。子どもは何人いますか。

(1)子どもの人数を□人として、式にかきましょう。

式 □÷6＝7

(2)□にあてはまる数をみつけて、答えをかきましょう。

30÷6＝7　×

36÷6＝7　×

42÷6＝7　○

48÷6＝7　×

□＝7×6

□＝42

ことばの式は、子どもの人数÷1グループの人数＝グループの数になるね。

答え（ 42人 ）

2 36 cm のテープがあります。何 cm ずつかに切ったところ、ちょうど4本になりました。テープは何 cm ずつに切りましたか。1本の長さを□ cm として式をかいて、もとめましょう。

36 cm　1本の長さ □ cm

式 36÷□＝4

答え（ 9cm ）

3 何まいかあるクッキーを3まいずつふくろに入れたところ、ちょうど5ふくろできました。クッキーは何まいありますか。クッキーのまい数を□まいとして式をかいて、もとめましょう。

式 □÷3＝5

答え（ 15まい ）

ヒント 3 もとめる数はかけ算でもとめられるか、わり算でもとめられるかを考えよう。

75

74ページ

1 7まいずつ配ると、4人に配ることができたことから、式をつくります。□にあてはまる数は、かけ算でもとめます。

75ページ

1 (1)□人を6人ずつに分けたら、7グループになったことから、式をつくります。

(2)6のだんの九九を使って、□にあてはまる数を答えます。

2 36 cm を□ cm ずつに切ったら、4本になったことから、式をつくります。□にあてはまる数は、36÷4でもとめます。

3 □まいを3まいずつふくろに入れたら、5ふくろになったことから式をつくります。図で考えると、次のようになります。

□まい

3まい 3まい 3まい 3まい 3まい

□にあてはまる数は、3×5でもとめます。

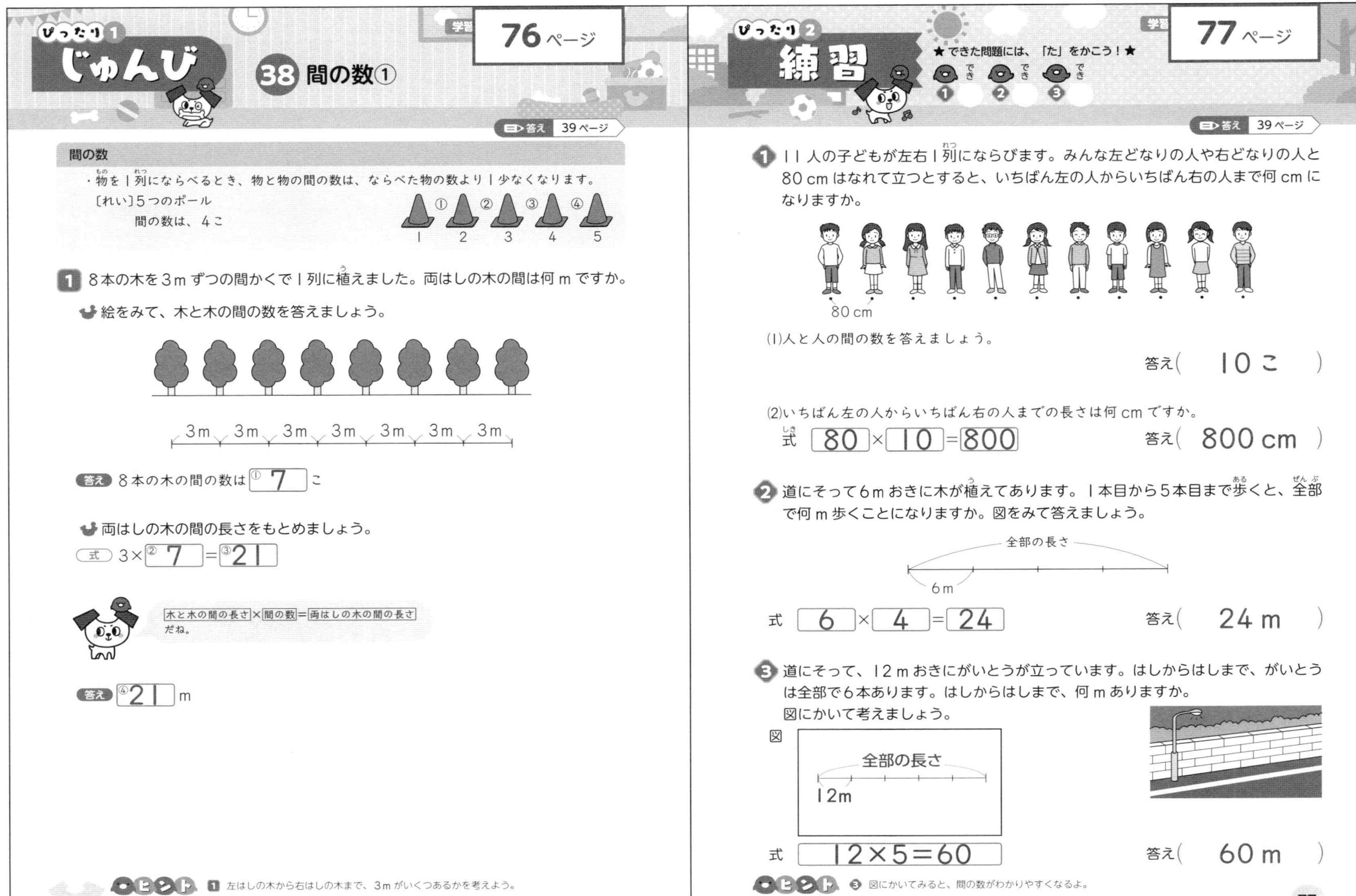

ぴったり1 じゅんび

38 間の数①

76ページ

答え 39ページ

間の数

・物を1列にならべるとき、物と物の間の数は、ならべた物の数より1少なくなります。

〔れい〕5つのポール
間の数は、4こ

1 8本の木を3mずつの間かくで1列に植えました。両はしの木の間は何mですか。

絵をみて、木と木の間の数を答えましょう。

3m 3m 3m 3m 3m 3m 3m

答え 8本の木の間の数は ①7 こ

両はしの木の間の長さをもとめましょう。

式 3×②7=③21

木と木の間の長さ×間の数=両はしの木の間の長さ だね。

答え ④21 m

ヒント 1 左はしの木から右はしの木まで、3mがいくつあるかを考えよう。

76

ぴったり2 練習

★できた問題には、「た」をかこう！★

77ページ

答え 39ページ

1 11人の子どもが左右1列にならびます。みんな左どなりの人や右どなりの人と80cmはなれて立つとすると、いちばん左の人からいちばん右の人まで何cmになりますか。

80 cm

(1)人と人の間の数を答えましょう。

答え（ 10こ ）

(2)いちばん左の人からいちばん右の人までの長さは何cmですか。

式 80×10=800　答え（ 800 cm ）

2 道にそって6mおきに木が植えてあります。1本目から5本目まで歩くと、全部で何m歩くことになりますか。図をみて答えましょう。

全部の長さ
6m

式 6×4=24　答え（ 24 m ）

3 道にそって、12mおきにがいとうが立っています。はしからはしまで、がいとうは全部で6本あります。はしからはしまで、何mありますか。
図にかいて考えましょう。

図
全部の長さ
12m

式 12×5=60　答え（ 60 m ）

ヒント 3 図にかいてみると、間の数がわかりやすくなるよ。

77

76ページ

1 8本の木を1列に植えていますので、木と木の間の数は、8−1=7（こ）となることに注意しましょう。

77ページ

1 (1)11人が1列にならびますので、人と人の間の数は11−1=10（こ）です。
(2)80cmの間かくで、間の数が10こあることから、式をつくります。いちばん左の人からいちばん右の人までの長さは、かけ算で計算します。

2 1本目から5本目まで歩きますので、木と木の間の数は5−1=4（こ）です。全部の歩く道のりはかけ算でもとめます。

3 がいとうとがいとうの間の数は6−1=5（こ）です。はしからはしまでは、かけ算で計算します。

おうちのかたへ
間の数は一列にならべた物の数よりも1少なくなることを理解させましょう。鉛筆など使って、実際の物で間の数を一緒に数えることもよいです。

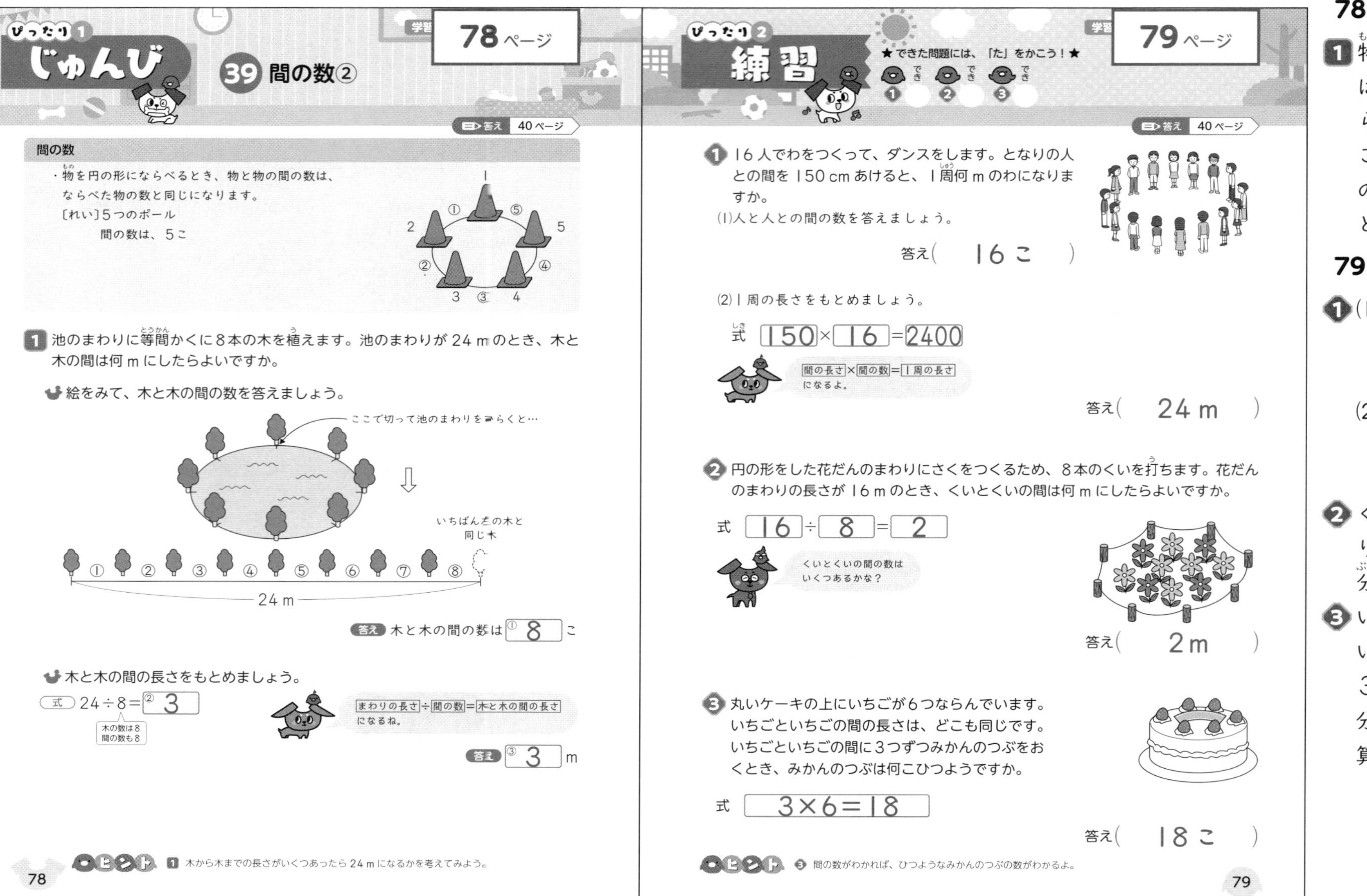

ぴったり1 じゅんび
39 間の数②
78ページ
答え 40ページ
間の数
・物を円の形にならべるとき、物と物の間の数は、ならべた物の数と同じになります。
〔れい〕5つのポール
間の数は、5こ
1 池のまわりに等間かくに8本の木を植えます。池のまわりが24 mのとき、木と木の間は何 mにしたらよいですか。
絵をみて、木と木の間の数を答えましょう。
ここで切って池のまわりを広げると…
いちばん左の木と同じ木
24 m
答え 木と木の間の数は 8 こ
木と木の間の長さをもとめましょう。
式 24÷8＝3
木の数は8 間の数も8
まわりの長さ÷間の数＝木と木の間の長さ になるね。
答え 3 m
ヒント 1 木から木までの長さがいくつあったら24 mになるかを考えてみよう。
78
ぴったり2 練習
★できた問題には、「た」をかこう！★
79ページ
答え 40ページ
1 16人でわをつくって、ダンスをします。となりの人との間を150 cmあけると、1周何 mのわになりますか。
(1)人と人との間の数を答えましょう。
答え（ 16こ ）
(2)1周の長さをもとめましょう。
式 150×16＝2400
間の長さ×間の数＝1周の長さ になるよ。
答え（ 24 m ）
2 円の形をした花だんのまわりにさくをつくるため、8本のくいを打ちます。花だんのまわりの長さが16 mのとき、くいとくいの間は何 mにしたらよいですか。
式 16÷8＝2
くいとくいの間の数はいくつあるかな？
答え（ 2 m ）
3 丸いケーキの上にいちごが6つならんでいます。いちごといちごの間の長さは、どこも同じです。いちごといちごの間に3つずつみかんのつぶをおくとき、みかんのつぶは何こひつようですか。
式 3×6＝18
答え（ 18こ ）
ヒント 3 間の数がわかれば、ひつようなみかんのつぶの数がわかるよ。
79

78ページ

1 物を円の形にならべるときは、物と物の間の数は、ならべた物の数と同じになることに注意しましょう。間の1つ分の長さをもとめるときは、わり算を使います。

79ページ

1 (1)円の形にならべるので、人と人との間の数は、人の数と同じになります。
(2)150 cmが16こ分の長さです。2400 cmをmになおして答えます。

2 くいとくいの間も8こになりますので、16 mを8等分します。

3 いちごといちごの間の数はいちごの数と同じ6こです。3つのみかんのつぶが6こ分ひつようですので、かけ算でもとめます。

おうちのかたへ
円の形にならべた物の間の数は、ならべた物の数と同じになることを理解させましょう。

3年生のまとめ

80ページ

時間 20分 /100 ごうかく70点

答え 41ページ

❶ めぐみさんは 248 ページの本をよんでいます。今までに 79 ページよみました。あと何ページのこっていますか。　式・答え 1つ8点(16点)

式　248−79=169

$$\begin{array}{r} 248 \\ -\ 79 \\ \hline 169 \end{array}$$

答え(169 ページ)

❷ 電線にすずめが何わかとまっていました。そのうち5わとんでいき、また9わとんでいったので、のこりは 10 わになりました。はじめに何わいましたか。　式・答え 1つ8点(16点)

式　10+9+5=24

答え(24 わ)

❸ はばが 50 cm の本立てがあります。あつさ6cm の図かんを立てていくと、図かんは何さつ立てられますか。　式・答え 1つ8点(16点)

式　50÷6=8 あまり 2

答え(8 さつ)

❹ 1本 35 円のえん筆があります。このえん筆を 27 本買うとき、代金は何円ですか。　式・答え 1つ8点(16点)

式　35×27=945

$$\begin{array}{r} 35 \\ \times 27 \\ \hline 245 \\ 70 \\ \hline 945 \end{array}$$

答え(945 円)

❺ たけるさんの家から学校までの道のりは 1.8 km、学校から駅までの道のりは 0.7 km です。駅から学校を通ってたけるさんの家に行く道のりは何 km ですか。　式・答え 1つ8点(16点)

式　1.8+0.7=2.5

答え(2.5 km)

❻ りんごジュースが $\frac{2}{9}$ L、みかんジュースが $\frac{5}{9}$ L あります。この2つをまぜてミックスジュースをつくると、何 L できますか。　式・答え 1つ10点(20点)

式　$\frac{2}{9}+\frac{5}{9}=\frac{7}{9}$

答え($\frac{7}{9}$ L)

80ページ

❶ 248 ページのうち、79 ページよんでますので、のこりはひき算でもとめます。

❷ 図で考えると、次のようになります。

はじめのすずめは、たし算で計算します。

❸ あまりの 2 cm に、あつさ 6 cm の図かんは入りません。

❹ 35 円のえん筆を 27 本買いますから、かけ算でもとめます。

❺ たんいをそろえて計算します。1 km 800 m=1.8 km です。km で答えますので、km で計算するほうがよいです。

❻ あわせたかさはたし算でもとめます。分母が同じ分数のたし算は、分子だけをたします。

3年 チャレンジテスト①

月　日
名前

時間 40分　ごうかく70点　/100　答え42ページ

1 次の計算をしましょう。　1つ4点(24点)

① 51÷6
=8あまり3

② $\frac{1}{7}+\frac{4}{7}$
$=\frac{5}{7}$

③ 367
+259
626

④ 254
× 7
1778

⑤ 14.2
− 8.3
5.9

⑥ 37
×58
296
185
2146

2 ようたさんは西駅から35分電車に乗りました。東駅で電車からおりた時こくが11時20分だったとき、西駅で電車に乗ったのは何時何分でしたか。　(4点)

答え（　10時45分　）

3 つくえの上にえん筆が28本、ボールペンが7本あります。えん筆の本数はボールペンの本数の何倍ですか。　式・答え 1つ4点(8点)

式　28÷7=4

答え（　4倍　）

4 家から図書館までの間に公園があり、家から公園までの道のりは $\frac{3}{10}$ km、公園から図書館までの道のりは $\frac{7}{10}$ kmでした。　式・答え 1つ4点(16点)

① 道のりのちがいは何kmですか。

式　$\frac{7}{10}-\frac{3}{10}=\frac{4}{10}$

答え（　$\frac{4}{10}$ km　）

② 家から図書館までの道のりは何kmですか。

式　$\frac{7}{10}+\frac{3}{10}=1$

答え（　1km　）

●うらにも問題があります。

チャレンジテスト① おもて

1 ①わりきれないときはあまりをだします。

②分母が同じ分数のたし算は、分子だけをたします。

③たし算の筆算はくり上がりに気をつけましょう。

④かけ算の筆算は、くらいをそろえて書き、一のくらいから計算していきます。

⑤小数のひき算の筆算は小数点をそろえて書いて計算します。くり下がりに気をつけましょう。

⑥かけ算の筆算は、くらいをそろえて書き、一のくらいから計算していきます。

2 11時で分けて考えます。11時から11時20分までは20分なので、11時の15分前の時こくです。だから、10時45分になります。

3 えん筆の本数÷ボールペンの本数を計算します。

4 ①

公園から図書館まで　$\frac{7}{10}$ km
家から公園まで　$\frac{3}{10}$ km
ちがい □km

公園から図書館までの道のりから家から公園までの道のりをひきます。分母が同じ分数のひき算は、分子だけをひきます。

②

家から公園まで $\frac{3}{10}$ km　公園から図書館まで $\frac{7}{10}$ km
あわせて□km

あわせた道のりになるので、たし算で計算します。

5 72本のにんじんを1箱に8本ずつ入れます。そのうち5箱をあげました。のこりは何箱ですか。

式・答え 1つ4点(8点)

式　72÷8=9
　　9−5=4

答え（ 4箱 ）

6 キャベツが1kg 500gあります。また、玉ねぎが800gあります。

式・答え 1つ4点(16点)

① キャベツと玉ねぎは全部で何kg何gありますか。

式　1kg 500g+800g=2kg 300g

答え（ 2kg 300g ）

② キャベツは玉ねぎより、どれだけ重いですか。

式　1kg 500g−800g=700g

答え（ 700g ）

7 丸い形をした池があります。この池のまわりに、7mごとにはたをたてると、ちょうど26本立てることができました。池のまわりの長さは何mになりますか。

式・答え 1つ4点(8点)

式　7×26=182

答え（ 182m ）

8 ひなたさんのお姉さんは、あと19年で31才になります。ひなたさんのお姉さんは今何才ですか。今の年れいを□才として、式にかいてもとめましょう。

式・答え 1つ4点(8点)

式　□+19=31
　　□=31−19
　　□=12

答え（ 12才 ）

9 127まい入ったおり紙が36セットあります。おり紙は全部で何まいありますか。

式・答え 1つ4点(8点)

式　127×36=4572

答え（ 4572まい ）

チャレンジテスト① うら

5 まずは何箱できるかを計算します。できた箱のうち、5箱あげたので、ひき算で計算します。

6 1kg=1000gです。重さの計算はたんいに気をつけましょう。

①くり上がりに気をつけましょう。

500g+800g=1300g
=1kg 300g
よって、
1kg 500g+800g
=2kg 300g
となります。

②くり下がりに気をつけましょう。

1kg 500gは1500gだから、
1kg 500g−800g
=1500g−800g=700g

7 池のまわりにはたをたてるので、間の数とはたの数は同じになります。

8

31才
お姉さんの年れい
□才
19才

ひなたさんのお姉さんの今の年れいと19を合わせると31になるので、□を使ったたし算の式になります。

□+19=31

□の数をもとめるときは、ひき算をします。

□=31−19
□=12
になります。

9 おり紙のまい数×セットの数になります。筆算では、くり上がりに気をつけましょう。

3年 チャレンジテスト②

名前　　月　日　時間 40分　ごうかく70点　／100　答え44ページ

1 次の計算をしましょう。　1つ3点(18点)

① 63÷7
=9

② $\frac{8}{9}-\frac{5}{9}$
$=\frac{3}{9}$

③ 513
−178
335

④ 46
× 9
414

⑤ 6.7
+13.5
20.2

⑥ 163
× 45
815
652
7335

2 重さが 600 g の入れものにさとうを入れて、全体の重さをはかったら 3.4 kg ありました。さとうだけの重さは何 kg ですか。　式・答え 1つ3点(6点)

式 3.4−0.6=2.8

答え（ 2.8 kg ）

3 20 この花のなえを 40 cm ごとにまっすぐに植えます。　式・答え 1つ4点(12点)

① 花のなえの間の数を答えましょう。

答え（ 19 ）

② はしからはしまでの長さは何 cm ですか。

式 40×19=760

答え（ 760 cm ）

4 次の問題に答えましょう。　式・答え 1つ4点(16点)

① 78 円のみかんと 128 円のりんごを買いました。あわせて何円ですか。

式 78+128=206

答え（ 206 円 ）

② 170 円のノートと 60 円のえん筆と下じきを買ったら全部で 410 円でした。下じきのねだんはいくらですか。

式 410−170−60=180

答え（ 180 円 ）

うらにも問題があります。

チャレンジテスト② おもて

1 ①九九を思い出しましょう。

②分母が同じ分数のひき算は、分子だけをひきます。

③ひき算の筆算はくり下がりに気をつけましょう。

④かけ算の筆算は、くらいをそろえてを書き、一のくらいから計算していきます。

⑤小数のたし算の筆算は小数点をそろえて書いて計算します。くり上がりに気をつけましょう。

⑥かけ算の筆算は、くらいをそろえてを書き、一のくらいから計算していきます。

2 1 kg=1000 g なので、600 g=0.6 kg です。入れものの重さとさとうの重さをあわせると全体の重さになりますので、ひき算で計算します。

3 ①間の数はなえの数より 1 少ないので、間の数は 19 になります。

②40 cm が 19 あると考えるので、かけ算で計算します。

4 ①

「あわせて」なので、たし算で計算します。くり上がりに気をつけましょう。

②

ノートとえん筆と下じきの代金をあわせると 410 円になるので、ひき算で計算します。

5 40きゃくのいすを1人6きゃくずつはこびます。このとき、何人ひつようですか。 式・答え 1つ4点(8点)

式 40÷6=6 あまり4

答え（ 7人 ）

6 大きな水とうと小さな水とうが1つずつあり、大きな水とうには1L5dLの麦茶が、小さな水とうには7dLの麦茶が入っています。 式・答え 1つ4点(16点)

① 大きな水とうと小さな水とうの麦茶をあわせると何L何dLになりますか。

式 1L5dL+7dL=2L2dL

答え（ 2L2dL ）

② 大きな水とうと小さな水とうの麦茶のちがいは何dLですか。

式 1L5dL−7dL=8dL

答え（ 8dL ）

7 画用紙が何まいかあります。1人に7まいずつ分けると、ちょうど8人に分けることができました。画用紙は何まいありますか。画用紙のまい数を□まいとして、式をかいてもとめましょう。 式・答え 1つ4点(8点)

式 □÷7=8
□=8×7
□=56

答え（ 56まい ）

8 長さが11.3cmの青いクレヨンと、長さが7.5cmの赤いクレヨンがあります。長さのちがいは何cmですか。 式・答え 1つ4点(8点)

式 11.3−7.5=3.8

答え（ 3.8cm ）

9 $\frac{5}{12}$ mの長さのはり金と、$\frac{6}{12}$ mのはり金があります。あわせて何mですか。 式・答え 1つ4点(8点)

式 $\frac{5}{12}+\frac{6}{12}=\frac{11}{12}$

答え（ $\frac{11}{12}$ m ）

チャレンジテスト② うら

5 わり算で計算します。あまりがでますが、あまりの4きゃくはこぶ人が1人ひつようなので、7人ひつようになります。

6 1L=10dLです。かさの計算はたんいに気をつけましょう。
①くり上がりに気をつけましょう。
②「ちがい」をもとめるので、ひき算になります。くり下がりに気をつけましょう。

7 7まいずつ分けるので、□を使ったわり算の式になります。
□÷7=8
□の数をもとめるときは、かけ算をします。
□=8×7
□=56
になります。

8

青いクレヨン 11.3cm
赤いクレヨン 7.5cm ちがい □cm

「ちがい」なので、長いクレヨンの長さから短いクレヨンの長さをひきます。くり下がりに気をつけましょう。

9

はり金 $\frac{5}{12}$ m　はり金 $\frac{6}{12}$ m
あわせて□m

「あわせて」なので、たし算で計算します。分母が同じ分数のたし算は、分子だけをたします。

メモ

メモ

ふろく　とりはずしておつかいください。

文章題スタートアップドリル

3年

このドリルをつかって
２年生までに学しゅう
した計算もんだいに
とりくもう。

年　　組

1 100までのたし算のひっ算①

1 次(つぎ)の計算をしましょう。

月　日

① $4 + 67$
② $35 + 11$
③ $14 + 49$
④ $26 + 38$
⑤ $29 + 12$
⑥ $32 + 56$
⑦ $15 + 28$
⑧ $26 + 41$
⑨ $78 + 17$
⑩ $52 + 44$
⑪ $19 + 18$
⑫ $79 + 7$
⑬ $3 + 89$
⑭ $54 + 16$
⑮ $30 + 22$
⑯ $28 + 5$
⑰ $55 + 23$
⑱ $47 + 36$
⑲ $15 + 20$
⑳ $6 + 45$
㉑ $13 + 51$
㉒ $71 + 3$
㉓ $37 + 59$
㉔ $23 + 27$

2 100までのたし算のひっ算②

★できた問題には、「た」をかこう！

1 でき

月　日

1 次（つぎ）の計算をしましょう。

①	②	③	④
$\begin{array}{r} 24 \\ +61 \\ \hline \end{array}$	$\begin{array}{r} 56 \\ +\ \ 9 \\ \hline \end{array}$	$\begin{array}{r} 28 \\ +59 \\ \hline \end{array}$	$\begin{array}{r} 3 \\ +17 \\ \hline \end{array}$

⑤	⑥	⑦	⑧
$\begin{array}{r} 15 \\ +81 \\ \hline \end{array}$	$\begin{array}{r} 52 \\ +34 \\ \hline \end{array}$	$\begin{array}{r} 42 \\ +38 \\ \hline \end{array}$	$\begin{array}{r} 26 \\ +72 \\ \hline \end{array}$

⑨	⑩	⑪	⑫
$\begin{array}{r} 51 \\ +31 \\ \hline \end{array}$	$\begin{array}{r} 47 \\ +15 \\ \hline \end{array}$	$\begin{array}{r} 13 \\ +62 \\ \hline \end{array}$	$\begin{array}{r} 49 \\ +17 \\ \hline \end{array}$

⑬	⑭	⑮	⑯
$\begin{array}{r} 39 \\ +23 \\ \hline \end{array}$	$\begin{array}{r} 7 \\ +36 \\ \hline \end{array}$	$\begin{array}{r} 25 \\ +35 \\ \hline \end{array}$	$\begin{array}{r} 18 \\ +\ \ 6 \\ \hline \end{array}$

⑰	⑱	⑲	⑳
$\begin{array}{r} 33 \\ +28 \\ \hline \end{array}$	$\begin{array}{r} 26 \\ +63 \\ \hline \end{array}$	$\begin{array}{r} 48 \\ +18 \\ \hline \end{array}$	$\begin{array}{r} 59 \\ +40 \\ \hline \end{array}$

㉑	㉒	㉓	㉔
$\begin{array}{r} 46 \\ +\ \ 8 \\ \hline \end{array}$	$\begin{array}{r} 25 \\ +69 \\ \hline \end{array}$	$\begin{array}{r} 38 \\ +37 \\ \hline \end{array}$	$\begin{array}{r} 9 \\ +32 \\ \hline \end{array}$

3 100までのひき算のひっ算①

★できた問題には、「た」をかこう！

できた 1

1 次の計算をしましょう。

月　日

① $\begin{array}{r} 73 \\ -\ \ 6 \\ \hline \end{array}$　② $\begin{array}{r} 25 \\ -18 \\ \hline \end{array}$　③ $\begin{array}{r} 83 \\ -49 \\ \hline \end{array}$　④ $\begin{array}{r} 63 \\ -15 \\ \hline \end{array}$

⑤ $\begin{array}{r} 24 \\ -12 \\ \hline \end{array}$　⑥ $\begin{array}{r} 59 \\ -31 \\ \hline \end{array}$　⑦ $\begin{array}{r} 69 \\ -13 \\ \hline \end{array}$　⑧ $\begin{array}{r} 76 \\ -17 \\ \hline \end{array}$

⑨ $\begin{array}{r} 94 \\ -85 \\ \hline \end{array}$　⑩ $\begin{array}{r} 80 \\ -43 \\ \hline \end{array}$　⑪ $\begin{array}{r} 81 \\ -34 \\ \hline \end{array}$　⑫ $\begin{array}{r} 40 \\ -21 \\ \hline \end{array}$

⑬ $\begin{array}{r} 82 \\ -19 \\ \hline \end{array}$　⑭ $\begin{array}{r} 50 \\ -\ \ 4 \\ \hline \end{array}$　⑮ $\begin{array}{r} 74 \\ -55 \\ \hline \end{array}$　⑯ $\begin{array}{r} 23 \\ -14 \\ \hline \end{array}$

⑰ $\begin{array}{r} 90 \\ -\ \ 9 \\ \hline \end{array}$　⑱ $\begin{array}{r} 78 \\ -41 \\ \hline \end{array}$　⑲ $\begin{array}{r} 51 \\ -\ \ 3 \\ \hline \end{array}$　⑳ $\begin{array}{r} 58 \\ -22 \\ \hline \end{array}$

㉑ $\begin{array}{r} 79 \\ -16 \\ \hline \end{array}$　㉒ $\begin{array}{r} 47 \\ -35 \\ \hline \end{array}$　㉓ $\begin{array}{r} 92 \\ -57 \\ \hline \end{array}$　㉔ $\begin{array}{r} 84 \\ -29 \\ \hline \end{array}$

4 100までのひき算のひっ算②

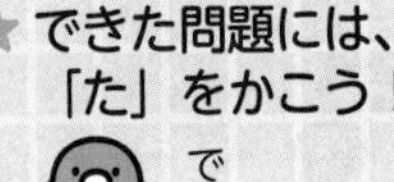

でき

1

月　　日

1 次(つぎ)の計算をしましょう。

① $\begin{array}{r} 62 \\ -46 \\ \hline \end{array}$	② $\begin{array}{r} 46 \\ -8 \\ \hline \end{array}$	③ $\begin{array}{r} 38 \\ -11 \\ \hline \end{array}$	④ $\begin{array}{r} 99 \\ -28 \\ \hline \end{array}$
⑤ $\begin{array}{r} 95 \\ -88 \\ \hline \end{array}$	⑥ $\begin{array}{r} 70 \\ -53 \\ \hline \end{array}$	⑦ $\begin{array}{r} 32 \\ -30 \\ \hline \end{array}$	⑧ $\begin{array}{r} 98 \\ -5 \\ \hline \end{array}$
⑨ $\begin{array}{r} 91 \\ -27 \\ \hline \end{array}$	⑩ $\begin{array}{r} 42 \\ -2 \\ \hline \end{array}$	⑪ $\begin{array}{r} 93 \\ -77 \\ \hline \end{array}$	⑫ $\begin{array}{r} 97 \\ -61 \\ \hline \end{array}$
⑬ $\begin{array}{r} 87 \\ -64 \\ \hline \end{array}$	⑭ $\begin{array}{r} 86 \\ -52 \\ \hline \end{array}$	⑮ $\begin{array}{r} 75 \\ -56 \\ \hline \end{array}$	⑯ $\begin{array}{r} 71 \\ -60 \\ \hline \end{array}$
⑰ $\begin{array}{r} 45 \\ -33 \\ \hline \end{array}$	⑱ $\begin{array}{r} 96 \\ -68 \\ \hline \end{array}$	⑲ $\begin{array}{r} 65 \\ -7 \\ \hline \end{array}$	⑳ $\begin{array}{r} 72 \\ -48 \\ \hline \end{array}$
㉑ $\begin{array}{r} 45 \\ -39 \\ \hline \end{array}$	㉒ $\begin{array}{r} 54 \\ -36 \\ \hline \end{array}$	㉓ $\begin{array}{r} 37 \\ -9 \\ \hline \end{array}$	㉔ $\begin{array}{r} 78 \\ -10 \\ \hline \end{array}$

5 何十・何百の計算

★できた問題には、「た」をかこう！

1 でき　2 でき

1 次の計算をしましょう。

月　日

① 70＋70＝

② 20＋90＝

③ 90＋80＝

④ 50＋60＝

⑤ 80＋40＝

⑥ 160－90＝

⑦ 110－70＝

⑧ 140－80＝

⑨ 120－40＝

⑩ 150－60＝

2 次の計算をしましょう。

月　日

① 500＋100＝

② 200＋300＝

③ 400＋500＝

④ 300＋700＝

⑤ 600＋200＝

⑥ 700－200＝

⑦ 800－500＝

⑧ 1000－600＝

⑨ 900－300＝

⑩ 400－100＝

6 たし算・ひき算のあん算

★できた問題には、「た」をかこう！

でき 1　でき 2

1 次(つぎ)の計算をしましょう。　　月　　日

① 43＋7＝□　　② 36＋4＝□

③ 52＋8＝□　　④ 87＋3＝□

⑤ 46＋5＝□　　⑥ 74＋7＝□

⑦ 15＋6＝□　　⑧ 58＋3＝□

⑨ 33＋8＝□　　⑩ 27＋9＝□

2 次の計算をしましょう。　　月　　日

① 30－4＝□　　② 40－9＝□

③ 70－6＝□　　④ 60－5＝□

⑤ 25－7＝□　　⑥ 72－8＝□

⑦ 31－3＝□　　⑧ 63－6＝□

⑨ 93－5＝□　　⑩ 57－9＝□

7 たし算のひっ算①

★できた問題には、「た」をかこう！

1

1 次(つぎ)の計算をしましょう。

月　　日

- ① $75 + 56$
- ② $97 + 31$
- ③ $73 + 67$
- ④ $37 + 68$
- ⑤ $47 + 66$
- ⑥ $87 + 57$
- ⑦ $5 + 96$
- ⑧ $79 + 23$
- ⑨ $60 + 41$
- ⑩ $25 + 83$
- ⑪ $76 + 50$
- ⑫ $99 + 2$
- ⑬ $29 + 74$
- ⑭ $72 + 58$
- ⑮ $64 + 52$
- ⑯ $88 + 38$
- ⑰ $71 + 42$
- ⑱ $9 + 98$
- ⑲ $92 + 24$
- ⑳ $17 + 93$
- ㉑ $90 + 44$
- ㉒ $82 + 32$
- ㉓ $84 + 69$
- ㉔ $59 + 45$

8 たし算のひっ算②

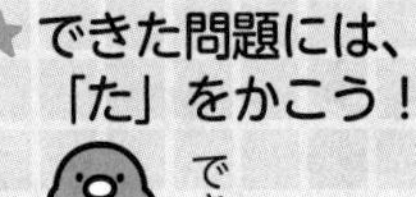

できた

1

月　　日

1 次（つぎ）の計算をしましょう。

① $81+40$	② $94+61$	③ $89+13$	④ $280+16$
⑤ $585+6$	⑥ $35+77$	⑦ $28+91$	⑧ $62+55$
⑨ $78+54$	⑩ $65+48$	⑪ $19+86$	⑫ $46+63$
⑬ $319+70$	⑭ $85+16$	⑮ $431+24$	⑯ $93+83$
⑰ $527+21$	⑱ $61+43$	⑲ $53+98$	⑳ $287+8$
㉑ $18+87$	㉒ $349+43$	㉓ $4+99$	㉔ $36+76$

9 ひき算のひっ算①

★できた問題には、「た」をかこう！

1 でき

月　　日

1 次(つぎ)の計算をしましょう。

① 119 − 85　② 123 − 59　③ 125 − 62　④ 135 − 77

⑤ 168 − 97　⑥ 172 − 84　⑦ 148 − 53　⑧ 112 − 29

⑨ 114 − 36　⑩ 102 − 7　⑪ 115 − 34　⑫ 138 − 47

⑬ 147 − 63　⑭ 108 − 12　⑮ 130 − 45　⑯ 118 − 23

⑰ 124 − 28　⑱ 141 − 52　⑲ 106 − 27　⑳ 110 − 14

㉑ 129 − 54　㉒ 101 − 9　㉓ 111 − 39　㉔ 157 − 68

10 ひき算のひっ算②

★できた問題には、「た」をかこう！

でき

1

月　日

1 次(つぎ)の計算をしましょう。

① 374 − 6	② 155 − 60	③ 171 − 88	④ 298 − 26
⑤ 143 − 79	⑥ 116 − 22	⑦ 478 − 13	⑧ 133 − 41
⑨ 281 − 43	⑩ 149 − 65	⑪ 104 − 37	⑫ 150 − 82
⑬ 359 − 31	⑭ 136 − 55	⑮ 103 − 5	⑯ 132 − 66
⑰ 588 − 15	⑱ 266 − 48	⑲ 163 − 87	⑳ 120 − 74
㉑ 187 − 94	㉒ 122 − 57	㉓ 384 − 17	㉔ 105 − 49

11 九九①

★できた問題には、「た」をかこう！

できた 1

月　日

1 次(つぎ)の計算をしましょう。

① 3×9=

② 2×3=

③ 6×2=

④ 9×1=

⑤ 6×9=

⑥ 4×3=

⑦ 2×5=

⑧ 4×4=

⑨ 1×3=

⑩ 8×7=

⑪ 6×8=

⑫ 7×2=

⑬ 5×6=

⑭ 8×3=

⑮ 9×5=

⑯ 2×9=

⑰ 7×1=

⑱ 3×3=

⑲ 6×7=

⑳ 4×2=

㉑ 5×8=

㉒ 1×1=

12 九九②

★できた問題には、「た」をかこう！

でき
1

月　日

1 次(つぎ)の計算をしましょう。

① $2\times8=$ □　② $5\times5=$ □

③ $4\times7=$ □　④ $7\times9=$ □

⑤ $1\times6=$ □　⑥ $3\times6=$ □

⑦ $8\times8=$ □　⑧ $2\times2=$ □

⑨ $6\times4=$ □　⑩ $5\times3=$ □

⑪ $5\times1=$ □　⑫ $7\times7=$ □

⑬ $4\times8=$ □　⑭ $3\times7=$ □

⑮ $8\times1=$ □　⑯ $9\times9=$ □

⑰ $3\times5=$ □　⑱ $6\times3=$ □

⑲ $4\times5=$ □　⑳ $8\times2=$ □

㉑ $7\times5=$ □　㉒ $9\times8=$ □

答え

1 100までのたし算のひっ算①

1 ①71 ②46 ③63 ④64 ⑤41 ⑥88 ⑦43 ⑧67 ⑨95 ⑩96 ⑪37 ⑫86 ⑬92 ⑭70 ⑮52 ⑯33 ⑰78 ⑱83 ⑲35 ⑳51 ㉑64 ㉒74 ㉓96 ㉔50

2 100までのたし算のひっ算②

1 ①85 ②65 ③87 ④20 ⑤96 ⑥86 ⑦80 ⑧98 ⑨82 ⑩62 ⑪75 ⑫66 ⑬62 ⑭43 ⑮60 ⑯24 ⑰61 ⑱89 ⑲66 ⑳99 ㉑54 ㉒94 ㉓75 ㉔41

3 100までのひき算のひっ算①

1 ①67 ②7 ③34 ④48 ⑤12 ⑥28 ⑦56 ⑧59 ⑨9 ⑩37 ⑪47 ⑫19 ⑬63 ⑭46 ⑮19 ⑯9 ⑰81 ⑱37 ⑲48 ⑳36 ㉑63 ㉒12 ㉓35 ㉔55

4 100までのひき算のひっ算②

1 ①16 ②38 ③27 ④71 ⑤7 ⑥17 ⑦2 ⑧93 ⑨64 ⑩40 ⑪16 ⑫36 ⑬23 ⑭34 ⑮19 ⑯11 ⑰12 ⑱28 ⑲58 ⑳24 ㉑6 ㉒18 ㉓28 ㉔68

5 何十・何百の計算

1 ①140 ②110 ③170 ④110 ⑤120 ⑥70 ⑦40 ⑧60 ⑨80 ⑩90

2 ①600 ②500 ③900 ④1000 ⑤800 ⑥500 ⑦300 ⑧400 ⑨600 ⑩300

6 たし算・ひき算のあん算

1 ①50 ②40 ③60 ④90 ⑤51 ⑥81 ⑦21 ⑧61 ⑨41 ⑩36

2 ①26 ②31 ③64 ④55 ⑤18 ⑥64 ⑦28 ⑧57 ⑨88 ⑩48

7 たし算のひっ算①

1 ①131 ②128 ③140 ④105 ⑤113 ⑥144 ⑦101 ⑧102 ⑨101 ⑩108 ⑪126 ⑫101 ⑬103 ⑭130 ⑮116 ⑯126 ⑰113 ⑱107 ⑲116 ⑳110 ㉑134 ㉒114 ㉓153 ㉔104

8 たし算のひっ算②

1 ①121 ②155 ③102 ④296 ⑤591 ⑥112 ⑦119 ⑧117 ⑨132 ⑩113 ⑪105 ⑫109 ⑬389 ⑭101 ⑮455 ⑯176 ⑰548 ⑱104 ⑲151 ⑳295 ㉑105 ㉒392 ㉓103 ㉔112

9 ひき算のひっ算①

1 ①34 ②64 ③63 ④58
⑤71 ⑥88 ⑦95 ⑧83
⑨78 ⑩95 ⑪81 ⑫91
⑬84 ⑭96 ⑮85 ⑯95
⑰96 ⑱89 ⑲79 ⑳96
㉑75 ㉒92 ㉓72 ㉔89

10 ひき算のひっ算②

1 ①368 ②95 ③83
④272 ⑤64 ⑥94
⑦465 ⑧92 ⑨238
⑩84 ⑪67 ⑫68
⑬328 ⑭81 ⑮98
⑯66 ⑰573 ⑱218
⑲76 ⑳46 ㉑93
㉒65 ㉓367 ㉔56

11 九九①

1 ①27 ②6 ③12 ④9
⑤54 ⑥12 ⑦10 ⑧16
⑨3 ⑩56 ⑪48 ⑫14
⑬30 ⑭24 ⑮45 ⑯18
⑰7 ⑱9 ⑲42 ⑳8
㉑40 ㉒1

12 九九②

1 ①16 ②25 ③28 ④63
⑤6 ⑥18 ⑦64 ⑧4
⑨24 ⑩15 ⑪5 ⑫49
⑬32 ⑭21 ⑮8 ⑯81
⑰15 ⑱18 ⑲20 ⑳16
㉑35 ㉒72

- ふろくの「がんばり表」に使おう！
- はじめに、キミのおとも犬を選んで、がんばり表にはろう！
- 学習が終わったら、がんばり表に「はなまるシール」をはろう！
- 余ったシールは自由に使ってね。

キミのおとも犬

はなまるシール

ごほうびシール

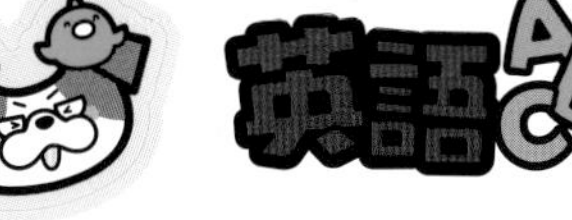

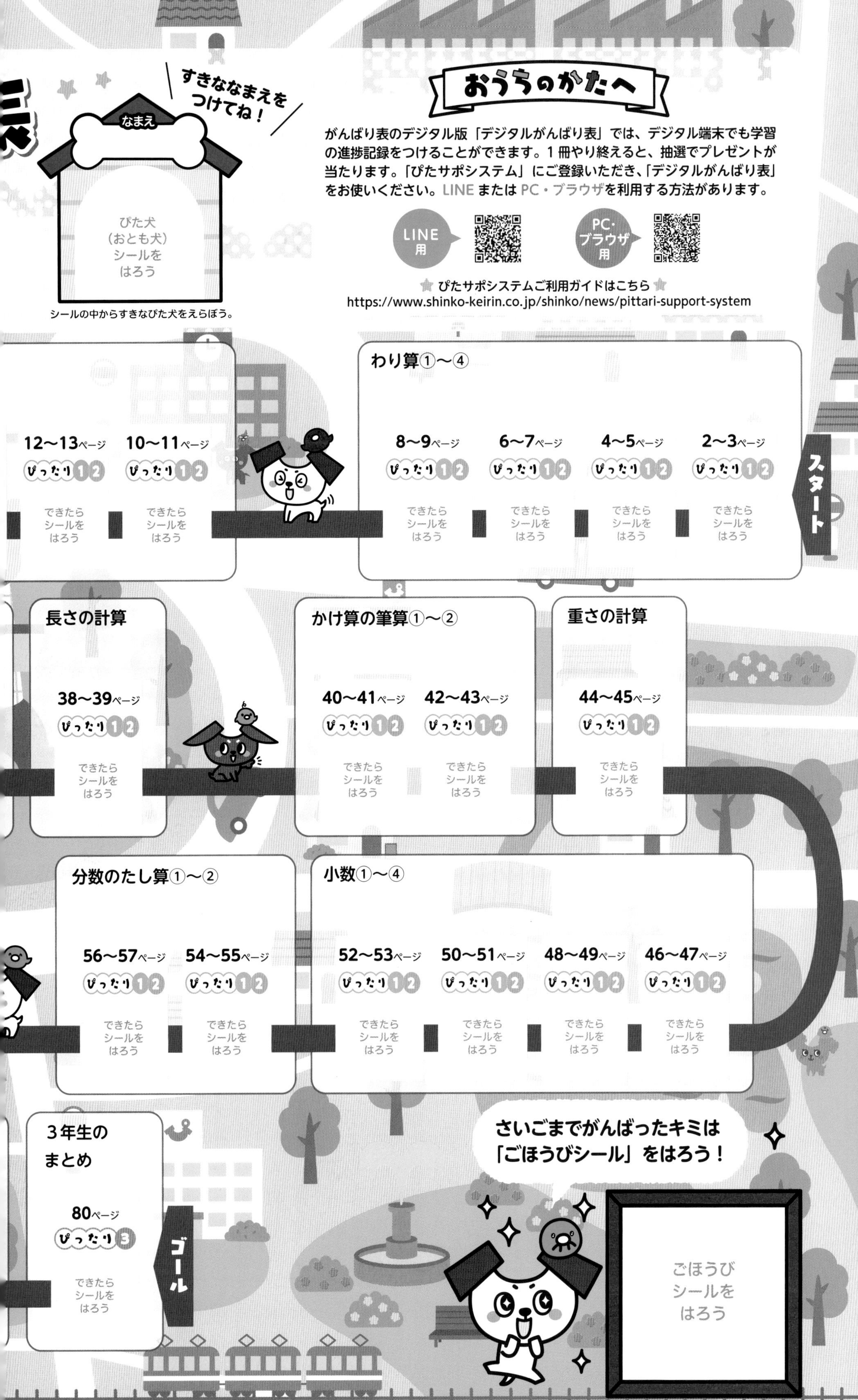
すきななまえをつけてね！
なまえ
ぴた犬（おとも犬）シールをはろう
シールの中からすきなぴた犬をえらぼう。
おうちのかたへ
がんばり表のデジタル版「デジタルがんばり表」では、デジタル端末でも学習の進捗記録をつけることができます。1冊やり終えると、抽選でプレゼントが当たります。「ぴたサポシステム」にご登録いただき、「デジタルがんばり表」をお使いください。LINE または PC・ブラウザを利用する方法があります。
LINE用
PC・ブラウザ用
ぴたサポシステムご利用ガイドはこちら
https://www.shinko-keirin.co.jp/shinko/news/pittari-support-system
スタート
わり算①～④
2～3ページ ぴったり1 2 できたらシールをはろう
4～5ページ ぴったり1 2 できたらシールをはろう
6～7ページ ぴったり1 2 できたらシールをはろう
8～9ページ ぴったり1 2 できたらシールをはろう
10～11ページ ぴったり1 2 できたらシールをはろう
12～13ページ ぴったり1 2 できたらシールをはろう
長さの計算
38～39ページ ぴったり1 2 できたらシールをはろう
かけ算の筆算①～②
40～41ページ ぴったり1 2 できたらシールをはろう
42～43ページ ぴったり1 2 できたらシールをはろう
重さの計算
44～45ページ ぴったり1 2 できたらシールをはろう
小数①～④
46～47ページ ぴったり1 2 できたらシールをはろう
48～49ページ ぴったり1 2 できたらシールをはろう
50～51ページ ぴったり1 2 できたらシールをはろう
52～53ページ ぴったり1 2 できたらシールをはろう
分数のたし算①～②
54～55ページ ぴったり1 2 できたらシールをはろう
56～57ページ ぴったり1 2 できたらシールをはろう
3年生のまとめ
80ページ ぴったり3 できたらシールをはろう
ゴール
さいごまでがんばったキミは「ごほうびシール」をはろう！
ごほうびシールをはろう

教科書ぴったりトレーニングの使い方

ぴた犬たちが勉強をサポ

ふだんの学習

ぴったり1
じゅんび

まとめの文章を読んでから、問題に答えなが
考え方やとき方をかくにんしよう。

ぴったり2
練習

「ぴったり１」で勉強したこと、身についてい
かくにんしながら、練習問題に取り組もう。

ぴったり3
たしかめのテスト

「ぴったり１」「ぴったり２」が終わったら取り組
わからない問題があったら、教科書やこの本を
かくにんしよう。

ふだん
たら、
にシー

実力チェック

３年 チャレンジテスト

すべてのページが終わったら、
まとめのテストにちょうせん
しよう。

別冊（べっさつ）

丸つけ
ラクラクかいとう

問題と同じ紙面に赤字で「答え」が書いてあ
取り組んだ問題の答え合わせをしてみよう。
問題やわからなかった問題は、てびきを読ん
教科書を読み返したりして、もう一度見直そ

ートするよ。

ら、

るかな？

んでみよう。
をもう一度

の学習が終わっ
「がんばり表」
ルをはろう。

るよ。
まちがえた
だり、
よう。

おうちのかたへ

本書『教科書ぴったりトレーニング』は、問題に答えながら教科書の要点や重要事項をつかむ「ぴったり1 じゅんび」、学習したことが身についたか、練習問題に取り組みながら確認する「ぴったり2 練習」、最後にすべてを通して確認をする「ぴったり3 たしかめのテスト」の3段階構成になっています。苦手なお子様が多い文章題を解く力を、少しずつ身につけることができるように構成していますので、日々の学習（トレーニング）にぴったりです。

「単元対照表」について

この本は、どの教科書にも合うように作っています。教科書の単元と、この本の関連を示した「単元対照表」を参考に、学校での授業に合わせてお使いください。

別冊『丸つけラクラクかいとう』について

おうちのかたへ では、次のようなものを示しています。

- **学習のねらいやポイント**
- **学習内容のつながり**
- **まちがいやすいことやつまずきやすいところ**

お子様への説明や、学習内容の把握などにご活用ください。

内容の例

> おうちのかたへ
> 5年で学習した約分は、公約数の理解も必要となります。理解不足の場合は、復習させておきましょう。

教科書ぴったりトレーニング

文章題３年 がんばり表

いつも見えるところに、この「がんばり表」をはっておこう。
この「ぴたトレ」を学習したら、シールをはろう！
どこまでがんばったかわかるよ。

ひき算の筆算①～②

24～25ページ ぴったり１２ できたらシールをはろう
22～23ページ ぴったり１２ できたらシールをはろう

たし算の筆算①～②

20～21ページ ぴったり１２ できたらシールをはろう
18～19ページ ぴったり１２ できたらシールをはろう

図を使って考えよう①～④

16～17ページ ぴったり１２ できたらシールをはろう
14～15ページ ぴったり１２ できたらシールをはろう

あまりのあるわり算①～④

26～27ページ ぴったり１２ できたらシールをはろう
28～29ページ ぴったり１２ できたらシールをはろう
30～31ページ ぴったり１２ できたらシールをはろう
32～33ページ ぴったり１２ できたらシールをはろう

時間の計算①～②

34～35ページ ぴったり１２ できたらシールをはろう
36～37ページ ぴったり１２ できたらシールをはろう

倍の計算

66～67ページ ぴったり１２ できたらシールをはろう

かけ算の筆算③～④

64～65ページ ぴったり１２ できたらシールをはろう
62～63ページ ぴったり１２ できたらシールをはろう

分数のひき算①～②

60～61ページ ぴったり１２ できたらシールをはろう
58～59ページ ぴったり１２ できたらシールをはろう

□を使った式①～④

68～69ページ ぴったり１２ できたらシールをはろう
70～71ページ ぴったり１２ できたらシールをはろう
72～73ページ ぴったり１２ できたらシールをはろう
74～75ページ ぴったり１２ できたらシールをはろう

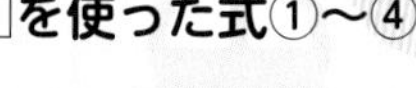

間の数①～②

76～77ページ ぴったり１２ できたらシールをはろう
78～79ページ ぴったり１２ できたらシールをはろう

（キリトリ線）
教科書ぴったりトレーニング　文章題　３年　全教科書版　折込①（オモテ）